珠江河口区盐水入侵过程模拟与预报

刘丙军　杨芳　编著

中国水利水电出版社
www.waterpub.com.cn
· 北京 ·

内 容 提 要

本书较系统地总结了国内外河口区盐水入侵研究现状及其发展趋势，通过大量野外调研、数据收集与整理，诊断了珠江河口区盐水入侵现状与存在问题；综合运用水文学、水动力学、复杂性理论等，构建了珠江河口区盐水入侵物理模型和数值模拟模型，研究并阐明了径潮流交互作用下河道挖沙、上游水利工程建设、海平面上升、风向、潮汐等多重要素对河口区盐水入侵的驱动效应，实现了珠江河口盐水入侵短期、中期、长期精准预报。研究成果对指导应对珠江河口区盐水入侵问题具有一定的理论与实践意义，相关成果也可为长江三角洲、环渤海湾、环北部湾等河口区水文水资源系统研究提供借鉴。

本书可供大专院校水文水资源及相关专业高年级本科生、研究生教学科研使用，也可供水利、环保、市政等规划设计部门科研人员参考。

图书在版编目（CIP）数据

珠江河口区盐水入侵过程模拟与预报 / 刘丙军，杨芳编著. -- 北京 : 中国水利水电出版社，2022.7
ISBN 978-7-5226-1039-9

Ⅰ. ①珠… Ⅱ. ①刘… ②杨… Ⅲ. ①珠江－河口－盐水入侵－过程模拟②珠江－河口－盐水入侵－预报 Ⅳ. ①TV882.4

中国版本图书馆CIP数据核字(2022)第187154号

书　名	珠江河口区盐水入侵过程模拟与预报 ZHU JIANG HEKOUQU YANSHUI RUQIN GUOCHENG MONI YU YUBAO
作　者	刘丙军　杨　芳　编著
出版发行	中国水利水电出版社 （北京市海淀区玉渊潭南路1号D座　100038） 网址：www. waterpub. com. cn E-mail：sales@mwr. gov. cn 电话：（010）68545888（营销中心）
经　售	北京科水图书销售有限公司 电话：（010）68545874、63202643 全国各地新华书店和相关出版物销售网点
排　版	中国水利水电出版社微机排版中心
印　刷	北京中献拓方科技发展有限公司
规　格	184mm×260mm　16开本　11.25印张　274千字
版　次	2022年7月第1版　2022年7月第1次印刷
印　数	001—200册
定　价	**68.00**元

前言

PREFACE

珠江三角洲、长江三角洲等河口地区，地势低平、水系交错、经济发达、人口密集、城镇集中，水文水资源系统面临剧烈人类活动与海平面上升等海陆交互作用，其水文水动力过程、水盐物质输移等相比单一河道具有多要素叠加驱动、多层次复杂结构与非自然传输属性，产生的问题更加严峻且更具不确定性。随着全球海平面持续上升，河口区盐水入侵带来的危害日趋严重。预计到 2050 年，中国沿海海平面比常年升高 145～200mm，受影响的沿海城市达到 1317 个，受影响的河流总长度达到 43400km。如何准确掌握海陆交互作用下河口区盐水入侵的时空演变规律，科学调控咸淡水资源，是当前水文水资源学科领域前沿，也是滨海城市群水资源安全迫切需要研究解决的重大实践难题。

三角洲河口区集中了全球 3/4 的大城市，也是经济发展的龙头地区。以珠江三角洲为例，该地区经济社会高速发展，人口密集，城镇集中，用 30 年的时间完成了发达国家近 100 年的发展进程，用占全国约 0.21%的国土面积生产了约 20%的 GDP。近年来珠江河口区围垦清障、航道疏浚以及河道高强度挖沙，导致河口区内河道纵向明显下切，加之海平面持续上升，上游来水减少，盐水入侵影响程度与范围不断加重。自 21 世纪以来，珠江河口区 2003—2006 年连续 4 年发生强盐水入侵事件后，2009—2011 年再度发生强盐水入侵事件，已经严重威胁沿岸澳门、珠海、中山等城市供水安全和生态健康。

本书在国家自然科学基金“海陆相多要素驱动下珠三角网河区盐水入侵规律与中长期预报”“海陆多重环境荷载叠加作用下复杂河口区风暴潮增水机理及其风险评估”（51879289、52179029）、广州市水务科技项目“珠江广州段风暴潮增水效应研究”（91547108）、中山大学高校基本科研业务费项目“海陆相多要素驱动下珠江河口区盐水入侵规律与预报”（17lgzd03）等项目支持下，总结了国内外河口区盐水入侵的研究现状及其发展趋势，通过大量野外调研、数据收集与整理，综合运用水文学、水动力学、复杂性理论等，较系统诊断了珠江河口区盐水入侵现状与存在问题，构建了珠江河口区盐水入侵物理模型和数值模拟模型，研究并阐明了径潮流交互作用下河道挖沙、上游水利工程建设、海平面上升、风向、潮汐等多重要素对河口区盐水入侵的驱动效应；基于机器学习模型、小波分解方法与实时预报手段，构建了珠江河口区盐水入侵短期、中期、长期预报模型，实现了盐水入侵短期、中期、长期精准预报。研究成果对指导珠江河口区应对高强度盐水入侵事件具有一定的理论与实践意义，相关成果也可为长江三角洲、环渤海湾、环北部湾等河口区水文水资源研究提供借鉴。

本书第1章、第2章、第3章、第7章由刘丙军、杨芳编写；第4章由杨裕桂、杨芳编写；第5章由朱泽文、刘丙军编写；第6章由周凡涵、刘丙军编写；由刘丙军统稿。同时，衷心感谢本书所引用参考文献的作者们曾经做的大量工作。

本书撰写过程中，得到了中山大学多位老师的大力支持和帮助，在此一并表示诚挚的感谢。

由于时间与水平有限，书中难免存在疏漏之处，恳请读者批评指正！

编者

2022年5月

于康乐园

目录
CONTENTS

第1章 绪　论

1.1 研究背景与意义

密西西比河三角洲、莱茵河三角洲以及珠江三角洲、长江三角洲、环渤海湾等河口地区，地势低平、水系交错、经济发达、人口密集、城镇集中，水文水资源系统面临剧烈人类活动（城市建设挤占河道、河道挖沙、口门整治、滩涂围垦、航道疏浚、桥梁建造）与海平面上升等海陆交互作用，其水文水动力过程、水盐物质输移等均较单一河道更具多要素叠加驱动、多层次复杂结构与非自然传输属性，产生的水资源问题更加严峻且更具不确定性。如何准确掌握海陆交互作用下河口区盐水入侵的时空演变规律，科学调控咸淡水资源，是当前水文水资源学科领域前沿，也是滨海城市群水安全迫切需要研究解决的重大实践难题。

河口区集中了全球3/4的大城市，也是海岸地带环境变化最集中区域，人类活动与海平面变化对其社会经济、资源环境的影响是长久和深远的，其长期累积效应使海岸侵蚀、海水入侵与土壤盐渍化等灾害加剧，沿岸防潮排涝基础设施功能降低，高海平面期间发生的盐水入侵影响程度加剧，生态系统遭受破坏（Temmerman et al.，2013；Kirwan et al.，2013）[1-2]。Di（2015）[3] 在 *Nature* 发文指出，气候变化导致的海岸带风速加强会加剧海流上涌，危及河口区生态系统健康；Lovelock等（2015）[4] 在 *Nature* 发文指出，由于建筑堤坝等人类活动导致内陆河流泥沙输移量减少，红树林等湿地增长速率明显低于海平面增长速率，河口区湿地系统遭受严重威胁。河口区日益严峻的资源环境与自然灾害问题，正成为国际关注的热点[5-7]。由国际科学联合理事（ICSU）发起组织的当今最具影响力和广泛性的科学计划——国际地圈—生物圈计划（IGBP），明确将海岸带的海陆交互作用（LOICZ）研究列为7个核心计划之一，并将海岸生物地貌与全球变化、全球变化对海岸系统的经济与社会影响列入其仅有的4个核心研究内容之一；21世纪初，世界气候研究计划（WCRP）启动新的核心计划——气候与冰冻圈计划（Climate and Cryosphere Project），将冰川（帽、盖）与海平面变化作为国际冰冻圈研究的四大领域之一；联合国政府间气候变化专门委员会（IPCC）所属3个工作组（科学分析、影响和响应对策）不仅均将海平面上升趋势及其影响与对策作为各自评估的重点，而且将海平面上升危害确定为IPCC优选的6个重点研究专题之一；国际科学联合理事会（ICSU）和国际社会科学理事会（ISSC）发起的“未来地球计划（Future Earth）”（2014—2023年），在动态星球（Dynamic Planet）研究主题中也将海岸带作为重点研究的地球脆弱地区之一，“未来地球计划”中国委员会（CNC－FE）也将海洋与海岸带可持续发展作为重点研究内容之一。

根据中国国家海洋局《中国海平面公报》，中国1980—2016年沿海海平面上升速率为3.2mm/a，明显高于同期全球平均水平。其中，2016年中国沿海海平面达到了1980年以来最高位，长江口、珠江口和杭州湾遭遇10余次强盐水入侵事件，由风暴潮灾害带来的直接经济损失达到45.94亿元；近海海域污染严重，面积在$100km^2$以上的44个大中型海湾中，17个海湾全年四季均出现劣四类海水水质。预计未来中国沿海海平面将持续上升，2050年将比常年升高145～200mm，受影响的沿海乡镇达1317个，约占全国总面积的3.0%，受影响的河流总长度达到43400km。因此急需在珠江三角洲、长江三角洲等盐水入侵严重河口地区进行海平面上升脆弱区划，合理调配区域水资源，保障高海平面期和枯水期供水安全。可见，盐水入侵影响下河口区水安全问题，正成为限制河口地区经济社会可持续发展的重要瓶颈之一。

随着人类活动和全球气候变化的影响进入一个新的高强度阶段，我国当前应对剧烈变化环境的水文水资源研究形势发生了深刻变化。党的十九大报告明确指出，坚持节约资源和保护环境的基本国策，加快水污染防治，实施流域环境和近岸海域综合治理；《国家中长期科学和技术发展规划纲要（2006—2020年）》把“海洋生态与环境保护”列为第15个优先主题，重点强调近海海域生态与环境保护、修复；《中国应对气候变化国家方案》将“强化应对海平面升高的适应性对策”以及“加大水资源配置、综合节水和海水利用技术的研发与推广力度”分别作为海岸带及沿海地区、水资源领域应对气候重点的研究领域；科学技术部将“海洋环境安全保障”“典型脆弱生态修复与保护研究”列为国家重点研发计划重点专项项目，并将“珠江河口与河网演变及治理研究”“海岸带和沿海地区全球变化综合风险研究”“人类活动对海岸带生态影响机制及综合调控研究”等列为重点课题。可见，盐水入侵下河口区相关水文水资源、生态环境问题研究正成为我国科技攻关的核心任务之一。

珠江河口区指珠江三角洲网河和残留河口湾并存的河口，是世界著名大湾区之一的“粤港澳大湾区”城市群（香港、澳门、广州、深圳、珠海、佛山、惠州、东莞、中山、江门、肇庆）的唯一水源地。该地区经济社会发达，水系交错、人口密集、城镇集中，是中国乃至亚太地区最具活力的经济区之一（用占全国约0.21%的国土面积生产了约20%的GDP，用30年的时间完成了发达国家近100年的发展历程）。近年来，由于河口区围垦清障、航道疏浚以及河道高强度挖沙，导致河口区内河道纵向明显下切，加之海平面持续上升，上游来水减少，极端径潮流遭遇事件频发，盐水入侵影响程度与范围不断加重。21世纪以来，珠江河口区2003—2006年连续4年发生强盐水入侵事件后，2009—2011年再度发生强盐水入侵事件。盐度超标历时逐年加剧，2000—2003年，磨刀门水道盐度超标（含氯度250mg/L）年时间数均小于250h，2011—2012年，盐度年超标时间达到1800h，严重威胁沿岸澳门、珠海、中山等城市的供水安全；同时，河口区盐水入侵导致水中营养盐异常升高，浑浊带范围增大，极大改变了水生生境系统，造成植被类型向半咸水植物演变，富营养化问题日渐突出。正确认识高强度海陆交互作用下珠江河口区盐水入侵的影响及其规律，有效调控有限水资源，正成为河口地区水资源安全保障的核心内容。

1.2 研究进展

1.2.1 盐水入侵原型观测

国外在20世纪50—60年代开始了对河口盐水入侵的研究，主要以分析原型观测资料为主。Pritchard（1952、1954、1956）[8-10] 利用Chesapeake Bay和James Estuary的实测资料，对流速分布、盐度分布以及盐水入侵距离进行了系统研究，阐述了纵向环流形成的动力机制，并依据盐淡水的混合特征把河口划分为分层、部分混合以及充分混合3种类型。Bowden（1963，1966，1967）[11-13]，通过对Mersey Estuary的实测资料进行分析，研究了河口纵向流速分布特征、纵向环流形成机制、盐度混合过程，并指出河口盐水上溯的相关因素有径流、潮汐、风、地形等。

（1）径流对盐水入侵的影响。Robert（1966）[14] 通过对1934—1939年Connecticut River的实测资料，指出河口盐度的变化对河道径流较为敏感，河口盐度出现明显变化大约滞后于上游101km处河道径流变化1～2d，并指出潮汐的影响时间尺度主要是“小时”，而径流的影响时间尺度则是“天”。Bowden（1966）[15] 通过观察Mersey Estuary盐度和流的变化情况，指出径流的增加导致断面盐度的减小，以及断面盐度水平和垂线梯度的变化。Bjorn和Magill（1990）[16] 通过实测资料以及回归模型分析了Charleston Port盐度变化与Cooper River径流的关系，指出Cooper River径流在未转移前（径流量418m^3/s）盐度与Cooper River径流的相关性达到78%，而径流减小后（径流量122m^3/s），两者相关性只有1%。朱建荣等（2003）[17] 基于长江河口实测资料，较全面地分析了长江河口盐度与余流的关系。唐建华等（2011）[18-19] 在研究三峡水库运行对长江河口北支咸潮倒灌的影响时，发现三峡水库的运行使北支咸潮倒灌时间提前，而倒灌总强度基本不变，北支盐水倒灌是南支盐水入侵强度增大的主要原因，且当大通流量小于20000m^3/s时，发生北支盐水倒灌的频率会明显增加。戚志明和包芸（2009）[20] 认为径流对盐水入侵有直接的压制作用，是影响磨刀门盐水入侵的一个主要影响因子。宋晓飞等（2014）[21] 将主成分分析法用于磨刀门实测资料分析，结果表明径潮作用是磨刀门盐水入侵变化最直接的影响因素，然后依次是海平面上升、风和气温变化。刘斌等（2013）[22] 在满足平岗站和联石湾水闸取淡目标的前提下，基于上游不同流量情况下分别推荐平均流量型、马鞍形或阶梯形和马鞍形调水压咸方式。

（2）潮汐对盐水入侵的影响。Hughes和Rattray（1980）[23] 研究Columbia Estuary时指出，河口纵向和横向盐度梯度都很强，径流所引起的下泄盐通量一部分是由重力环流引起的上溯盐通量平衡，但更主要的是由潮汐潮流和盐度的相关项引起的上溯盐通量平衡。Geyer和Smith（1987）[24]、Geyer（1988）[25] 在分析高度分层的河口盐水入侵动力机制时发现，在涨潮期间水平平流对动量和盐量的平衡作用远比垂向混合重要；落潮期间落潮流高度切变，垂向混合起主要作用。Lerczak等（2006）[26] 基于Hudson Estuary的观测资料，指出小潮时河口异重流引起的垂向切变最为强烈，大潮时最为微弱。Kiriaki等（2010）[27] 在研究河口时指出小潮时期形成的盐水楔将更容易使得盐水沿河道上溯，但到了落潮阶段这个结构就会破灭。刘杰斌和包芸（2008）[28] 基于磨刀门水道天河以下至挂定角水闸之间 8 个水厂/水闸的表层盐度数据进行了分析，得出磨刀门水道咸界运动具有半月周期性，但上、下半月并非完全一致，小潮期间，咸界向上游推进，大潮期间，咸界向下游推移，一般高潮位出现时间较最远点咸界的发生时间提前 5h。章文等（2013）[29] 应用小波分析方法，研究了磨刀门水道盐度序列多时间尺度周期特征，结果表明磨刀门水道盐度变化周期特征与潮汐周期特征一致，存在明显的日周期、半月周期和不明显的半日周期、月周期。磨刀门的盐水入侵规律较为独特，其盐水入侵最严重并非发生在大潮期间，也非在小潮期间，而大多是发生在小潮后的中潮期间，即盐度与潮差之间存在明显的相位差（吕爱琴和杜文印，2006[30]；闻平等，2007[31] ）。

（3）风对盐水入侵的影响。Hansen 和 Rattray（1965）[32] 研究河口环流的理论解时，加入了风压的因子，结果表明，风对流速具有明显的影响。当风吹向海时，风加强了河口的环流结构，形成底层向陆，表层向海的环流，当风吹向上游段时，则对环流产生抑制作用。Pritchard 和 Vieira（1984）[33] 对切萨皮克海湾（Chesapeake Bay）的研究显示，低频水流和表面风有很强的相关性，其中表层的水流在与风一致的方向会增强，而中部和底部的水流则在相反的方向获得加强。刘雪峰等（2010）[34] 分析了 2009 年秋季珠江河口咸潮与潮位、风的相关关系，研究结果表明盐水入侵主要出现在高海面且风向偏东的时段。苏波等（2012）[35-36] 分别分析了磨刀门一般风力条件和 2008 年强台风“黑格比”风暴潮对咸潮的影响，认为在强偏北风作用下，洪湾水道是盐分输入磨刀门水道的重要通道；在一般风力条件下，交杯沙水道的盐分输运占主导作用，偏南风则使交杯沙水道的盐分输运明显增大。

此外，人类活动也会对河口盐水入侵造成影响，增加其复杂性，如人工围垦造成河道束窄、延长，潮汐动力减小，使得盐水入侵变弱，而河道挖沙、疏浚工程等导致河床严重下切，破坏咸淡水平衡，使得盐水楔倒灌加强，盐水入侵严重（韩志远等，2010）[37]。方神光（2013）[38] 认为磨刀门水道下切、磨刀门口门拦门沙的蚀退以及口门向河-波型转化是盐水上溯加剧的主要原因之一。

对于河口盐度输运机制，Fisher（1972）[39] 提出的机制分解法可以进一步将垂向和横向的切变引起的盐度输运单独分离出来分析，但并未考虑潮汐随水深的变化作用。Kjerfve（1986）[40] 则进一步在其机制分解方法中考虑了浅水河口地区的潮汐随水深变化项。此后不少学者对盐度输运发展了各自的机制分解方法，如 Uncles 等（1985）[41] 的三项分解法、Van 和 Zimmerman（1990）[42] 的六项分解法、Winterwerp（1983）[43] 的八项分解法以及 Park 和 James（1990）[44] 的 11 项分解法等。这些机制分解得到的各项主要包括 Euler 余流输运、Stokes 漂流输运、潮泵输运、重力环流输运、潮汐捕获输运等。Jay 等（1997）[45] 对河口盐度输运的机制分解研究进行了较好的回顾，细致分析了盐度、流速、水位的涨落潮变化各项相互作用引起的盐通量。Gong 等（2014）[46] 通过对磨刀门河口的实测盐度资料分析，认为平流盐通量和潮汐盐通量时构成盐通量输运的主要成分。通量机制分解方法使得人们在不同物理过程对河口物质输运的影响方面有了更为深刻的理解，但通量机制分解对观测资料要求较高。

1.2.2 盐水入侵物理模型

物理模型主要是通过根据研究区域，安装研究区域地形缩小比例建立的物理模型，可以设计不同的河口水文情况、工况来研究河口盐水入侵，探究咸水的扩散机理及其与溶质运输、河口污染物迁移之间联系。物理模型是发展最早的一种研究方法，早在19世纪就已开始使用，并用于水动力研究。1883年，英国学者雷诺（O. Reynolds）（Ruth，1965）[47]就用物理模型方法研究了管径内的流体流动，并指出流体的流动形态除了与流速（ω）有关外，还与管径（d）、流体的黏度（μ）、流体的密度（ρ）等3个因素有关，并根据四个因素定义了雷诺数描述流体流动形态。Raynaud（1951）[48]曾进行泥水异重流试验，计算异重流分别在层流条件下和过度流流条件下，阻力系数和雷诺系数的关系。Gaza等（1953）[49]用油类在水上进行层流和紊流的实验，结果表明这种流动和明渠水流运动相似。近半个世纪，物理模型发展较为迅速，Ippen和Harleman（1961）[50]通过水槽物理模型对盐度分层系数进行定义。Keulegan（1966）[51]通过一系列物理模型试验，总结出盐水楔从入海河口沿着河道上溯的规律。Dermissis等[52]在一个封闭的15m长矩形管道中，研究了两层分层流中的界面摩擦系数，证明了摩擦系数不与雷诺数、弗劳德数或基列根数唯一相关，并开发并使用了沿Schijf－Schoenfeld线的明渠一维水流模型。Grigg和Ivey（1997）[53]模拟了在不同地形条件下，盐水入侵的不同混合特征和空间分布特点。

国内物理模型研究中，1974年交通部建设了我国第一个大型河口模型——南京水科院长江口物理模型，陈志昌等（2006）[54]、段子冰和朱元生（2000）[55]、赵晓冬等（2000）[56]以该物理模型为基础在长江河口航道疏通工程中展开了一系列研究，并逐步改进该物理模型。珠江水利委员会在2002年开始建设三角洲地区的大型物理模型以用于河口研究，共包含了珠江网河区内主要河道有220多条，在模型中引入计算机控制各项开关[57]。刘志敏等（2009）[58]建立了整个珠江三角洲地区与伶仃洋的物理模型，平面比尺700、垂直比尺70，并对马口径流大小对压咸取淡的影响开展了探究。吴门伍等（2012）[59]通过水槽试验研究无潮恒定流条件下盐水楔的上溯距离，发现盐水楔上溯距离与密度弗劳德数和雷诺数具有正相关关系。卢陈等（2013，2014）[60-61]运用水槽物理模型，研究径流、潮差与盐水入侵距离的关系，提出临界潮差值的概念，认为潮差临界值条件下，盐水入侵距离最短，当潮差小于临界值时，上溯距离随潮差增大而快速减小，当潮差大于临界值时，上溯距离随潮差增大而缓慢增大；上游径流量的增加，能够使水槽内水力坡度变陡，推动咸界下移。

由于物理模型试验存在诸多限制条件，如占用面积大、对仪器腐蚀强、经济费用高、试验周期长等，尤其是盐水入侵物理模型，存在盐度场的控制、盐度相似比尺的论证、盐淡水的回收与循环等一系列问题，造成咸潮物理模型研究并不普遍。

1.2.3 盐水入侵数值模拟

数值模拟模型是现在盐水入侵研究中最为常用的方法，该方法起源于1871年提出来的圣维南方程组，得益于当今世界计算机技术的发展，该方程在实际计算中得到应用。数值模拟模型以圣维南方程为基础，结合盐通量、热通量、水沙浓度等守恒方程，模拟水动力过程。相对于观测分析法受限于测量精度、布局影响以及天气影响等客观条件，物理模型也有大量费用投入、试验周期过场等缺点，这些问题数值模拟模型都可以得到很好弥补[62]。

数值模拟模型可以分为一维、二维、三维，适用于不同情景下的模拟。其中，三维数值模拟模型是最符合实际水动力过程的模拟模型，也是最为复杂的数值模拟模型[63]。现今在河口地区、海洋海岸研究上较为广泛使用的开源三维水动力数学模型主要包括 UNTRIM 模型[64]、FVCOM 模型[65] 等无结构三角形网格模型，以及 TRIM 模型、ECOM 模型、ROMS 模型、POM 模型等结构网格模型[66]。另外，Mike 与 HGS 等商用水动力模型，也可应用于沿海地区咸潮、水沙、污染物等问题的研究。

自 20 世纪 70 年代开始，数学模型就已经开始在盐水入侵研究上使用。Thatcher 和 Harleman (1972)[67] 引入了一维数学模型，模拟预报河口地区上游淡水与下游盐水交汇密度流水动力情景。Gillibrand 和 Balls (1998)[68] 基于了一维数学模型模拟强潮流，模拟了 Ythan 河口的总氧氮、水位、及盐度的输送迁移过程。Mao 等 (2006)[69] 使用拆分算子方法将地球化学反应模型 (PHREEQC - 2) 与依赖于密度的地下水流量和溶质运移模型 (SEAWAT) 结合在一起，开发了一种新模型 PHWAT。PHWAT 中流体密度不仅取决于 SEAWAT 中单个物质的浓度，还取决于可能经历反应过程其他溶解化学物质的浓度，PHWAT 的开发是可以模拟可变密度地下水流中的多组分反应性输运。Thain 等 (2004)[70] 基于一维模型，运用斜压模式模拟部分混合型河口的盐水入侵，并分析盐水入侵斜锋形成机理。Speirs 和 Gurney (2001)[71] 选取一系列有代表性的 4 条河流，基于流体力学情景分析和数值模型，证明了迁移物在扩散的作用下可以在对流环境中保持持久性与循环性。Qi 等 (2009)[72] 基于 FVCOM 三维数学模型与 SWAVE 耦合模式，将 FVCOM - SWAVE 应用于模拟美国东北陆架上的风致表面波，并将其研究中心放在缅因州湾和新英格兰大陆架上，改进了复杂的不规则海岸线的几何拟合。

国内学者目前主要就长江河口与珠江河口进行研究，建立了大量一维、二维和三维数学模型。最开始的对长江口 (YRE) 大量的数值模拟，大部分集中在水动力学方面，如 Chen 等 (2008)[73] 利用高分辨率非结构网格有限体积海岸海洋模型 (FVCOM) 研究了盐水入侵的物理机制，并分析崇明岛在长江口起到的分流作用盐水入侵的影响；Qiu 等 (2012)[74] 采用改进的 ECOM - si 模型，研究了季节性潮汐变化对长江口北支 (NB) 和南段 (SB) 分叉处咸水入侵的影响，该模型成功地再现了春潮等情景下的盐水入侵；罗小峰和陈志昌 (2004)[75] 通过三维数值模拟研究了长江口深水航道工程实施后北槽盐水入侵的变化。在河口区物质输运研究方面，Shi 等 (2008)[76-77] 利用一维垂向模型研究了部分混合型长江河口南槽—北槽细悬浮泥沙分布，又建立了一个二维数值模型来研究同一地区的潮流和悬浮泥沙浓度特征，但深度积分动量方程和对流扩散方程不能充分考虑复杂地形变化和斜压水动力的影响；随后，Jiang 等 (2013)[78] 与 Song 等 (2013)[79] 给出了一个分析模型，改进后以得出残余流成分及其对沿河道净输沙的贡献；Hu 等 (2009)[80] 基于 Delft3D 水流模型，建立了长江口二维/三维水动力模型，经过一系列的模型验证，该模型能较好地再现该地区的水动力和泥沙输移过程；并将其应用于九段沙浅滩的风暴潮问题和形态演变研究，结果表明，要获得准确的风暴潮预报结果，必须考虑远距风浪的影响，该模型可作为长江流域管理和研究的基本工具。

总体来说，数值模型的发展规律是由一维至三维，由简单到复杂。目前数值模拟已经可以包含绝大部分情景下的河口地区水动力过程模拟，并能结合多种模型，耦合运算将不同的研究方向相交叉。此外，随着数值模型的发展，同时可以实现多线程并行运算，大大减少运算时间[81]。

1.2.4 盐水入侵预报分析

数据驱动模型重点在于直接从样本数据中挖掘变量间的映射关系，其建模所用的拟合函数与数学公式并不涉及对流域水文过程的物理刻画[82]。通常，数据驱动模型在盐水入侵预报方面的应用可分为基于统计分析理论的传统黑箱模型与基于人工智能算法的机器学习模型。其中，传统黑箱模型是指在对历史数据进行统计分析的基础上，依据盐水入侵特征值与其影响因素间的相关关系，构建出对应的盐度预报模型，现有文献中已存在使用指数函数、幂函数和多项式函数等作为模型基函数的先例，但由于不同地区情况不同，目前尚未形成良好统一的普遍经验公式[83-84]。Sun 和 Koch（2001）[85] 曾采用单变量自回归滑动平均（ARIMA）模型对美国佛罗里达州 Apalachicola 湾进行了短期盐度分析与预测。Parsa 等（2011）[86] 根据冲积河口区的地形及水动力特征提出了一个关于预报盐水界上溯距离的经验公式。孙昭华等（2017）[87] 根据长江口南支上段实测资料，选用不同函数形式分析了河口氯度与径流、潮差的响应关系，并构建基于指数函数的盐度预报经验模型。然而，尽管传统黑箱模型能较好地定量描述变量间的线性关系，但由于盐水入侵过程还受人类活动、气候气象、地形变化等多种不确定性因素影响，且此类影响因子与盐度变化往往呈非线性关系，黑箱模型难以准确识别。因此，在其预报能力的局限下，以人工智能算法为基础的机器学习模型应运而生。

机器学习模型能在对物理过程缺乏先验认知的情况下有效模拟出变量间潜在的非线性关系，随机森林（RF）[88-89]、支持向量机（SVM）[90-93]、神经网络（ANN）[94-96] 和极限学习机（ELM）[97] 等模型已被广泛应用于盐水入侵预报领域。苏程佳等（2018）[88] 在物理成因的基础上采用 Pearson 相关系数进行盐度预报因子滞后期分析，并以此建立基于 RF 的磨刀门水道盐水入侵预报模型，发现其预报精度远高于传统马尔科夫链。Fang 等（2016）[92] 采用遗传算法（GA）对 SVM 模型进行超参数寻优，选用高潮位、径流、前期盐度作为预报因子，构建闽江流域盐水入侵预报模型，结果显示耦合 GA - SVM 模型相比传统 SVM 模型有着更高的盐度预报精度。黄锐贞等（2017）[97] 将上游径流量与下游潮位作为模型边界条件，构建基于 BP 神经网络的珠江三角洲含氯度模拟预报模型，并以此对上游水电站泄水方式展开研究。陈记臣等（2017）[98] 利用灰色关联法研究上游来水和下游潮动力对磨刀门水道盐水入侵的影响，并以 AdaBoost 算法对 BP 神经网络预报结果进行集成，发现此框架能有效改善河口区盐度预报效果。此外，国外还有 Kingston 等（2005）[99] 提出了一种相对简单的贝叶斯网络训练方法，该方法可充分考虑神经元权值、阈值的不确定性，并以概率预报的形式进行量化，从而有效提升模型盐度预报的可靠性。Bowden 等（2005）[100] 采用偏互信息（PMI）、自组织映射（SOM）和 GA 算法为澳大利亚南部莫里河流域挑选合适的盐度预报因子，并以此构建基于神经网络的盐水入侵预报模型，发现该方法能有效简化模型结构，降低盐度预报误差。

尽管此类机器学习模型在处理非线性问题上有较大优势，但由于受长短时海陆相因素共同影响，河口区盐度序列往往还包含大量非平稳性及多尺度周期性特征，这类信号中的多频分量若不经处理，可能会导致机器学习模型发生“欠拟合”或“过拟合”等问题。鉴于此，有学者提出采用小波分解（WD）作为数据预处理手段与机器学习模型进行耦合[101]，从而克服单一机器学习模型在水文系统非平稳性响应上的缺陷。WD被誉为数学“显微镜”，能在不同时-频分辨率下将复杂的原始信号进行分解，为机器学习模型提供更多有效信息[102]。目前，已有部分研究将小波-机器学习模型成功应用于河口区盐水入侵预报。杨兴果（2014）[103] 采用极大重叠离散小波变换（MODWT）对钱塘江河口区水文序列进行多尺度分解与平稳化处理，并耦合NARX神经网络模型进行预见期为5d的含氯度预测；林凯荣等（2018）[96] 以磨刀门水道为典型研究区，构建基于MODWT与Elman神经网络的日均盐度预报模型，并结合一维纵向扩散方程分析研究区内河道盐度分布情况；Hu等（2019）[104] 利用离散小波变换（DWT）与小波包分解（WPD）改进了传统ELM模型与RF模型在河口区非平稳性盐度序列预报上的局限，结果显示WPD能显著提升模型各预见期盐度预报精度；Zhou等（2020）[94] 则提出采用具有时移不变性的多孔小波变换（AT）作为序列分解手段，有效避免了传统DWT在河口区盐度预报过程中产生的边界效应问题，并探讨了不同耦合框架对模型盐度预报精度的影响。上述研究结果表明，耦合小波-机器学习模型能有效提升传统单一模型对非线性、非平稳性问题的处理能力，从而使盐度预报结果更具鲁棒性与准确性，因此这也是当下河口区盐水入侵预报研究的热点所在。

虽然现有文献中已存在大量关于河口区盐度预报的相关研究，但成果多集中于小时尺度、日尺度等短期盐度预报上，而对于旬尺度、月尺度等中长期盐度预报的研究仍相对较少。卢鹏宇等（2020）[89] 曾采用贝叶斯模型平均算法（BMA）对RF模型、SVM模型和Elman神经网络模型预报结果进行集成，发现该算法能显著减小模型预报结果的不确定性，有效提升了珠江河口区月尺度盐水入侵预报精度；Lu等（2021）[105] 则采用皮尔森相关系数与最大信息系数（MIC）筛选月尺度盐度预报因子，并利用主成分分析（PCA）降低模型输入数据维度，最终对珠江河口区磨刀门水道进行盐度月超标时数（月内含氯度大于250mg/L的小时数）预报，纳什效率系数（NSE）达0.78。受限于序列长度较短以及预报因子成因分析不足的影响，河口区中长期盐水入侵预报还有待学者们进一步研究。

1.2.5 珠江河口地区盐水入侵研究进展

伴随30年来珠江河口区高强度人类开发和频繁涉海工程建设，极大地改变了河口区海陆边界条件，加之枯水期上游来水逐年减少和海平面持续上升，河口区盐水高频度、高强度、长时间、远距离上溯，盐水入侵影响程度与范围不断加重。自21世纪来，珠江河口已有7年（2003—2006年，2009—2011年）发生特大盐水入侵灾害。而本地区相关基础研究刚刚起步，这恰恰是粤港澳大湾区建设必须关注的一个重大科学问题与民生问题。

在珠江河口地区，关于盐水入侵的原型观测分析和数学模拟也取得若干成果。陈荣力等（2011）[106] 利用磨刀门水道盐水入侵实测资料，分析了枯季盐水入侵规律及上溯机理。胡溪和毛献忠（2012）[107] 根据2003—2008年枯水期含氯度实测资料，利用盐水入侵系数研究了珠江口磨刀门水道盐水入侵规律。Cai 等（2013）[108] 分析了“古斯塔夫”飓风引起的盐水入侵现象对珠江河口造成的生态环境效应，分析了河道沉积悬浮物和营养盐浓度的变化情况。Gong 等（2014）[109] 对珠江河口沉积物运输通量进行了研究，指出不同径流动力下营养物质的不同输运方式。在结合淡水资源利用应用方面，Zhang 等（2010）[110] 基于取淡目标与流量过程控制，探索了合理的压咸流量。孔兰等（2010）[111] 建立了一维动态潮流含氯度数学模型，研究海平面上升对盐水入侵界线的影响。程香菊等（2012）[112] 采用 FVCOM 模型模拟了 2003—2006 年 3 个半月周期的珠江西四门河口区的盐水入侵现象，发现盐界变化周期和潮汐运动规律相似。诸裕良等（2013）[113] 提出了一种简单有效的珠江口盐水入侵预测模式，利用磨刀门实测资料进行模拟和检验。陈文龙等（2014）[114] 研究了磨刀门水道盐水入侵的动力特征，发现磨刀门水道盐水入侵半月周期变化规律是径流、潮汐、地形的综合作用影响下的动态过程。孔兰和陈晓宏（2015）[115] 采用集对分析、非参相关分析法对珠江口咸潮影响因素进行对比分析，发现珠江口盐水入侵的主要影响因素为流量、最低潮位和海平面，潮差、风级则为次要影响因素。陈子燊等（2015）[116] 应用偏相干谱估计方法分析了磨刀门水道各测站盐度变化对潮汐、流量和风的频率响应，结果表明该响应过程存在时间超前或滞后但无特定规律。刘祖发等（2016）[117] 建立了磨刀门水道至伶仃洋盐水入侵的 FVCOM 模型，证明对相对较小的流场进行建模同样可以达到较好的数值模拟效果，等等。

1.3 研究内容与方法

充分利用珠江河口区盐水入侵研究成果与基础数据，以野外数据收集和室内分析处理、物理模型与数值模拟相结合的方法，广泛运用多学科交叉理论方法开展珠江河口区盐水入侵研究工作。

（1）海陆交互作用下河口区盐水入侵历史演变规律识别。收集与整理盐度、水文、风向、地形、潮汐等资料，统计分析上游来水、潮汐动力过程、河道地形、风力风向、降水等海陆要素的历史演变特征；研究河口区盐度时程分布、盐度分层、盐通量以及盐水入侵距离等要素的历史演变特征。

（2）河口区盐水入侵水槽模型试验。整理分析珠江河口区典型河段河道地形、水文情势等基础资料，基于相似理论，设计包含盐淡水循环系统与水槽两部分组成的盐水入侵水槽模型；开展盐水入侵水槽试验，测算不同情景组合下水槽内盐度、盐水楔、盐度分层、盐通量以及流态（流速与水深）等指标的时程分布特征；分析不同情景组合下水槽盐度分层特征、流速分布特征、涡旋形态特征，从对流扩散和湍流扩散分析盐淡水混合的主要驱动力。

（3）河口区 1D～3D 盐水入侵数值模型模拟。基于河口区水系结构与驱动要素，构建河口区 1D～3D 水动力盐度耦合数值模型，模拟潮汐、径流、河道地形、风力风向、降水等不同情景组合下河口区盐水楔形态、盐度分层、盐通量以及盐度时程变化特征；探讨海陆要素对盐水入侵要素的影响机制，量化海陆要素对河口区盐水入侵的驱动效应。

（4）河口区盐水入侵多时间尺度预报。运用数据驱动模型构建盐水入侵初步预报模型，采用基于符号检验的预报因子迭代挑选方法，筛选并分析潜在预报因子集组合，确定短、中、长期盐水入侵预报的适宜预报因子集；选用盐水入侵短期预报中河道盐度指标作为中期预报因子，中期预报中河道盐度指标作为长期预报因子，构建短、中、长期预报嵌套框架；基于滚动修正技术，利用实时海陆要素更新数据对预报因子集进行实时滚动修正，构建形成基于嵌套实时滚动修正的盐水入侵预报模式。

参　考　文　献

[1] Temmerman S, Meire P, Bouma T J, et al. Ecosystem - based coastal defence in the face of global change [J]. Nature, 2013, 504 (7478): 79 - 83.

[2] Kirwan M L, Megonigal J P. Tidal wetland stability in the face of human impacts and sea - level rise [J]. Nature, 2013, 504 (7478): 53 - 60.

[3] Di L E. Climate science: The future of coastal ocean upwelling [J]. Nature, 2015, 518 (7539): 310 - 311.

[4] Lovelock C E, Cahoon D R, Friess D A, et al. The vulnerability of Indo - Pacific mangrove forests to sea - level rise [J]. Nature, 2015, 526 (7574): 559 - 563.

[5] Widlansky M J, Timmermann A, Cai W. Future extreme sea level seesaws in the tropical Pacific [J]. Science Advances, 2015, 1 (8).

[6] Alsterberg C, Roger F, Sundbäck K, et al. Habitat diversity and ecosystem multifunctionality - The importance of direct and indirect effects. [J]. Science Advances, 2017, 3 (2): 1601475 - 1601484.

[7] Vasconcelos R P, Batista M I, Henriques S. Current limitations of global conservation to protect higher vulnerability and lower resilience fish species [J]. Sci Rep, 2017, 7 (1): 7702.

[8] Pritchard D W. Estuarine hydrograPhy [J]. Advan Geophys, 1952, 1: 243 - 280.

[9] Pritchard D W. A Study of the salt balance of a coastal plain estuary [J]. Marine Research, 1954, 13: 133 - 144.

[10] Pritchard D W. The dynamic structure of a coastal plain estuary [J]. J Marine, 1956, 15: 33 - 42.

[11] Bowden K F. The mixing processes in a tidal estuary [J]. International Journal of Air and Water Pollution, 1963, 7: 344 - 356.

[12] Bowden K F. The Circulation, Salinity and river discharge in the Mersey Estuary [J]. Geophysical Journal of the Royal Astrophysical Society, 1966, 10: 383 - 400.

[13] Bowden K F. Circulation and diffusion. Estuaries [J]. Published by American Association for the Advancement of science, 1967: 15 - 36.

[14] Robert H Meade. Salinity Variation in the Connecticut River [J]. Water Resources Research, 1966, 2 (3): 267 - 579.

[15] Bowden K F. The circulation, salinity and river discharge in the Mersey Estuary [J]. Geophysical Journal of the Royal Astrophysical Society, 1996, 10: 383 - 400.

[16] Bjorn Kjerfve, Magill K E. Salinity changes in Charleston Harbor 1922 - 1987 [J]. Journal of Waterway, Port, Coastal, and Ocean Engineering, 1990, 116 (2): 153 - 168.

[17] 朱建荣，刘新成，沈焕庭，等. 1996 年 3 月长江河口水文观测和分析 [J]. 华东师范大学学报（自然科学版），2003，4：87 - 93.

[18] 唐建华，赵升伟，刘玮玮，等. 三峡水库对长江河口北支咸潮倒灌影响探讨 [J]. 水科学进展，2011，22（4）：554 - 560.

[19] 唐建华，徐建益，赵升伟，等. 基于实测资料的长江河口南支河段盐水入侵规律分析 [J]. 长江

流域资源与环境，2011，20（6）：677－684.

[20] 戚志明，包芸．珠三角咸水入侵变化趋势及其动力因素影响分析［J］．广东广播电视大学学报．2009，18（3）：43－47.

[21] 宋晓飞，石荣贵，孙羚晏，等．珠江口磨刀门盐水入侵的现状与成因分析［J］．海洋通报，2014，33（1）：7－15.

[22] 刘斌，刘丽诗，吴炜，等．基于取淡与流量控制的压咸调度方案研究［J］．水文，2013，33（4）：84－87.

[23] Hughes F，Rattray J. Salt flux and mixing in the Columbia River Estuary［J］．Estuarine Coastal Mar Sci，1980，10（5）：479－493.

[24] Geyer W R，Smith J D. Shear instability in a highly stratified estuary［J］．J Phys Ocean，1987，17：1668－1679.

[25] Geyer W R. The advance of a salt wedge front：observations and dynamical model［M］//Physical process in estuaries. Germany，Springer－Verlag Berlin Heidelberg：Job Dronkers and Wim van Leussen Eds，1988：181－195.

[26] Lerczak J A，Geyer W R，Chant R J. Mechanisms driving the time－dependent salt flux in a partially stratified estuary［J］．Journal of Physical Oceanography，2006，36：2296－2311.

[27] Kiriaki H，Georgios S，Vassilios A Tsihrintzis. Salt－wedge propagation in a Mediterranean micro－tidal river mouth Estuarine［J］．Coastal and Shelf Science，2010，90：174－184.

[28] 刘杰斌，包芸．磨刀门水道枯季盐水入侵咸界运动规律研究［J］．中山大学学报（自然科学版），2008（S2）：122－125.

[29] 章文，刘丙军，辛彦博，等．珠江河口区盐度变化周期特征分析——以磨刀门水道为例［J］．热带地理，2013，33（1）：28－33.

[30] 吕爱琴，杜文印．磨刀门水道咸潮上溯成因分析［J］．广东水利水电，2006（5）：50－53.

[31] 闻平，陈晓宏，刘斌，等．磨刀门水道盐水入侵及其变异分析［J］．水文，2007，27（3）：65－67.

[32] Hansen D V，Rattray M. Gravitational circulation in straits and estuaries［J］．Journal of Marine Research，1965，23：104－122.

[33] Pritchard D W，E C Vieira. Vertical variations in residual current response to meteorological forcing in the Mid－Chesapeake Bay［M］//The Estuary as a Filter. Academic Press，1984：27－65.

[34] 刘雪峰，魏晓宇，蔡兵，等．2009年秋季珠江口咸潮与风场变化的关系［J］．广东气象，2010，32（2）：11－13.

[35] 苏波，刘吉，冯业荣，等．磨刀门咸潮中的风效应初探［J］．人民珠江，2012（A01）：21－24.

[36] 刘吉，苏波，何贞俊，等．“黑格比”风暴潮对磨刀门水道沿岸取水的影响［J］．人民珠江，2012（A01）：25－27.

[37] 韩志远，田向平，刘峰．珠江磨刀门水道咸潮上溯加剧的原因［J］．海洋学研究，2010，28（6）：52－59.

[38] 方神光，珠江河口磨刀门水道咸潮上溯主要影响因素探讨［J］人民长江，2013，44（5）：23－26.

[39] Fisher H B. Mass transport mechanisms in partially stratified estuaries［J］．Journal of Fluid Meehanics，1972，53：671－687.

[40] Kjerfve B. Circulation and salt flux in a well－mixed estuary［M］//Physies of shallow Estuaries and Bays，J. van de Kreeke，Ed. Springer－Verlag，1986：22－99.

[41] Uncles R J，Elliott R C A，Weston S A. Dispersion of salt and suspended sediment in a partly mixed estuary［J］．Estuaries，1985，8：256－269.

[42] Van de Kreeke J，Zimmerman J T F. Gravitational circulation in vell－mixed and partially－mixed estuaries［J］．Ocean Engineering Science：The Sea，1990，9（A）：495－522.

[43] Winterwerp J C. The decomposition of mass transport in narrow estuaries [J]. Estuarine, Coastal and Shelf Science, 1983, 16: 627 - 639.

[44] Park J K, James A. Mass flux estimation and mass transport mechanism in estuaries. [J]. Limnology and Oceanography, 1990, 35 (6): 1301 - 1313.

[45] Jay D A, Geyer W R, Uncles R J, et al. A review of recent developments, in estuarine scalar flux estimation [J]. Estuaries, 1997, 20 (2): 262 - 280.

[46] Wenping Gong, Jerome P Y Maa, Bo Hong, et al. Salt transport during a dry season in the Modaomen Estuary, Pearl River Delta, China [J]. Ocean & Coastal Management, 2014, 100: 1 - 12.

[47] Ruth T E. The Reynolds experiment for flow demonstration [J]. The Science Teacher, 1965, 32 (8): 48 - 51.

[48] Raynaud J P, DEshougues JR, Minicon: P. Etude des courants d' eau boueuse dans les retenues [J]. trasn, vol. 4, Congress on large dams, 1951.

[49] Gaza, Bogich K. Some observations on density currents in the laboratory and in the field [C]. Sminnesota Internatronal Hydrautic Conven Eion. ASCE, 2015.

[50] Ippen A T, Harleman. One - dimensional anslysis of salinity intrusion in estuaries. Techniacl Bulletin No. 5, 1961.

[51] Keulegan G H. The mechanism of an arrested saline wedge [J]. Estuary and coastline hydrodynamics, 1966, 546: 574.

[52] Dermissis V, Partheniades E. Interfacial resistance in stratified flows [J]. Journal of waterway, port, coastal, and ocean engineering, 1984, 110 (2): 231 - 250.

[53] Grigg N J, Ivey G N. A laboratory investigation into shear - generated mixing in a salt wedge estuary [J]. Geophysical & Astrophysical Fluid Dynamics, 1997, 85 (1 - 2): 65 - 95.

[54] 陈志昌，罗小峰. 长江口深水航道治理工程物理模型试验研究成果综述 [J]. 水运工程，2006，2006 (12S)：134 - 140.

[55] 段子冰，朱元生. 长江口深水航道整治一期工程北导堤沿堤冲刷试验研究 [J]. 河海大学学报：自然科学版，2000 (S2)：27 - 31.

[56] 赵晓冬，陈志昌，吴丽华. 长江口深水航道整治工程局部冲刷的预测和检验 [C]. 第六届全国泥沙基本理论研究学术讨论会，2005：1325 - 1330.

[57] 吴小明，邓家泉，吴天胜，等. 珠江河口大型潮汐整体物理模型设计与应用 [J]. 人民珠江，2002，6：14 - 16.

[58] 刘志敏，黄国如，高时友. 珠江河口压咸补淡枯季调水的物理模型研究 [J]. 人民珠江，2009，2：27 - 28.

[59] 吴门伍，卢陈，高时友，等. 盐水楔运动水槽试验研究 [J]. 人民珠江，2012，33 (A01)：49 - 51.

[60] 卢陈，袁丽蓉，高时友，等. 潮汐强度与咸潮上溯距离试验 [J]. 水科学进展，2013，24 (2)：251 - 256.

[61] 卢陈，刘晓平，陈荣立，等. 径流-潮汐相互作用与咸潮上溯距离试验研究 [J]. 水动力学研究与进展，2014，29 (3)：282 - 287.

[62] 黄洪城，匡翠萍，顾杰，等. 河口盐水入侵研究进展 [J]. 海洋科学，2014，38 (9)：109 - 115.

[63] 胡溪. 珠江口磨刀门水道盐水入侵数值模拟研究 [D]. 北京：清华大学，2010.

[64] Casulli V, Walters R A. An unstructured grid, three - dimensional model based on the shallow water equations [J]. International journal for numerical methods in fluids, 2000, 32 (3): 331 - 348.

[65] Changsheng, Hedong, Robert C B. An unstructured Grid, finite - volume, three - dimensional, primitive equation ocean model: application to coastal ocean and estuaries [J]. Journal of atmospheric and oceanic technology, 2003, 20 (1): 159 - 186.

[66] Blumberg A F, Mellor G L. A description of a three - dimensional coastal ocean circulation model [J]. Three - dimensional coastal ocean models, 1987, 4: 1 - 16.

[67] Thatcher M L, Harleman D R F. Mathematical model for the prediction of unsteady salinity intrusion in estuaries [J]. Chemical compasition 1972.

[68] Gillibrand P A, Balls P W. Modelling salt intrusion and nitrate concentrations in the Ythan estuary [J]. Estuarine, Coastal and Shelf Science, 1998, 47 (6): 695 - 706.

[69] Mao X, Prommer H, Barry D A, et al. Three - dimensional model for multi - component reactive transport with variable density groundwater flow [J]. Environmental Modelling & Software, 2006, 21 (5): 615 - 628.

[70] Thain R H, Priestley A D, Davidson M A. The formation of a tidal intrusion front at the mouth of a macrotidal, partially mixed estuary: a field study of the Dart estuary, UK [J]. Estuarine, Coastal and Shelf Science, 2004, 61 (1): 161 - 172.

[71] Speirs D C, Gurney W S C. Population persistence in rivers and estuaries [J]. Ecology, 2001, 82 (5): 1219 - 1237.

[72] Qi J, Chen C, Beardsley R C, et al. An unstructured - grid finite - volume surface wave model (FVCOM - SWAVE): implementation, validations and applications [J]. Ocean Modelling, 2009, 28 (1 - 3): 153 - 166.

[73] Chen C, Xue P, Ding P, et al. Physicml mechanisms Por the offshore cletachment of hte Changjiany diwated water in the East China se [J]. Journal of Geophysical Research, 2008, 114 (C2): C02002.

[74] Qiu C, Zhu J, Gu Y. Impact of seasonal tide variation on saltwater intrusion in the Changjiang River estuary [J]. Chinese Journal of Oceanology and Limnology, 2012, 30 (2): 342 - 351.

[75] 罗小峰，陈志昌. 长江口水流盐度数值模拟 [J]. 水利水运工程学报，2004 (2): 29 - 33.

[76] Shi J Z, Gu W J, Wang D Z. Wind wave - forced fine sediment erosion during the slack water periods in Hangzhou Bay, China [J]. Environmental Geology, 2008, 55 (3): 629 - 638.

[77] Shi J Z, Zhou H Q, Liu H, et al. Two - dimensional horizontal modeling of fine - sediment transport at the South Channel - North Passage of the partially mixed Changjiang River estuary, China [J]. Environmental Earth Sciences, 2010, 61 (8): 1691 - 1702.

[78] Jiang C, Swart H E, Li J, et al. Mechanisms of along - channel sediment transport in the North Passage of the Yangtze Estuary and their response to large - scale interventions [J]. Ocean Dynamics, 2013, 63 (2 - 3): 283 - 305.

[79] Song D, Wang X H. Suspended sediment transport in the Deepwater Navigation Channel, Yangtze River Estuary, China, in the dry season 2009: 2. Numerical simulations [J]. Journal of Geophysical Research: Oceans, 2013, 118 (10): 5568 - 5590.

[80] Hu K, Ding P, Wang Z, et al. A 2D/3D hydrodynamic and sediment transport model for the Yangtze Estuary, China [J]. Journal of Marine Systems, 2009, 77 (1 - 2): 114 - 136.

[81] Colón - Rivera R J, Feagin R A, West J B, et al. Hydrological modification, saltwater intrusion, and tree water use of a Pterocarpus officinalis swamp in Puerto Rico [J]. Estuarine, Coastal and Shelf Science, 2014, 147: 156 - 167.

[82] Yaseen Z M, El - shafie A, Jaafar O, et al. Artificial Intelligence based models for stream - flow forecasting: 2000 - 2015 [J]. Journal of Hydrology, 2015, 530: 829 - 844.

[83] 陈立，朱建荣，王彪. 长江河口陈行水库盐水入侵统计模型研究 [J]. 给水排水，2013, 39 (7): 162 - 165.

[84] Qiu C, Wan Y. Time series modeling and prediction of salinity in the Caloosahatchee River Estuary [J]. Water Resources Research, 2013, 49 (9): 5804 - 5816.

[85] Sun H，Koch M. Case Study：Analysis and Forecasting of Salinity in Apalachicola Bay，Florida，Using Box - Jenkins ARIMA Models [J]. Journal of Hydraulic Engineering，2001，127 (9)：718 - 727.

[86] Parsa J，Etemad - shahid A. An empirical model for salinity intrusion in alluvial estuaries [J]. Ocean Dynamics，2011，61 (10)：1619 - 1628.

[87] 孙昭华，严鑫，谢翠松，等. 长江口北支倒灌影响区盐度预测经验模型 [J]. 水科学进展，2017，28 (2)：213 - 222.

[88] 苏程佳，陈莎，陈晓宏. 基于随机森林模型的咸潮预报 [J]. 热带地理，2018，38 (3)：432 - 439.

[89] 卢鹏宇，林凯荣，杨裕桂，等. 基于多模型集成的月尺度磨刀门咸潮预测研究 [J]. 人民珠江，2020，(10)：1 - 5.

[90] 刘德地，陈晓宏. 基于偏最小二乘回归与支持向量机耦合的咸潮预报模型 [J]. 中山大学学报（自然科学版），2007，46 (4)：89 - 92.

[91] 柯华斌，刘丙军，章文，等. 基于支持向量机的珠江河口咸潮上溯预测研究 [J]. 水资源研究，2015，4 (1)：46 - 54.

[92] Fang Y，Chen X，Cheng N - S. Estuary salinity prediction using a coupled GA - SVM model：a case study of the Min River Estuary，China [J]. Water Science and Technology：Water Supply，2016，17 (1)：52 - 60.

[93] Rohmer J，Brisset N. Short - term forecasting of saltwater occurrence at La Comté River (French Guiana) using a kernel - based support vector machine [J]. Environmental Earth Sciences，2017，76 (6)：246.

[94] Zhou F，Liu B，Duan K. Coupling wavelet transform and artificial neural network for forecasting estuarine salinity [J]. Journal of Hydrology，2020，588：125 - 127.

[95] 周凡涵，刘丙军，胡家昱，等. 基于人工神经网络的河口区盐水入侵预报研究 [J]. 水文，2020，40 (6)：57 - 64.

[96] 林凯荣，张凡，兰甜，等. 基于极大重叠离散小波变换和 Elman 神经网络的磨刀门咸潮模拟研究 [J]. 人民珠江，2018，39 (7)：1 - 5.

[97] 黄锐贞，陈晓宏，何艳虎，等. 上游来水与下游潮位对河口含氯度的影响——以磨刀门河口为例 [J]. 中国农村水利水电，2017 (4)：101 - 105.

[98] 陈记臣，查悉妮，卓文珊，等. 基于 AdaBoost 算法和 BP 神经网络的咸潮模拟研究 [J]. 人民珠江，2017，38 (1)：5 - 10.

[99] Kingston G B，Lambert M F，Maier H R. Bayesian training of artificial neural networks used for water resources modeling [J]. Water Resources Research，2005，41 (12)：2179 - 2187.

[100] Bowden G J，Maier H R，Dandy G C. Input determination for neural network models in water resources applications. Part 2. Case study：forecasting salinity in a river [J]. Journal of Hydrology，2005，301 (1 - 4)：93 - 107.

[101] Dixit P，Londhe S，Deo M. Review of applications of neuro - wavelet techniques in water flows [J]. INAE Letters，2016，1 (3 - 4)：99 - 104.

[102] Adamowski J，Sun K. Development of a coupled wavelet transform and neural network method for flow forecasting of non - perennial rivers in semi - arid watersheds [J]. Journal of Hydrology，2010，390 (1 - 2)：85 - 91.

[103] 杨兴果. 钱塘江河口盐水入侵预警研究 [D]；杭州：浙江大学，2014.

[104] Hu J，Liu B，Peng S. Forecasting salinity time series using RF and ELM approaches coupled with decomposition techniques [J]. Stochastic Environmental Research and Risk Assessment，2019，33 (4)，1117 - 1135.

[105] Lu P, Lin K, Xu C-Y, et al. An integrated framework of input determination for ensemble forecasts of monthly estuarine saltwater intrusion [J]. Journal of Hydrology, 2021, (3-4): 126225.

[106] 陈荣力，刘诚，高时友. 磨刀门水道枯季咸潮上溯规律分析 [J]. 水动力学研究与进展. 2011, 26 (3): 312-317.

[107] 胡溪，毛献忠. 珠江口磨刀门水道盐水入侵规律研究 [J]. 水利学报，2012, 43 (5): 529-536.

[108] Cai Y, Guo L, Wang X, et al. Effects of tropical cyclones on river chemistry: A case study of the lower Pearl River during Hurricanes Gustav and Ike [J]. Estuarine Coastal & Shelf Science, 2013, 129 (3): 180-188.

[109] Gong W, Jia L, Shen J, et al. Sediment transport in response to changes in river discharge and tidal mixing in a funnel-shaped micro-tidal estuary [J]. Continental Shelf Research, 2014, 76 (2): 89-107.

[110] Zhang Z, Cui B, Zhao H, et al. Discharge-salinity relationships in Modaomen waterway, Pearl River estuary [J]. Procedia Environmental Sciences, 2010, 2 (1): 1235-1245.

[111] 孔兰，陈晓宏，杜建，等. 基于数学模型的海平面上升对咸潮上溯的影响 [J]. 自然资源学报. 2010 (7): 1097-1104.

[112] 程香菊，詹威，郭振仁，等. 珠江西四口门盐水入侵数值模拟及分析 [J]. 水利学报. 2012, 39 (5): 554-563.

[113] 诸裕良，闫晓璐，林晓瑜. 珠江口盐水入侵预测模式研究 [J]. 水利学报. 2013, 39 (9): 1009-1014.

[114] 陈文龙，邹华志，董延军. 磨刀门水道咸潮上溯动力特性分析 [J]. 水科学进展. 2014, 25 (5): 713-723.

[115] 孔兰，陈晓宏. 珠江口咸潮影响因素分析 [J]. 水资源保护，2015, 31 (06): 94-97, 134.

[116] 陈子燊，高时友，陈玲舫. 珠江口磨刀门水道盐度变化对水文气象要素的频率响应特征 [J]. 海洋通报，2015, 34 (1): 14-20.

[117] 刘祖发，施宁宁，关帅，等. 基于FVCOM的磨刀门水道盐水入侵三维数值模拟 [J]. 水动力学研究与进展 (A辑), 2016, 31 (3): 286-294.

第2章 研究区基本概况

珠江三角洲（以下简称“珠三角”）河网区位于广东省东部沿海，地处北纬21°30′～23°40′，东经109°40′～117°20′，北回归线横贯北部。占地面积54676km²，包括广州、深圳、珠海、佛山、惠州、东莞、中山、江门和肇庆9个地级市。该地区北接清远市、韶关市，东接河源市、汕尾市，西接阳江市、云浮市，南濒浩瀚的南海，并与香港、澳门相接。珠三角河网区大陆地势大体是北高南低，地形变化复杂，山地、丘陵、台地、谷地、盆地、平原相互交错，形成多种自然景观。

2.1 地形地貌

珠三角河网区属于华南准台地的一部分，地势总体上北高南低，地形复杂多样，形成山地、平原相互交错的自然景观。珠三角河网区以罗平山脉为西面和北面的界限，东侧罗浮山区是三角洲的东界，区域内以广大的河流冲积平原为主，由河流冲积物淤积而成，地势比较平坦。平原面积占全区总面积的66.7%，山地、丘陵、台地、盆地等的面积约占20%左右，全区海拔超过500m山地面积只占3%，主要分布在肇庆、博罗、从化和惠州等三角洲北部边缘地带，最高点海拔1229m，包括鼎湖山、莲花山、罗浮山、西樵山等。

区内土壤类型主要有水稻土、赤红壤土、红壤土、黄壤土、石灰土等，其中水稻土分布最为广泛，占全区总面积的95.5%。水稻土集中分布在中部平原地区，红壤土、黄壤土分布较为零散，主要分布在低山、丘陵、残丘地区，潮土集中在佛山、中山北部、广东西南部，盐渍沼泽土主要发育于沿海滩涂及红树林海岸。

2.2 河流水系

珠三角河网区河涌交错，水网相连。上游有西江、北江、东江等水系入境，按行洪流向，大致可分为西江、北江、东江下游系统，珠江干流、西北江两河和直接流入的河流。珠三角河网区汇集东江、西江、北江三江，由虎门、蕉门、洪奇门、横门（以上四门俗称“东四门”）、磨刀门、鸡啼门、虎跳门、崖门（以上四门俗称“西四门”）八大口门入海，见表2-1。

表 2-1 主要河流情况

河流名称	河流级别	发源地	河口	集雨面积 /km^2	河长 /km	坡降 /%
深圳河	1	保安牛尾岭	深圳沙咀	188/312	37	9.22
茅洲河	1	保安阳台山	宝安水浸围	450	46	2.2
东江	干	江西寻乌丫髻钵	狮子洋	8300/35340	42/562	—
沙河	1	博罗独山	博罗石湾	1235	89	0.64
增江	1	龙门七星岭	增城观海口	3160	206	0.74
派潭江	2	增城佛坳	增城大楼	419	40	5.5
西福河	2	增城鹧鸪山	增城仙村	578	58	1.02
寒溪水	2	东莞观音山	东莞峡口	720	59	0.33
东莞水道	1	东莞石龙	东莞桂子洲	1679	41	5.41
珠江	干	广州白鹅潭	虎门	4713	73	—
流溪河	1	从化县桂峰山	广州南岗口	2300	156	0.83
白坭水	2	花都天堂顶	广州南岗口	758	59	0.1
新街河	3	花都天立印	广州南埔	435	44	0.1
天马河	4	花都狮岭	广州罗溪	165	26	0.9
西南涌	2	三水西南闸	广州雅岗	801	39	1.02
芦苞涌	3	三水芦苞闸	南海官窑	252	32	1.5
佛山涌	2	佛山沙口	广州鸦髻沙	264	33	—
北江	干	江西新丰石褐	番禺小虎山淹尾	5358/52068	105/573	0.26
潭州水道	1	南海紫洞	顺德西安亭	104	37	0.33
陈村水道	1	番禺石壁	番禺紫坭	161	26	0.9
蕉门水道	1	番禺雁沙尾	番禺南沙	279	34	1.65
洪奇沥	1	顺德板沙尾	番禺沥口	633	43	0.6
容桂水道	2	顺德龙涌	顺德三联	319	20	0.9
西江	干	云南沾益马雄山	顺德容奇	108	20	−0.24
高明河	1	高明拖盆顶	高明海口	1010	86	0.45
更楼河	2	高明高窝顶	高明明龙珠	114	18	3.25
杨梅河	2	高明皂幕山	高明大沙头	195	39	3.88
横门水道	1	顺德南华	中山横门	1129	59	0.77
新会河	2	新会上浅口	新会河口	482	37	—
潭江	1	阳江牛尾岭	新会崖门	6026	248	0.45
蓢底水	2	恩平五马巡朝	恩平大田	148	248	0.45
莲塘水	2	恩平天露山	恩平浦桥	252	44	4.77
蚬岗水	2	恩平五点梅花	开平茅朗村	185	34	1.3
白沙水	2	开平三两良山	开平百足伟	383	49	0.77

续表

河流名称	河流级别	发源地	河口	集雨面积 /km²	河长 /km	坡降 /%
镇海水	2	新兴乾坑顶	开平交流渡	1203	69	0.81
新昌水	2	台山狮子尾	开平氮肥厂	576	52	1.81
公益水	2	台山烟斗岗	台山公益镇	136	28	0.68
新桥水	2	鹤山皂幕山	开平水口镇	143	28	3.24
址山水	2	鹤山横岗顶	新会田边村	204	38	3.35
虎跳门水道	2	新会狗尾	斗门镭蛛子	187	31	0.82

注　有两行数的，左侧为区内数，右侧为全河。

1. 西江及西江下游水道系统

西江是珠江流域的主流，上游南盘江发源于云南省沾益县马雄山，至梧州会桂江后始称西江流入广东省，在广东省汇入的主要支流有贺江、罗定江和新兴江，至三水思贤滘与北江相通并进入珠三角河网区；西江干流至三水思贤滘长 2075km，集雨面积 353120km^2，绝大部分在云南、贵州、广西等省（自治区）内，属广东省境内仅 17960km^2。

西江下游在思贤滘、甘竹溪等处与北江水系相沟通。自南华起，西江下游水道分为西海水道及东海水道。西江的主流从思贤滘西滘口起，向南偏东流至新会区天河，长 57.5km，称西江干流水道；天河至新会区百顷头，长 27.5km，称西海水道；从百顷头至珠海市洪湾企人石流入南海，长 54km，称磨刀门水道；主流在甘竹滩附近向北分汊经甘竹溪与顺德水道贯通；在天河附近向东南分出东海水道，东海水道在豸蒲附近分出凫洲水道，该水道在鲤鱼沙又流回西海水道；东海水道的另一分汊在海尾附近分出容桂水道和小榄水道，小榄水道经横门与洪奇沥相会后汇入伶仃洋出海；主流西海水道在太平墟附近分出海洲水道，至古镇附近又流回西海水道；西海水道经外海、叠石，由磨刀门出海。此外，西海水道在江门北街处有一分支江门河经银洲湖，由崖门水道出海；在百顷头分出石板沙水道，该水道又分出荷麻溪、劳劳溪与虎跳门水道、鸡啼门水道连通：至竹洲头又分出螺洲溪流向坭湾门水道，并经鸡啼门水道出海。

2. 北江下游水道系统

北江发源于江西省丰信县石碣大茅坑，流入广东省南雄境后称为浈江，至曲江武江汇入后始称北江，南流经清远市，至三水思贤滘与西江干流相通，进入珠三角河网区，主要支流有武江、南水、连江、滃江、潖江、滨江、绥江等。北江干流至三水市思贤滘全长 468km，集雨面积 46710km^2，绝大部分在广东省境内，集雨面积达 42930km^2。

北江从芦苞起有芦苞涌、西南涌分流入珠三角河网区。在思贤滘上游马房附近有绥江汇入，流至思贤滘与西江相通。北江主流自思贤滘北滘口至南海紫洞，河长 25km，称北江干流水道；紫洞至顺德张松上河，长 48km，称顺德水道；从张松上河至番禺小虎山淹尾，长 32km，称沙湾水道，然后入狮子洋经虎门出海。北江主流分汊很多：在三水区西南镇分出西南涌，与流溪河汇合后流入珠江水道（至白鹅潭又分为南北两支，北支为前航道，南支为后航道，后航道与佛山水道、陈村水道等互相贯通，前后航道在剑草围附近汇合后向东注入狮子洋）；在南海紫洞向东分出潭州水道，该水道又于南海沙口分出佛山水道，在顺德登洲分出平洲水道，并在顺德沙亭又汇入顺德水道；在顺德勒流分出顺德支流水道，与甘竹溪连通，在容奇与容桂水道相汇然后入洪奇门出海；沙湾水道在顺德张松分出李家沙水道，在顺德板沙尾与容桂水道汇合后进入洪奇沥，在万顷沙西面出海。沙湾水道下游在番禺磨碟头分榄核涌，西樵分出西樵水道，基石分出骝岗水道，均汇入蕉门水道出海。

3. 东江下游水道系统

东江发源于江西省寻乌丫髻钵，上游称寻乌水，在龙亭附近流入广东省后在龙川县五合圩与安远水汇合后始称东江，向西南流经龙川、河源、惠州等县市至东莞市石龙镇进入珠三角河网区，主要支流有浰江、新丰江、秋香江、公庄河、西枝江、石马河等。东江干流至东莞市石龙镇全长 520km，集雨面积 27040km^2，绝大部分在广东省境内，集雨面积达 23540km^2。

东江流至石龙进入珠三角河网区分为两支，主流东江北干流经石龙北向西流至新家埔纳增江，至白鹤洲转向西南，最后在增城禺东联围流入狮子洋，全长 42km；另一支为东江南支流，从石龙以南向西南流经石碣、东莞，在大王洲接东莞水道，最后在东莞洲仔围流入狮子洋。东江北干流在东莞乌草墩分出潢浦，在东莞斗朗文分出倒运海水道，在东莞湛沙围分出麻涌河：倒运海水道在大王洲横向分出中堂水道，此水道在芦村汇潢涌、在四围汇东江南支流；中堂水道又分出纵向的大汾北水道和洪屋涡水道，这些纵向水道均流入狮子洋经虎门出海。

4. 珠江

珠江狭义上是指广州自白鹅潭至虎门的一段河道，因“江中有海珠石”而得名。珠江自白鹅潭开始后，分北支为前航道和南支后航道，后航道与佛山水道、陈村水道互相贯通，到黄埔再合流经狮子洋由虎门出海。后航道于丫髻沙又分为沥滘水道（亦称后航道）和三枝香水道。珠江广义上是指东江、西江、北江的总称。

东江、西江、北江注入珠三角河网区后，由虎门、蕉门、洪奇门、横门、磨刀门、鸡啼门、虎跳门和崖门八大口门分别注入伶仃洋、黄茅海和经磨刀门、洪湾水道分别注入南海。

5. 八大口门

八大口门分别为虎门、蕉门、洪奇门、横门、磨刀门、鸡啼门、虎跳门和崖门。早在清代只有东三门（虎门、蕉门和横门）和西三门（磨刀门、虎跳门、崖门）入海，且都是由山地挟持的地形。近 100 年来，横门与蕉门间的乌珠（山名）大洋，已淤成万顷沙，蕉门外移，又另成新出海口洪奇沥，是为东四门；西边虎跳门和磨刀门间已淤成斗门冲缺三角洲，把海岛连陆，称鸡啼门，形成如今八大口门入海的格局。

本次研究为八大口门之一的磨刀门水道，是西江的主要泄洪排沙干道和入海口门，其泄流量和输沙量居珠江八大口门之首位，也是珠江口近几年咸潮最活跃的口门。磨刀门水道横跨中山、江门、珠海 3 个地市行政区，其起点为江门市大鳌镇百顷村，途中流经中山市、江门市新会区以及珠海市斗门区，然后由珠海市石栏洲流入南海，水道全长约

50km，深度为 2～17m，宽度为 4～60km。

磨刀门河口为典型的河优型河口，水道水流动力条件受到上游径流量主导。其年径流量 $923\times10^8m^3$，占西江、北江来水量总量的 25%以上，其下游灯笼山站年平均净泄量为 $883.93\times10^8m^3$，占西江马口站的 37.86%（据流量实测资料统计，马口站多年平均径流量为 $2335\times10^8m^3$），占西江、北江来水量的 31.85%，灯笼山站年输沙总量为 2341×10^4t，约占上游马口站输沙量的 30%，占八大口门出海总沙量的 33%。径流存在明显的季节性变化，洪水期径流量为全年总径流量的 75%以上，而枯水期，其径流量基本不超过 $6000m^3/s$。

磨刀门水道潮汐为不规则半日混合潮，且存在明显的日潮不等现象，涨潮、落潮历时不同，平均每日存在两次涨潮、落潮，总历时约 24h50min。磨刀门水道潮差约 1m，为八大口门中最小，且存在年内差异较大、年际差异较小的特点，且一般枯季大于洪季。整体而言，磨刀门水道为典型弱潮流强径流型河口，潮流作用相对较弱，而径流作用相对较强，径潮比为 5.77。由于枯水期，磨刀门水道径流显著减少，相比之下，其潮汐与波浪动力明显加强。因此，枯水期磨刀门水道水动力条件较为复杂。据水道下游灯笼山站统计资料知，其多年平均进潮量为 $1850m^3/s$，落潮量为 $3400m^3/s$。一般而言，磨刀门咸潮在枯水期上溯较远，上溯距离一般在 30km 以内，咸水界位于挂定角与竹银之间，但近年来，咸潮上溯距离不断往上游延伸，珠三角地区频发的盐水入侵事件严重影响了珠三角地区居民的生活。2004—2007 年间，强烈的盐水入侵事件影响了磨刀门水道周边的珠海、中山以及澳门 1500 万人口的生活用水。

2.3 水文气象

2.3.1 降水

珠三角属亚热带季风气候，常年气候温和，年均气温为 21～23℃，最冷月 1 月平均气温为 13～15℃，最热月 7 月平均气温在 28℃以上；日照时间长，年平均日照时数为 1900h，年辐射总量约为 $452kJ/cm^2$；水汽充足，降水丰沛。降水受当地复杂多样的地形结构影响，各地多年平均降水量差异较大，根据 1956—2010 年珠三角各地区的降水量统计结果（表 2-2），各地多年平均降水量为 1571～2033mm，珠三角多年平均降水量为 1808mm，其中雨量偏丰地区为珠海、江门等近海洋地区，主要是靠近海洋地区水汽输送较充足所致；雨量偏少地区为佛山、肇庆等近内陆地区。

表 2-2 珠三角地区各行政区多年平均降水量特征值

行政区	广州	深圳	珠海	佛山	惠州	东莞	中山	江门	肇庆	珠三角
多年平均降水量/mm	1846	1901	2033	1571	1895	1683	1765	2014	1649	1808
C_v 值	0.16	0.2	0.23	0.18	0.17	0.17	0.21	0.2	0.14	0.18

珠三角降水量年内分配不均，雨量连续最大 4 个月多出现在 5—8 月，且占年降水量的 59%～65%，其中最大 1 个月多出现在 6—8 月。汛期（4—9 月）多年平均降水量占年降水量的 80%～84%。通过比较不同站点的多年降水统计成果，珠三角各站降水年际变

化差异较大，其中差异最大的是珠海的三灶站，其年降水量丰枯极值比达 3.82；差异最小的为广州蒸发站，其年降水量丰枯极值比为 1.79。可见，珠三角降水量年内分配不均匀，年际变化明显。夏秋间台风频繁，台风降水量一般为 200mm，最大为 400～500mm；台风风速常大于 40m/s，并引起风暴潮，造成严重灾害。

2.3.2 蒸发

根据珠三角 23 个站点的 1980—2010 年水面蒸发资料，珠三角近海，具有风速大、日照时间长、气温高、蒸发量大等特点，各代表站水面蒸发量为 890～1120mm，自东南向西北逐渐降低。其中东莞蒸发量为全区最大，主要由于东莞位于东南部，靠近沿海，其多年平均年水面蒸发量达 1120.3mm；双桥站为全区最小，原因在于该站位于西北部，靠近内陆，其多年平均年水面蒸发量为 891.0mm。

根据各代表站水面蒸发量的逐月分布情况，大部分站点 7 月蒸发量最大，2 月蒸发量最小，蒸发量极值比为 2.2～2.9。5—11 月为蒸发量最大的时期，其多年平均水面蒸发量占全年蒸发量的 69%～76%。

2.3.3 径流

珠三角径流量大，多年平均径流量达 3319 亿 m^3，各河流入三角洲流量达 9584m^3/s（高要 7020m^3/s、石角 1310m^3/s、博罗 737m^3/s、增江 121m^3/s、流溪河 59m^3/s、绥江 217m^3/s、潭江 65.5m^3/s、新兴江 54.4m^3/s），三角洲年入海流量 10529m^3/s。由于珠三角径流完全由降水补给，故多年平均年径流深的分布趋势及高低值区分布与多年平均年降水量情况是一致的。根据广东省年径流地区分布的特点，以径流深等值线 1000mm 线划分径流深为高值区和低值区。珠三角多年平均径流深为 1044.9mm，总体上属高值区，其中东莞佛山和肇庆一带平均年径流深为 700～950mm，属于径流低值区；江门和珠海一带平均年径流深在 1200mm 以上，属于径流高值区。

根据高要、石角和博罗 3 个代表站 1960—2010 年逐月径流量进行径流年内分配分析，计算各月天然年径流量的多年平均值占多年平均天然年径流量的比值（图 2-1），并统计了汛期径流占全年径流的比例，一般汛期径流占全年径流的 70%～80%。

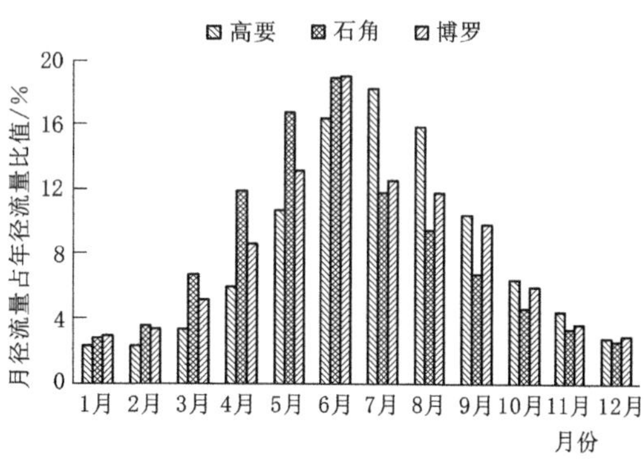

图 2-1 径流代表站天然径流月分配图

年径流量的多年年际变化，常用年径流变差系数 C_v 值和丰枯极值比表达年际变化幅度，其中 C_v 值大表明年径流年际变化剧烈，C_v 值小，表明年径流年际变化缓和；丰枯极值比表示为实测最大年径流与最小年径流的比值。根据各代表站 1960—2010 年年径流量计算年际变化情况（表 2-3），由各代表站 C_v 值各丰枯极值比的大小可知，西江（高要）年径流变化幅度最小，其次为北江（石角），变化幅度最大为东江（博罗）。

表 2-3　　各代表站多年年径流量年际变化情况

站点	高要	石角	博罗
均值/亿 m^3	2289	429	246
C_v 值	0.18	0.25	0.30
丰枯极值比	3.0	4.4	4.6

珠三角径流含沙量较小，平均值为 0.1～0.3kg/m^3（长江为 0.46kg/m^3），主要由于西江、北江多流经石灰岩区，溶解质多，悬移泥沙少；加上亚热带环境植被恢复迅速，水土流失较轻，泥沙带入河中较少所致。但因水量丰富，且近年水土流失加剧，径流年输沙量较大。各河每年输入三角洲泥沙共达 8745 万 t（西江 7530 万 t，北江 837 万 t，东江 295 万 t，增江 50 万 t，潭江 1223 万 t），时间分布上以汛期为主，占 91%以上。

2.3.4　潮汐特征

珠江河口潮汐为不规则半日混合潮，且存在明显的日潮不等现象，涨潮、落潮历时不同，平均每日均存在两次涨潮、落潮，总历时约 24h50min。三灶站位于珠江河口出海门外侧，其潮位数据能反映该海域潮汐的基本特征，收集整理 1965—2008 年枯水期三灶站平均高、低潮位资料，其近 40 年变化过程如图 2-2 所示。三灶站近 40 年枯水期高潮位和低潮位两者变化特征基本一致，均呈增加趋势。高潮位在 0.4m 左右波动，其中 1998—2008 年最近 10 个枯水期中有 8 个枯水期平均高潮位高于 0.4m；低潮位在－0.7m 左右波动，增加趋势更明显，其中 1998—2008 年最近 10 个枯水期平均低潮位均高于－0.7m。三灶站高低潮位的逐年增加特征与全球海平面上升的大环境基本吻合，也在一定程度上助长了盐水入侵。

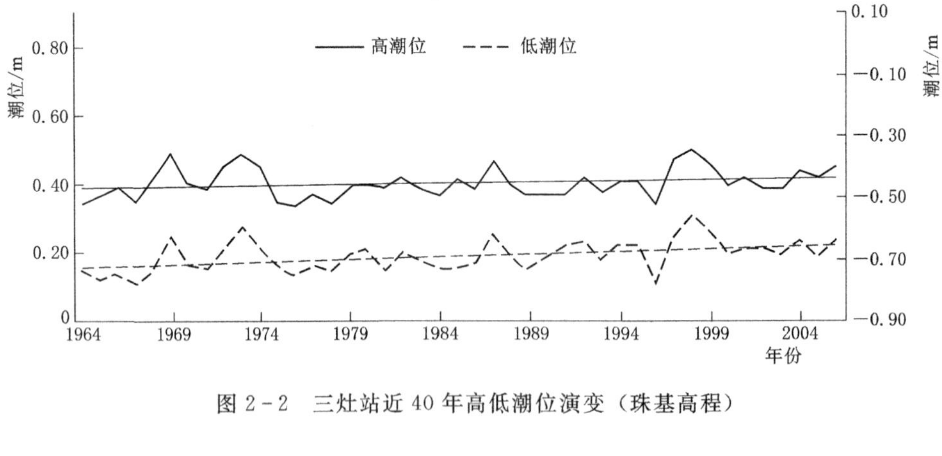

图 2-2　三灶站近 40 年高低潮位演变（珠基高程）

第3章　珠江河口区盐水入侵基本特征及其驱动要素分析

受径流、潮汐、风、地形等海陆多要素影响，珠江河口区水文水动力过程、水盐物质输移，均较单一河道更具多要素叠加驱动、多层次复杂结构与非自然传输属性，盐水入侵过程呈现高度不确定性和复杂性，需要细致分析盐水入侵的基本特征及其影响要素。

3.1　河口区盐水入侵基本特征

3.1.1　河口区盐水入侵总体变化特征

我国《生活饮用水水源水质标准》（CJ 3020—1993）规定，当河道水体氯化物含量超过250mg/L时，即满足不了供水水质的要求。因此250mg/L成为研究咸潮的一个标准值，超过该标准值，则认为盐水入侵发生直接危害。对于取水泵站，盐度超过该标准值的时段也被认为是不可取水时段，或称超标时段。通过收集整理平岗站和广昌泵站近10年枯水期（一般为10月至次年3月）逐日盐度、超标时段等对近10年的盐水入侵情况进行描述。主要数据见表3-1～表3-3、图3-1。

表3-1　磨刀门水道平岗站盐度监测情况

年　份	超标开始时间	超标结束时间	最大值出现时间	
			出现时间	最高值/(mg/L)
1998—1999	12月12日	4月11日	3月14日	3155
1999—2000	1月30日	3月4日	2月2日	2179
2000—2001	12月7日	2月18日	1月6日	571
2001—2002	1月23日	1月28日	1月25日	1201
2002—2003	—	—	—	—
2003—2004	12月5日	3月31日	2月4日	2103
2004—2005	12月7日	3月19日	1月9日	2065
2005—2006	9月25日	2月28日	1月27日	4308
2006—2007	11月3日	2月17日	12月18日	4612
2007—2008	11月4日	2月18日	12月8日	3173
2008—2009	12月23日	2月21日	12月24日	636
2009—2010	9月29日	2月25日	12月29日	2880
2010—2011	11月18日	2月20日	2月16日	2752

表 3-2 磨刀门水道广昌泵站盐度监测情况

年　份	超标开始时间	超标结束时间	最大值出现时间	
			出现时间	最高值/(mg/L)
2001—2002	10 月 30 日	3 月 10 日	1 月 26 日	4163
2002—2003	11 月 18 日	3 月 20 日	3 月 8 日	1858
2003—2004	10 月 6 日	4 月 28 日	2 月 4 日	6222
2004—2005	10 月 2 日	3 月 30 日	1 月 9 日	5399
2005—2006	9 月 23 日	12 月 31 日	12 月 30 日	7184
2006—2007	9 月 24 日	2 月 28 日	12 月 17 日	7200
2007—2008	10 月 16 日	2 月 28 日	1 月 17 日	5202
2008—2009	12 月 19 日	3 月 1 日	1 月 9 日	3800
2009—2010	9 月 24 日	3 月 1 日	11 月 3 日	5961
2010—2011	11 月 1 日	3 月 1 日	2 月 16 日	6060

表 3-3 磨刀门水道平岗站盐度超标时段情况

年　份	超标总历时/h	10 月	11 月	12 月	1 月	2 月	3 月
1998—1999	670	0	0	158	158	116	238
1999—2000	391	0	0	5	81	205	100
2000—2001	220	0	0	46	90	84	0
2001—2002	140	0	0	5	121	14	0
2002—2003	1	0	0	0	0	1	0
2003—2004	767	0	0	131	307	214	115
2004—2005	704	0	5	219	349	88	43
2005—2006	1582	4	133	471	472	502	0
2006—2007	732	0	89	281	257	105	0
2007—2008	1242	0	355	342	388	157	0
2008—2009	227	0	0	49	93	85	0
2009—2010	1433	303	341	426	210	152	1
2010—2011	722	0	102	127	229	264	0

近 10 年磨刀门水道盐水入侵情况十分突出，主要体现为持续时间长，盐度浓度高。上游平岗站自 1988 年记录以来，仅有 2002—2003 年枯水期基本不受盐水入侵影响，其他年份均存在不同程度的盐度超标过程，其中 2005—2006 年枯水期盐度超标最严重，整个枯水期超标跨度近 5 个月（9 月末至次年 2 月底），记录到 1582h 的超标时段，折合超标时间近 60 多天，将近 2 个月，2006 年 12 月 18 日日均盐度达到 4612mg/L，约为标准值的 18 倍。中游广昌泵站受盐水入侵影响更为严重，自 2001 年记录以来每年均出现超标时段，且超标时间几乎横跨整个枯水期，即使是盐水入侵最轻的 2002—2003 年，广昌泵站记录超标时间跨度仍近 4 个月（11 月中至次年 3 月中），2006 年 12 月 17 日日均盐度达

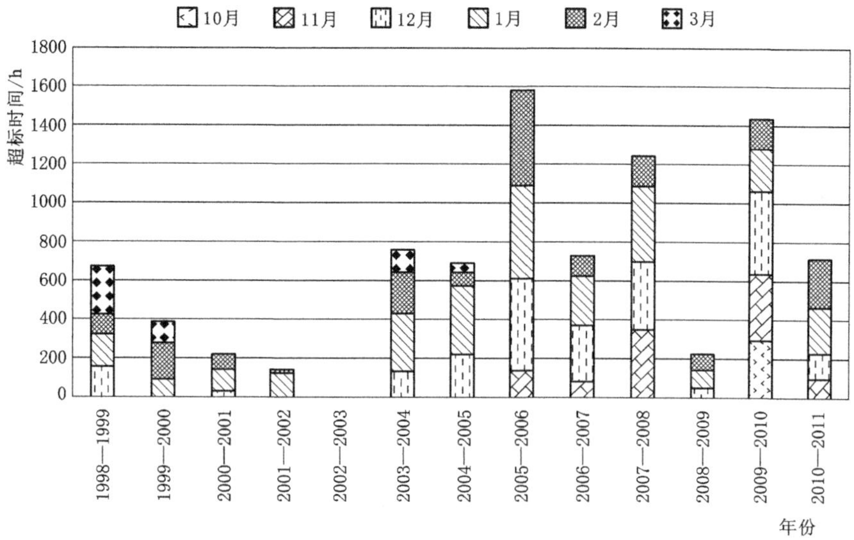

图 3-1 磨刀门水道平岗站盐度超标时段情况

7200 mg/L，约为标准值的 28 倍。综合平岗站、广昌泵站日均盐度序列数据情况可知，近 10 年来每逢枯水期，盐水入侵范围几乎影响整个磨刀门水道，并且影响时间跨度大，整个枯水期大部分时间磨刀门广昌泵站以下均为咸潮控制区。

从平岗站近 10 年枯水期超标时段统计情况看，磨刀门水道盐水入侵还呈现出逐步加剧且发生时间前移的变化特点。2003 年以前平岗站枯水期 6 个月超标时段历时均在 700h 以下，而之后大部分年份超标历时均超过 700h，其中较严重的 2005—2006 年、2007—2008 年和 2009—2010 年超标历时均超过 1200h。从住年枯水期超标时段的时间分布情况看，2004 年以前平岗站枯水期超标时段主要集中在 12 月至次年 3 月，2004 年以后超标时段明显前移，主要集中在 11 月至次年 2 月，其中 2009—2010 年枯水期超标时段前移最突出，仅 10 月就统计到超标历时超过 300h，意味着该月超过 40%时段不可取水。

磨刀门水道是珠江口最近几年盐水入侵较为严重的河段，尤其是近年来盐水入侵情况愈演愈烈，盐水入侵最远距离也逐步向内陆移动。整体而言，20 世纪，盐水入侵分别在 1992 年到达大涌口水闸，1995 年上溯至更远的神湾港，1998 年上溯至距离口门约 34km 的南镇水厂外，1999 年上溯至更远的珠海市全禄水厂，此处距离口门约有 58km。进入到 21 世纪，磨刀门水道盐水入侵情况进一步恶化，严重影响水道沿岸城市取水。到 2003 年枯水期，盐水入侵已经上溯至更远，已经上溯至大丰水厂取水点以上。2004 年由于珠江流域汛期降水量仅为往年的 70%～90%，为 700～1000mm，该年份珠江流域内各水库有效蓄水量均仅为往年的 90%左右，因此，2003—2004 年盐水入侵更为严重。2005 年受强台风的影响，磨刀门水道较往年更早地出现盐水入侵现象，其上溯咸界（以 250mg/L 的含盐度为界）越过鑫源水厂，其中沿岸的广昌泵站出现连续 38 天全天超标情况。2006 年冬至 2007 年春，珠江水利委员会多次组织实施了调水压咸，取得较为显著的成效，咸情得到了控制。2008 年为丰水年，西江上游径流量偏丰，相比 2007—2008 年枯水期，磨刀门水道受 9 次盐水入侵侵袭，该年份枯水期磨刀门水道仅受到 5 次盐水入侵影响，且未对

珠海、澳门等地的供水造成威胁。（摘自《2008 年广东省水资源公报》）

近年来，随着咸潮的日益加剧，珠三角地区居民生活及工、农业生产用水安全均受到严重威胁。根据《生活饮用水水源水质标准》（CJ 3020—1993）的规定，如果河道内水体含氯度超过 250mg/L，就无法满足供水水质要求。但盐水入侵严重时期，江门市河道内水体含氯度高达 800mg/L 以上，中山市部分泵站水体中的氯化物甚至高达 3500mg/L，为标准的 14 倍，此时珠海、澳门水体中含氯度更高，只能将供水水质含氯度标准提高至 400mg/L。人体如果长期饮用超咸度水，将会造成严重危害，此外，部分需要水体冷却的设备也会由于水体含氯度过高而损坏机器设备，不能进行正常的工业生产。

3.1.2　盐度时程变化基本特征

3.1.2.1　小波分析基本原理[1-2]

小波分析是由傅里叶分析发展而来，最早的研究可以追溯到 1910 年 Haar 提出小"波"的规范正交基以及 1938 年 Littlewood 和 Paley 建立的 L－P 理论[3]，而到 1950 年 Morlet 提出小波变换概念并运用地震波分析后获得全面发展。目前小波分析方法已经被广泛应用于信号处理、图像处理、地震勘测、机械故障诊断等方面，在数学理论和信号学应用实践上都得到较为充分验证。

1. 基小波与小波函数

小波分析是一种以大小固定、形状可变的窗口将信号时频局部化的分析方法，其基本思想在于将能量有限的信号分解到一组正交基上，其核心在于找到一个函数，尤其通过伸缩和平移产生一组函数，使得该组函数成为能量有限信号的函数空间上稠密的正交基。

由于最早提出的 Haar 及以后具备上述性质的函数往往具备振荡特征，因此该类函数被称为母小波或基小波，常用 $\psi(t)$ 表示，而由母小波构成的一组正交基则被称为小波函数或小波基函数，常用 $\psi_{a,b}(t)$ 表示，两者存在以下关系：

$$\psi_{a,b}(t)=\frac{1}{\sqrt{a}}\psi\left(\frac{t-b}{a}\right) \tag{3-1}$$

式中：a，b 均为常数，且 $a>0$。当 a，b 不断地变化，就可得到一组函数 $\psi_{a,b}(t)$。

2. 小波变换原理

（1）连续小波变换。

利用小波函数将信号分解的过程称为小波变换（Wavelet Transform，WT）。对于给定平方可积的信号 $x(t)$，即 $x(t)\in L^2(R)$，则 $x(t)$ 的小波变换可定义为

$$\begin{aligned} WT_x(a,b)&=\frac{1}{\sqrt{a}}\int x(t)\psi^*\left(\frac{t-b}{a}\right)\mathrm{d}t \\ &=\int x(t)\psi_{a,b}^*(t)\mathrm{d}t=\langle x(t),\psi_{a,b}(t)\rangle \end{aligned} \tag{3-2}$$

式（3－2）可称为连续小波变换（Continuous Wavelet Transform，CWT）。式中，a，b 和 t 均是连续变量。式中积分区间一般为（$-\infty$，$+\infty$）。$WT_x(a,b)$ 值称为信号 $x(t)$ 的小波变换系数，简称小波系数，$WT_x(a,b)$ 是 a 和 b 的函数，b 是时移，b 的作用是确定对 $x(t)$ 分析的时间位置；a 为尺度因子，其作用是把基本小波 $\psi(t)$ 作伸缩，当 a

>1 时，若 a 越大，则 $\psi\left(\frac{t}{a}\right)$ 的时域支撑范围较之 $\psi(t)$ 变大而变大，反之，当 $a<1$ 时，a 越小，则 $\psi\left(\frac{t}{a}\right)$ 的宽度越窄。通过 a 和 b 参数值就可以确定对 $x(t)$ 分析的中心位置及分析的时间宽度，如图 3-2 所示。WT 又可解释为信号 $x(t)$ 和一族小波基的内积。当 $x(t)$ 是实信号，则 $\psi(t)$ 和 $WT_x(a, b)$ 也是实数。

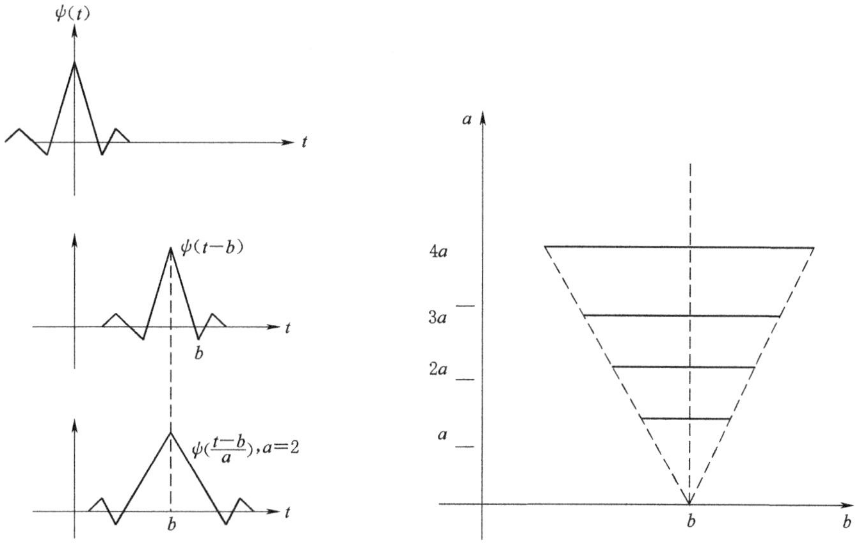

图 3-2 母小波的伸缩及参数 a 和 b 对分析范围的控制

进一步设 $x(t)$ 的傅里叶变换为 $X(\Omega)$，则 $\psi(t)$ 相对应傅里叶变换为 $\Psi(\Omega)$，进一步可得 $\psi_{a,b}(t)$ 的傅里叶变换：

$$\psi_{a,b}(t)=\frac{1}{\sqrt{a}}\psi\left(\frac{t-b}{a}\right) \quad \Leftrightarrow \quad \Psi_{a,b}(\Omega)=\sqrt{a}\Psi(a\Omega)e^{-j\Omega b} \tag{3-3}$$

根据 Parsevals 定理，式（3-2）可变换为小波变换的频域表达式：

$$\begin{aligned} WT_x(a,b) &= \frac{1}{2\pi} < X(\Omega),\Psi_{a,b}(\Omega) > \\ &= \frac{\sqrt{a}}{2\pi}\int_{-\infty}^{+\infty} X(\Omega)\Psi^*(a\Omega)e^{j\Omega b}d\Omega \end{aligned} \tag{3-4}$$

（2）离散小波变换。

理论上，变量 t、a 和 b 都是连续的，但现实中对一个信号的小波变换时，t、a 和 b 均应离散化。最常用的离散化方法是对 a 取 $a=a_0^j$，$j\in Z$，并取 $a_0=2$，这样 $a=2^j$。这种 a 按 2 的整次幂取值所得到的小波习惯上称为"二进（dyadic）"小波。对 b 离散化常用的方法是将 b 均匀抽样，令 $b=kb_0$，b_0 的选择一般应保证能由 $WT_x(j, k)$ 来恢复出 $x(t)$。当 $j\neq 0$ 时，将 a 由 a_0^{j-1} 变成 a_0^j 时，即是将 a 扩大了 a_0 倍，这时小波 $\psi_{j,k}(t)$ 的中心频率比 $\psi_{j-1,k}(t)$ 的中心频率下降了 a_0 倍，带宽也下降了 a_0 倍。因此，这时对 b 抽样的间隔也可相应地扩大 a_0 倍。当尺度 a 分别取 a_0，a_0^1，a_0^2，…时，对 b 的抽样间隔可

以取 a_0b_0，$a_0^1b_0$，$a_0^2b_0$，…，对 a 和 b 离散化后的结果为

$$\begin{aligned}\psi_{j,k}(t)&=a_0^{-j/2}\psi[a_0^{-j}(t-ka_0^jb_0)]\\&=a_0^{-j/2}\psi(a_0^{-j}t-kb_0)j,k\in Z\end{aligned} \tag{3-5}$$

对给定的信号 $x(t)$，式（3－2）可变成离散栅格上的小波变换，即

$$WT_x(j,k)=\int x(t)\psi_{j,k}(t)\mathrm{d}t \tag{3-6}$$

该过程为“离散小波变换”（Discrete Wavelet Transform，DWT）。

（3）容许性条件及小波反变换。

对于某一母小波 $\psi(t)\in L^2(R)$，记 $\Psi(\Omega)$ 为 $\psi(t)$ 的傅里叶变换，则存在

$$c_\psi\overset{\Delta}{=}\int_0^\infty\frac{|\Psi(\Omega)|^2}{\Omega}<\infty \tag{3-7}$$

式（3－7）为该母小波的容许性条件，该容许条件描述了作为母小波的函数所应具有的大致特征：$\psi(t)$ 必须是一带通函数，时域波形应是振荡的，取值必须有正有负。此外，$\psi(t)$ 是有限支撑的，因此它应是快速衰减的。

对于给定的信号 $x(t)$，在 $\psi(t)$ 满足“容许性条件”，即 $c_\psi<\infty$ 为前提条件下，可由其小波变换 $WT_x(a,b)$ 来恢复，即

$$x(t)=\frac{1}{c_\psi}\int_0^\infty a^{-2}\int_{-\infty}^\infty WT_x(a,b)\psi_{a,b}(t)\mathrm{d}a\,\mathrm{d}b \tag{3-8}$$

式（3－8）意味着小波分析方法不仅能将信号进行时频局部化分解，还可以对信号进行仿真重构。

在实际运用中，尺度 a 常按 $a=2^j$ 来离散化，$j\in Z$。式（3－3），对应的傅里叶变换 $2^{j/2}\Psi(2^j\Omega)\mathrm{e}^{-j\Omega b}$，由于需要在不同的尺度下对信号进行分析，同时也需要在该尺度下由 $WT_x(a,b)$ 来重建 $x(t)$，因此要求 $|\Psi(2^j\Omega)|^2$ 是有界的，当 j 为 $-\infty\sim+\infty$ 时，应有

$$A\leqslant\sum_{j=-\infty}^{\infty}|\Psi(2^j\Omega)|^2\leqslant B \tag{3-9}$$

式中：$0<A\leqslant B<\infty$。式（3－9）称为小波变换的稳定性条件，它是在频域对小波函数提出的又一要求。

（4）常用小波函数。

母小波 $\psi(t)$ 是小波分析的核心，理想的母小波，除了要上述提到的满足容许条件外，往往还要求具备良好的紧支性、对称性、正交性、正则性以及较高阶的消失矩等特性。而理想的小波在现实中是不存在的。常用的母小波主要包括 Haar 小波、Morlet 小波、Mexican Hat 小波、Daubechies 小波以及 Symlets 小波。该几种小波特性见表 3－4。

表 3－4　常用小波及其主要特性

特性	Haar 小波	Morlet 小波	Mexican Hat 小波	Daubechies 小波	Symlets 小波
无限光滑	否	是	是	否	否
紧支正交	是	否	否	是	是
对称	是	是	是	否	接近
消失矩	无	无	无	有	有

续表

特性	Haar 小波	Morlet 小波	Mexican Hat 小波	Daubechies 小波	Symlets 小波
准确重构	是	否	否	可	可
连续变换	可	可	可	可	可
离散变换	可	否	否	可	可
快速算法	有	无	无	有	有
表达式	有	有	有	无	无

本章主要对运用到的 Morlet 小波进行介绍，Morlet 小波定义为

$$\psi(t)=\mathrm{e}^{-t^2/2}\mathrm{e}^{j\Omega t} \tag{3-10}$$

其傅里叶变换为

$$\Psi(\Omega)=\sqrt{2\pi}\,\mathrm{e}^{-(\Omega-\Omega_0)^2/2} \tag{3-11}$$

Morlet 小波为非紧支撑小波，它为具有高斯包络的单频率复正弦函数，其 Ω_0 为中心频率。但是当 $\Omega_0=5$，或再取更大的值时，$\psi(t)$ 和 $\Psi(\Omega)$ 在时域、频域均能较好的集中，如图 3-3 所示。由于 Morlet 小波既不是不是正交小波，也不是双正交小波，因此其仅可用于连续小波变换，但其具有良好对称性，因此应用较为广泛。

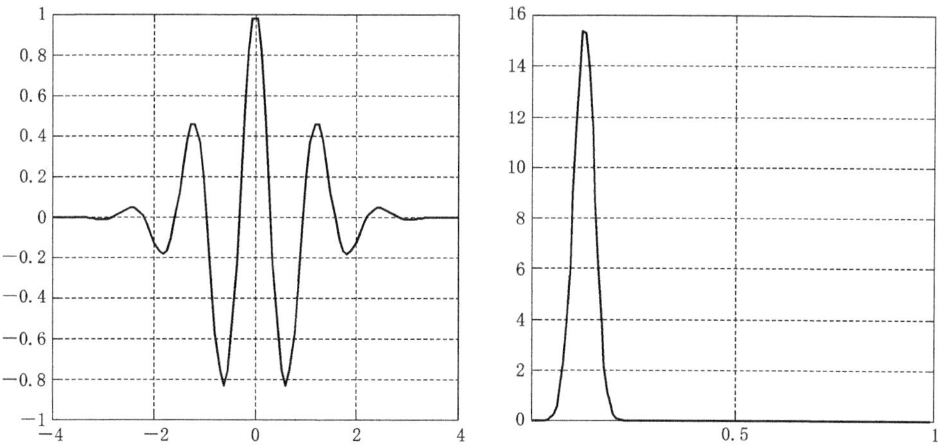

(a) 时域波形　　(b) 频谱

图 3-3　Morlet 小波

(5) 周期尺度量化。

小波系数图是反映小波变换系数 $WT_x(a, b)$ 随尺度因子 a 和时间因子 b 变化而变化的数值图，通常表现为与小波系数相关的二维等值线图，该等值线图往往以时间因子为横坐标、以尺度因子为纵坐标。小波分析的周期性或近似周期性特征的分析是在傅里叶分析基础上发展而来的，所以要求用于小波变换的母小波本身也应具备良好的周期性特征，并与傅里叶分析存在稳定的数值联系，所以不是所有的母小波都适合用于多时间尺度的小波分析，目前常用的主要是 Morlet 小波和 Marr 小波，其小波变换中尺度因子 a 与傅里叶

分析中的周期 T 间存在着一一对应关系[4]。

本章利用的 Morlet 小波，尺度因子与周期 T 对应关系为

$$T=\frac{4\pi}{\Omega_0+\sqrt{2+\Omega_0^2}}\times\alpha \tag{3-12}$$

式中：当 $\Omega_0=5$ 时，则有 $T\approx1.232\alpha$。

对于 Marr 小波，尺度因子与周期 T 对应关系为

$$T=\frac{2\pi}{\sqrt{2+\frac{1}{2}}}\times\alpha \tag{3-13}$$

式中：$T\approx3.974\alpha$。

定义尺度因子 a 与周期 T 间的换算系数为 λ，则将式（3-12）和式（3-13）统一为

$$T=\lambda\alpha \tag{3-14}$$

3.1.2.2 日周期变化

利用 2008 年 1 月磨刀门水道平岗站的逐时盐度序列数据分析平岗站逐时盐度变化特征，如图 3-4 所示。分析图 3-4，该时间段内咸潮沿着磨刀门水道上溯，影响了位于磨刀门水道中上游的平岗站的盐度，平岗站几乎整个月逐时盐度均超标，仅在存在 1 月 11—14 日某些时段内未超标。进一步分析平岗站逐时盐度变化特征，平岗站盐度变化呈现不稳定的波动特征，但每日均存在一个完整的波动，同时每日的波动中还存在半日的微弱波动。整体分析整个月内的波动，平岗站盐度还存在一个 15d 左右的整体大波动，据此推测平岗站可能还存在半月尺度或月尺度的周期。

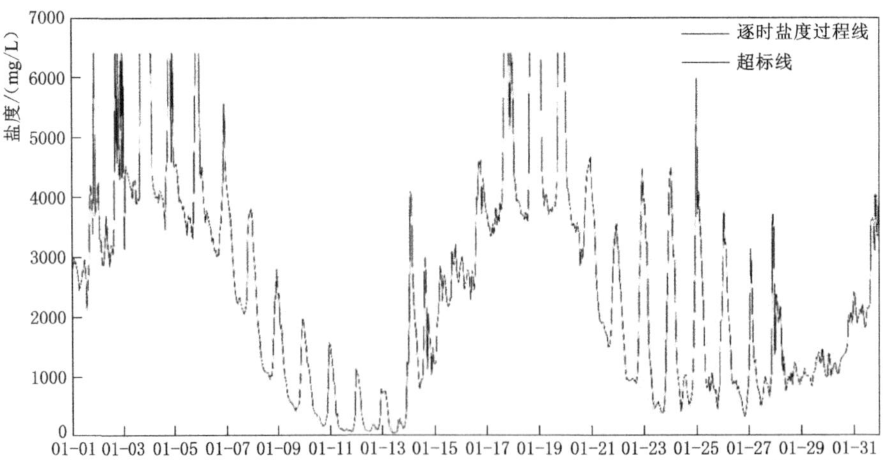

图 3-4 平岗站逐时盐度变化图

为准确得出平岗站盐度的日尺度周期特征，选用以 Morlet 小波为母小波的变换方法，分析平岗站 2008 年 1 月 1—31 日的逐时盐度序列（共 744 个数据），得平岗站逐时盐度序

列的小波系数图如图 3-5 所示。图中横坐标为日期，纵坐标为尺度因子 a，深色等值线表示正值，颜色越深表示正值越大；浅色表示负值，颜色越深表示负值越小。高低值中心对应的纵坐标值为尺度因子 a，可以通过式（3-3）折算成周期 T，表示该序列存在大小为 T 的周期性振荡。分析图 3-5，得出如下结论：磨刀门水道盐度日周期变化具有多时间周期特征，主周期成分为 24.6h。分析平岗站盐度逐时序列的小波系数图（图 3-5），各盐度序列均在 $a=20$ 尺度附近存在一个间断、数值正负交替的波动特征带，高低值以 $a=20$ 为中心，即以 $a=20$ 周期尺度特征最为显著。通过 Morlet 母小波尺度因子与周期之间的换算公式［式（3-3）］可换算出磨刀门水道盐度变化第一主周期成分为 24.6h。此外，磨刀门水道逐时盐度变化还存在 12.3h 左右的变化周期，但不如 $T=24.6$h 的周期明显。该结果与肖莞生和陈子燊（2013）[5] 研究得出的“珠江河口区潮汐虽以不正规半日潮为主，但趋向于不正规日潮”的结论相吻合。

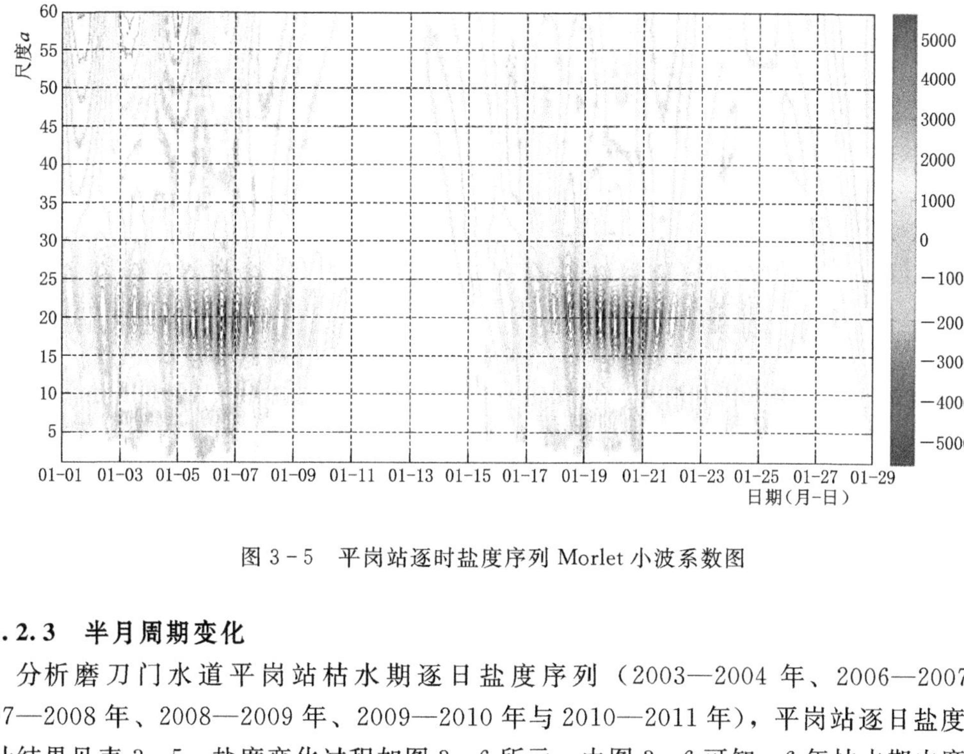

图 3-5　平岗站逐时盐度序列 Morlet 小波系数图

3.1.2.3　半月周期变化

分析磨刀门水道平岗站枯水期逐日盐度序列（2003—2004 年、2006—2007 年、2007—2008 年、2008—2009 年、2009—2010 年与 2010—2011 年），平岗站逐日盐度序列统计结果见表 3-5，盐度变化过程如图 3-6 所示。由图 3-6 可知，6 年枯水期内磨刀门水道均出现了盐水入侵问题，但各年的盐度上溯强度不同，超标历时也不相同。2006—2007 年、2007—2008 年及 2009—2010 年 3 年平岗站盐度超标历时最长，2006—2007 年平岗站的盐度变化波动最大，最大值达 4612mg/L，最小值仅 11mg/L；2008—2009 年的盐水入侵情况则很微弱，仅有小部分时段盐度超过 250mg/L，且最大值仅为 636.4mg/L；2003—2004 年盐度超标历时也比较长，但盐度整体不高，均值为 364.6mg/L；2010—2011 年平岗站盐度均值与 2003—2004 年相近，但波动性相较 2003—2004 年较大，且盐水入侵在统计时段的后期比较显著。

表 3-5　　中游平岗站盐度日序列统计

年　份	统计时段	最大盐度 /(mg/L)	出现时间	最小盐度 /(mg/L)	出现时间	平均盐度 /(mg/L)
2003—2004	12-01—02-28	2102.8	2004-02-04	9.3	2003-12-31	364.6
2006—2007	11-01—02-28	4612.0	2006-12-18	11.0	2007-02-22	663.9
2007—2008	11-01—02-28	3172.6	2007-12-08	8.4	2008-02-12	646.3
2008—2009	12-18—02-28	636.4	2008-12-24	8.5	2008-12-19	112.6
2009—2010	11-01—02-28	2880.3	2009-12-29	11.3	2010-01-29	578.8
2010—2011	11-01—02-28	2752.2	2011-02-16	9.0	2010-11-08	314.9

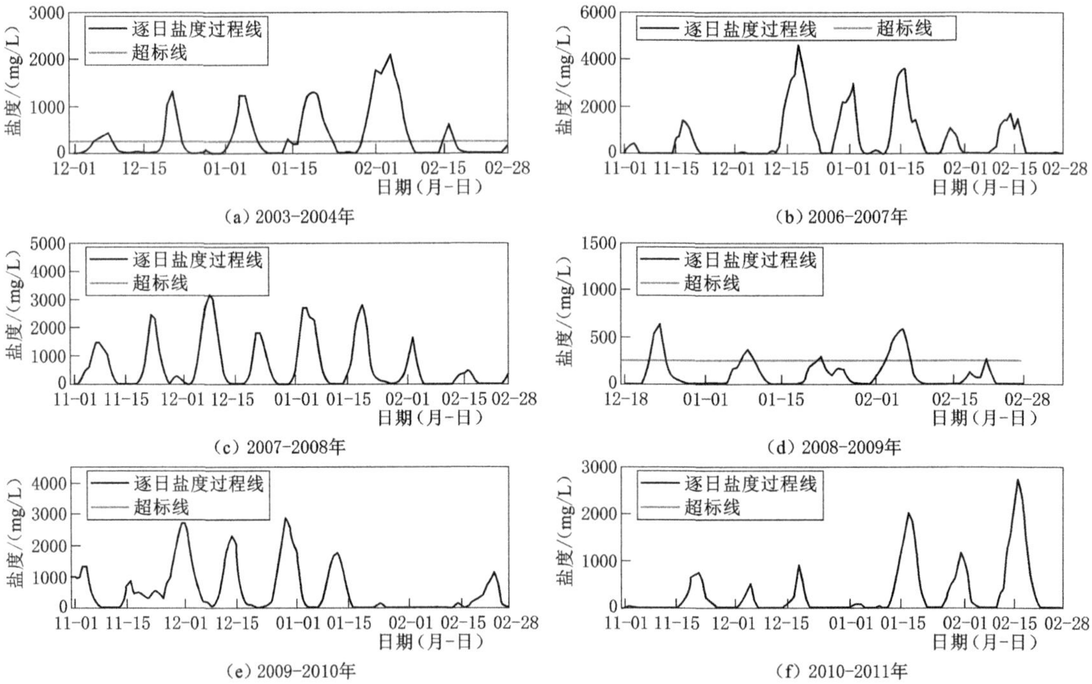

图 3-6　平岗站逐日盐度变化过程图

进一步利用小波分析分析平岗站 6 年枯水时段的盐度序列，Morlet 小波系数图如图 3-7 所示。分析图 3-7，磨刀门水道盐度变化具有多时间尺度周期特征，主周期成分为 14.8d。分析平岗站盐度序列的小波系数图（图 3-7），各盐度序列均在 $a=10\sim15$ 尺度附近存在一个间断、数值正负交替的波动特征带，且高低值以 $a=12$ 为中心，即以 $a=12$ 周期变化最为显著。通过以 Morlet 为母小波的小波分析周期换算公式（式（3-3））可换算出水道盐度序列第一主周期成分为 14.8d。进一步观察其小波系数图可以发现，部分年份盐度序列还存在 $a=25$ 左右的周期成分。如 2006—2007 年、2009—2010 年、2010—2011 年均出现了 $a=25$ 的变化周期，换算后为 30.8d，即存在月周期变化。2003—2004 年、2007—2008 年也存在不明显的 30.8d 的周期。

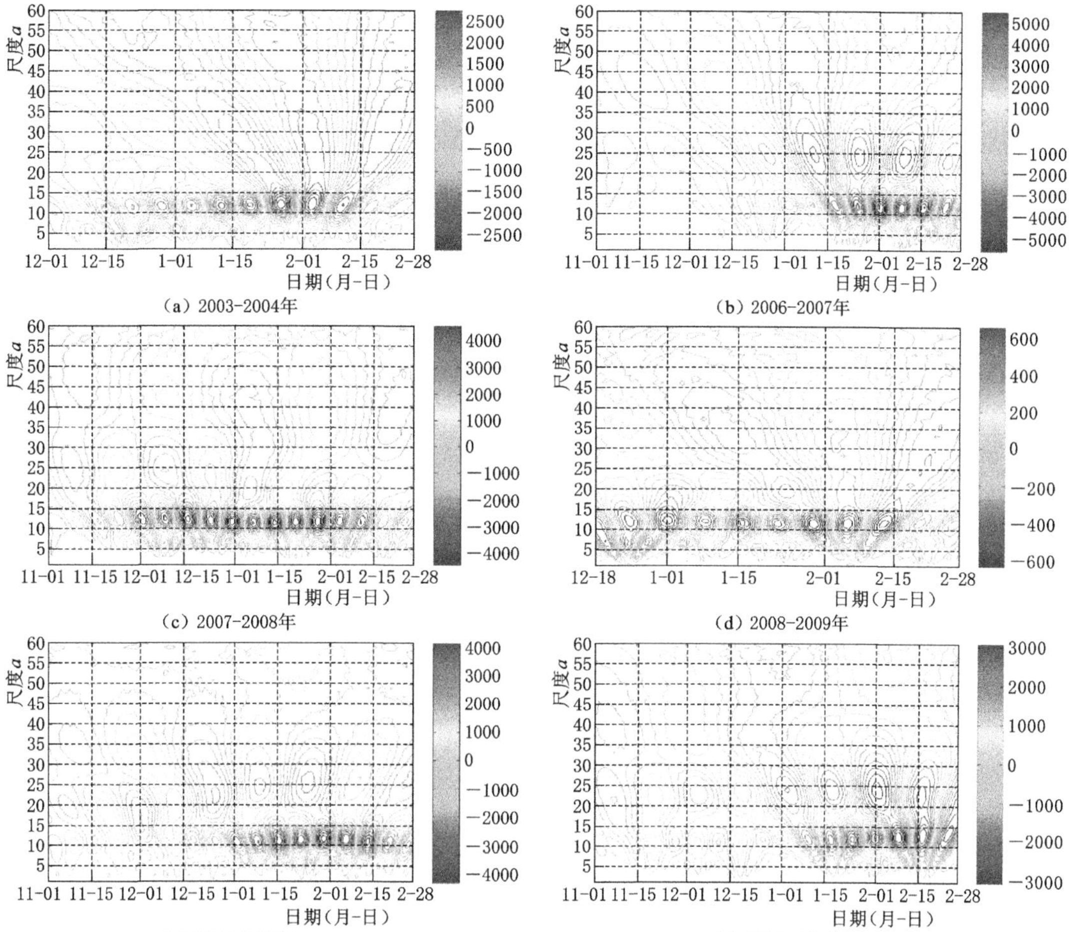

(a) 2003-2004年
(b) 2006-2007年
(c) 2007-2008年
(d) 2008-2009年
(e) 2009-2010年
(f) 2010-2011年

图 3-7 平岗站逐日盐度序列 Morlet 小波系数图

3.1.3 盐度空间变化基本特征

3.1.3.1 咸界位置变化特征

统计近10年来，磨刀门水道咸界线变化情况见表3-6。从咸界上溯距离看，2005—2006年枯水期和2009—2010年枯水期的上溯距离最远，两年的平均最小咸界越过马角水闸，平均最大咸界均越过南镇水厂。2005—2010年，受盐水入侵影响最小的年份为2008—2009年枯水期，这主要是2008—2009年枯水期径流较大，在径流的抑制作用下，盐水难以上溯。整体而言，盐水入侵呈现出上溯距离越来越远的趋势。

表3-6　2001年以来磨刀门水道咸界线变化情况

年　份	平均最小咸界线位置/km	平均最大咸界线位置/km	平均咸界线位置/km
2001—2002	1.8	3.4	2.4
2002—2003	0	1.3	0
2003—2004	7.6	14.1	10.0

续表

年 份	平均最小咸界线位置/km	平均最大咸界线位置/km	平均咸界线位置/km
2004—2005	8.8	16.3	11.5
2005—2006	14.6	27.0	19.2
2006—2007	7.4	18.4	13.3
2007—2008	12.3	25.3	17.9
2008—2009	3.6	9.7	7.1
2009—2010	14.9	28.1	19.9
2010—2011	7.6	19.0	13.3

注 统计时段为10月1日至次年2月28日；平均最大（最小）咸界线位置指统计时段逐日最大（最小）咸界线位置的平均值；咸界线位置（距离）指磨刀门水道咸界线位置到挂定角断面的河道主流线距离。

珠三角地处河口区，该区域降水年内分配不均，枯季时，各河道内径流量小，盐水入侵，各河道含氯度大增，八大口门中，虎门受影响范围最广，其次为鸡啼门、崖门、洪奇门。水道受咸区范围：虎门口门受咸潮影响为前航道至二沙尾，后航道至新造，沙湾水道至市桥；磨刀门口门至竹排沙下；鸡啼门口门至泥湾；崖门口门至银洲湖的双水。根据《磨刀门盐水入侵与抑咸技术》中所述，若以盐度0.5（含氯度约为250mg/L）计，各口门盐水入侵的上界，平水年在东口门为碧头、太平、厚街、南洲、化龙、石基、新沙、万顷沙西、横门东；西口门为灯笼山、黄冲。大旱年在东口门为长安、虎门寨、厚街、莞城、新塘、南岗、黄埔、西村、鹤洞、大石、沙湾、板沙尾、横档、张家边；西口门为外海、三江口、石嘴。

3.1.3.2 盐度空间分布特征

1. 盐度平面分布

汛季，大量的径流量下泄压抑了潮波的向陆传播，磨刀门盐度锐减，自横洲岛、西石浅滩直到上边界灯笼山断面以及洪湾水道，整个内海区从表层到底层都被淡水所控制。

枯季，上游径流量显著减小，潮流作用加强，整个内海区以及洪湾水道都在咸水控制中。上边界灯笼山右断面盐度最大值底层为12.68，表层为6.75，最小值底层为1.16，表层为0.27。在主槽西侧西石浅滩西侧水道原是泥湾门水道水下河槽，其出口在三灶岛与横洲岛之间的龙屎窟，白藤堵海后，仅有灯笼沙界河及白藤水闸开启时的少量来水，径流影响较小，因而这一带潮流势力较强，因此在平面分布上从白藤堤到横洲岛一带盐度高于主槽，等盐线沿主槽突向下游洪湾水道潮波从东、西两口涌入，含盐度东口较西口大，东口最大值可达21.12，而西口最大值达17.76。不论汛季和枯季盐度平面分布等盐线基本上是沿主槽突向下游的趋势，这反映了磨刀门内海区受径流影响显著的水流特征。

2. 盐度垂向分布

盐度的垂向分布与盐淡水的混合类型有关，混合类型由动力结构决定，对于珠江河口而言，随着径、潮流的不同组合，不仅不同时间不同河段会出现高度分层、部分混合和垂向均匀混合3种类型，而且不同时间同一河段也会出现高度分层、部分混合和垂向均匀混合3种类型，因此珠江河口垂向流速结构也表现为丰富性与复杂性。

珠江流域各口门咸潮空间分布各有差异，局限于实测资料，重点以磨刀门河口为例进行详细说明。图 3-8～图 3-11 给出了 2009 年 12 月 10—23 日磨刀门涨落憩时刻的盐度垂向分布图。

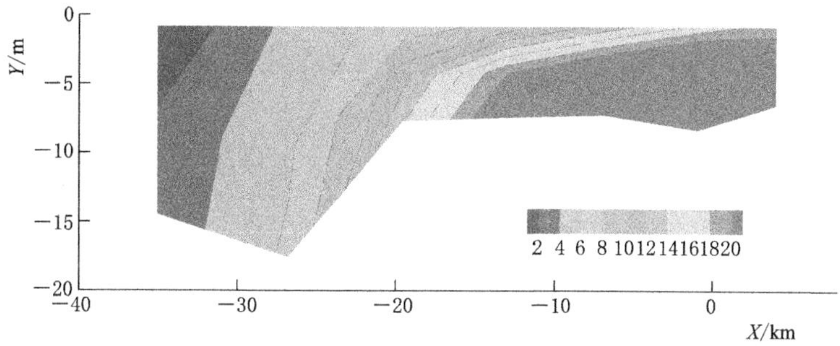

图 3-8 大潮涨憩时刻盐度垂向分布图

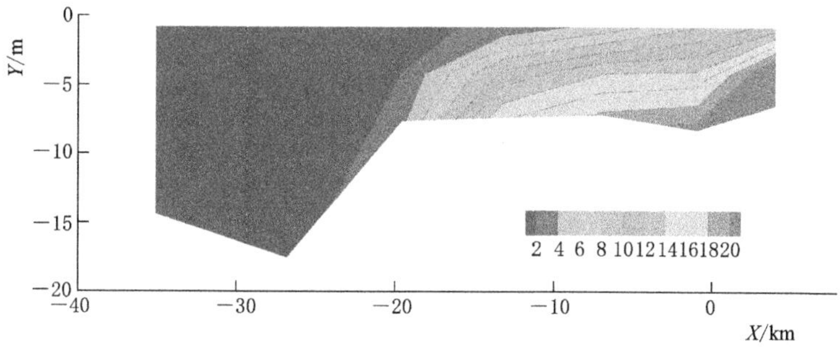

图 3-9 大潮落憩时刻盐度垂向分布图

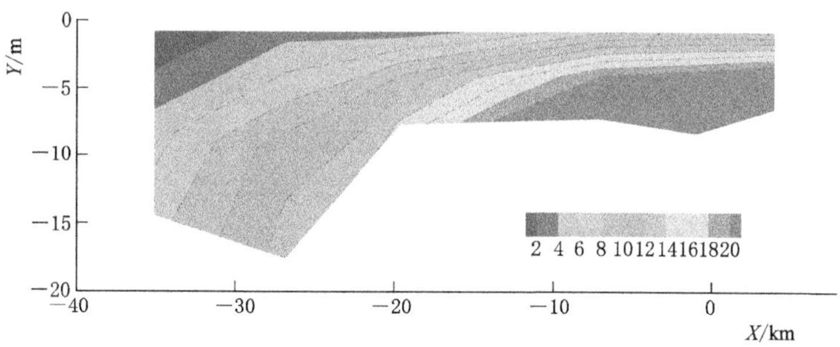

图 3-10 小潮涨憩盐度垂向分布图

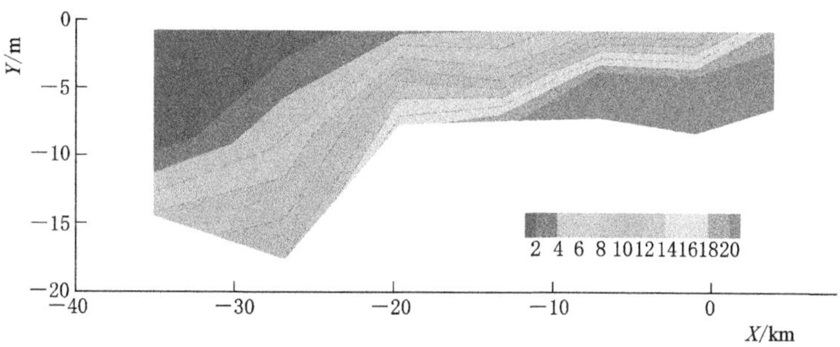

图 3-11 小潮落憩盐度垂向分布图

由图 3-11 可知，盐度空间分布随着潮汐涨落、潮汐大小而变化，从总体规律看，一般下游盐度大于上游，底层盐度大于表层。涨潮时盐度在纵向上的上溯趋势明显，而落潮时则明显下移；落憩时，小潮的盐水上溯距离要远大于大潮的上溯距离，说明在落潮流中，大潮潮流由于潮汐动能相对较大，能带走大量的盐分，而小潮动能较弱，在径流下泄的过程中容易形成盐水楔。

表 3-7 给出了不同潮型特征时刻分层系数，作为对比表中还列出了伶仃洋洪、枯季节特征时刻的分层系数变化。

表 3-7　珠江河口不同潮型特征时刻分层系数

潮型	特征时刻	伶仃洋		磨刀门水道
		洪水期	枯水期	枯水期
大潮	涨急	2.05	0.16	1.44
	涨憩	1.92	0.23	0.91
	落急	2.03	0.14	1.13
	落憩	0.04	0.06	0.46
小潮	涨急	1.20	0.71	1.69
	涨憩	1.40	0.50	1.59
	落急	1.23	0.83	1.42
	落憩	2.00	0.53	1.01

分析表 3-7，磨刀门水道枯水期均出现高度分层的盐水楔（分层系数大于 1），伶仃洋枯水期表现为部分混合（分层系数小于 1）。

伶仃洋在大潮涨潮期间，表层、底层盐度均增加，落潮期间，表层、底层盐度均降低，落憩时垂向盐度分布较为均匀，接近充分混合。洪水小潮期间，落急至落憩时刻，表层盐度降低，底层盐度增加，分层系数增加。涨潮时表层、底层盐度均增加。

磨刀门水道在大潮涨潮期间，表层、底层盐度均增加；落潮期间，表层、底层盐度均降低，落憩时垂向盐度分布较为均匀。小潮期间，落急至落憩时刻，表层盐度增加，底层盐度降低，分层系数减小。

3.2　盐水入侵影响要素分析

在气候变化和人类活动的双重影响下，珠江口盐水入侵危害在近年来呈不断加剧之势[6-7]。磨刀门水道盐水入侵受到径流、潮位、地形、风速风向、海平面上升等诸多因素的综合影响，盐水入侵呈现高度不确定性。

3.2.1　径流条件

高强度盐水入侵主要发生在上游来水量极少的枯水季节，径流量的大小被认为是影响盐水入侵的主要影响因素之一，它直接阻碍潮波向上游的传播，消耗潮波的能量[8]。一般而言，径流量越大对潮汐的削弱作用越强，潮波沿河道衰减得越快，上游流量对河口盐度具有压制的作用。根据 2009 年径流量与盐水入侵距离的相关分析，对两者之间的关系进一步量化。

调查期间，上游流量过程选用西江马口站2008年12月—2009年12月一整年（包含春、夏、秋、冬4个季度）的流量数据，将2008年12月—2009年2月作为春季，其余季节以此类推，盐度数据采用同期磨刀门水道沿程各站点的数据，并进行插值加密。2009年全年实测流量资料如图3-12所示，春季和夏初，日均流量均在4000m^3/s以下，但在5月中旬日均流量开始急剧增大，突破了15000m^3/s，直到8月中旬期间，流量均保持在11000m^3/s以上，并在7月初达到最大值24300m^3/s，冬季日均流量减小到5000m^3/s以下，且在12月初，流量减小为最小值1650m^3/s。春、冬季节流量的日平均值为2800m^3/s，夏、秋季节流量的日平均值为10300m^3/s，年平均值为6600m^3/s，全年流量具有明显的季节变化。

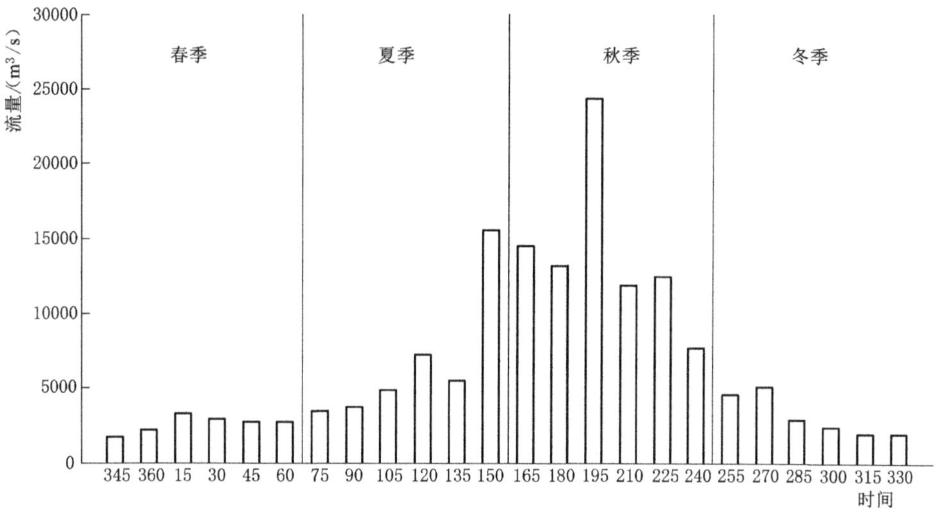

图3-12 调查期间西江上游马口站流量值（2008年12月—2009年12月）

从2009年磨刀门河道内全年的0.5‰等盐度分布来看（见图3-13），河道内盐度等值线随着季节呈现中间低两端高的情况，在平均流量较小的春季和冬季，表层盐水入侵距离较远，可以达到35km的位置，尤其是在流量最小的冬季，盐水入侵的距离更是超过40km，咸水界深入到河道上游。而在平均流量较大的夏季和秋季，河道内盐度被推至口门处，咸水界在距口门15km附近徘徊，对河道的取淡几乎不产生影响。

由上面相关分析可知，盐水入侵距离与流量之间呈现较好的负相关关系。国内外学者将稳态（潮平均）下棱柱型河口中的盐水入侵距离L与径流Q描述为幂函数关系[9]：$L \approx Q^{\alpha}$；其中α为幂函数的指数。众多研究表明，两者幂函数的指数α在不同类型的河口取值略有不同。Oey（1984）[10] 通过实测数据发现哈得逊河河口在强径流下$\alpha \approx -1/5$；Monismith等（2002）[11] 基于旧金山海湾21年的盐度数据和资料得出$\alpha \approx -1/7$，同时指出河口地形和盐度分层状态也会改变径流对盐水入侵作用的影响；Yang和Khangaonkar（2009）[12] 认为史卡基河口的$\alpha \approx -1/4$，该河口类型为盐水楔型；Ralston等（2010）[13] 发现梅尔马克河河口在枯水期时$\alpha \approx -0.19$，而在丰水期时$\alpha \approx -0.57$。利用近十年枯水期的流量与

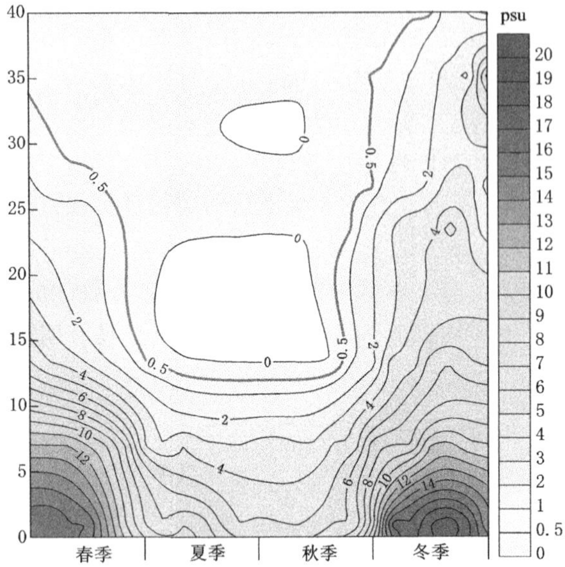

图3-13 调查期间磨刀门水道盐度的时间分布情况（2008年12月—2009年12月）

盐水入侵距离数据分析得知，两者幂函数关系的幂指数 $\alpha \approx -0.698$（见图3-14）。

根据盐水入侵距离与流量的负相关关系，上游来水的减少可能是造成近年来河口区盐水入侵加剧重要因素。现对西江、北江上游的三水站和马口站1960—2010年的年平均流量进行线性回归分析和非参数Mann-Kendall检验（简称“MK检验”），来判断上游来水量的变化情况。MK检验是世界气象组织推荐并广泛使用的非参数检验方法[14]，该方法被广泛用于无参数水文变量如降水、流速、流量和水质等时间序列的趋势分析[15]，它的优势在于不受趋势是否为线性的影响，也不受少数异常值的干扰，适用于不满足正态分布特征的水文数据[16]。三水站和马口站是测量进入磨刀门水道流量的两个主要站点，其中西江马口站流量占流入磨刀门流量的主要比重，通过对两个站点流量进行MK检验，可以得出磨刀门水道上游来水量的变化情况，进而考察流量变化对磨刀门咸潮的影响，MK检验结果见图3-15。

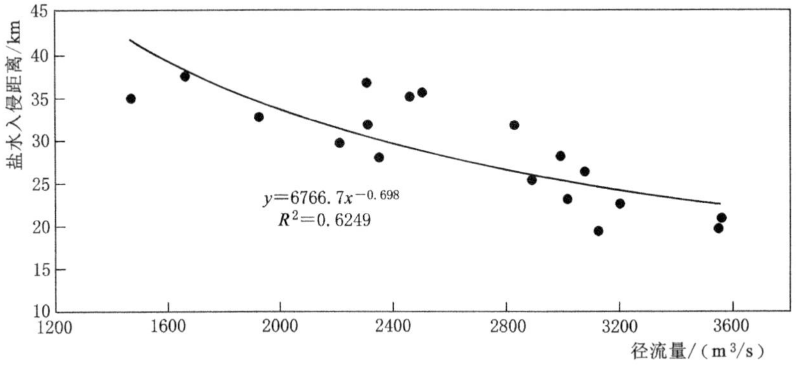

图3-14 磨刀门盐水入侵距离（L）与径流量（Q）之间的相关关系

通过三水站和马口站的流量之和以及马口站流量的MK检验的结果可知，三水站和马口站的流量之和没有明显变异，但马口站的流量呈逐年下降的趋势（通过90%的检验），由此推断，在上游来水基本不变的情况下，西江、北江上游河道分流比发生了比较明显的改变，主要原因是西江、北江干流的河道下切不均匀导致了三水站和马口站的流量分配发生了变化，见表3-8和图3-16。马口站分流比的减小导致流入磨刀门水道的流量减小，同时流域内取水量的增加也进一步减小了河道下泄径流量，河道内径流动力的减弱

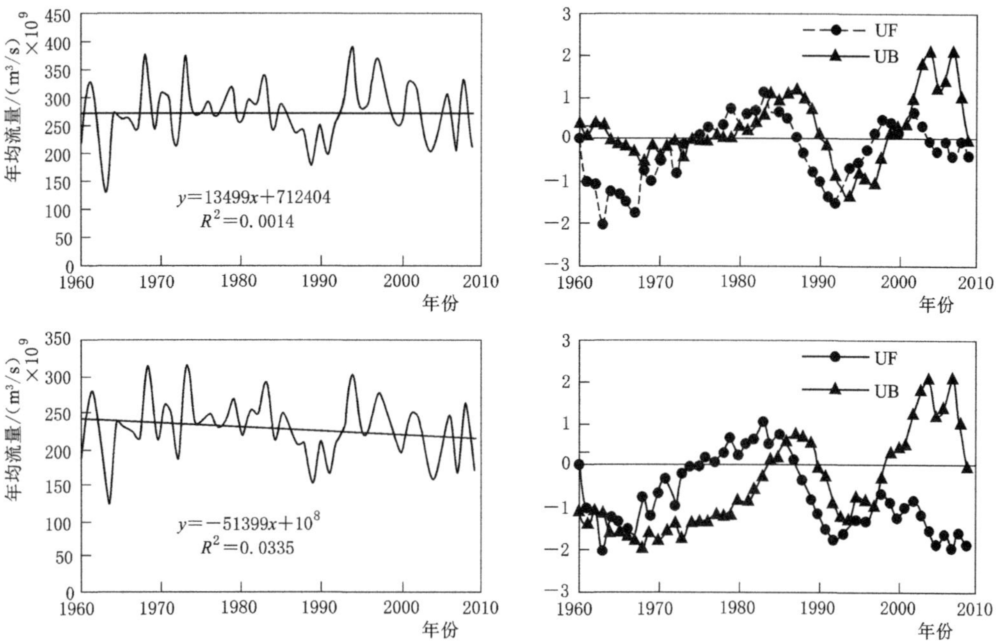

图 3-15　对三水站和马口站流量之和（上）及马口站流量（下）的 MK 检验分析

正是近年来磨刀门水道咸潮影响加剧的主要原因之一。

表 3-8　　不同时段三水站、马口站枯季分流比

时　段	枯季分流比值/%		时　段	枯季分流比值/%	
	三水站	马口站		三水站	马口站
1959—1969 年	6.6	93.4	1990—2004 年	16.5	83.5
1970—1979 年	7.4	92.6	2004—2008 年	19.0	81.0
1980—1989 年	10.0	90.0			

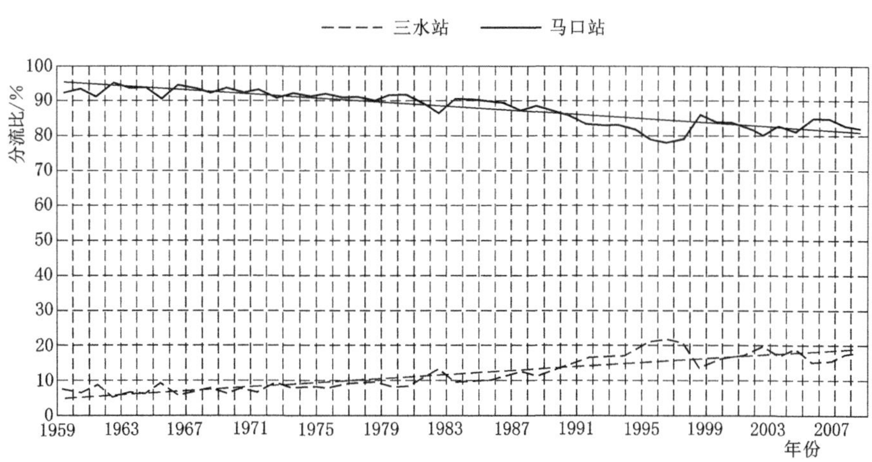

图 3-16　不同时段三水站、马口站枯季分流比

3.2.2　潮汐条件

潮汐、潮流作用也是影响磨刀门河道盐水入侵距离的重要因素，它是盐水入侵的动力源，受太阳及月球引力的影响，主要变现为日周期及半月周期，具有稳定的周期性。珠三角为不规则半日潮，每日有两次涨、落潮过程，在每月的朔、望两日，潮汐动力最强，盐水入侵影响也较大。潮汐动力的强弱主要通过“枯水期潮差和潮位的变化”和“潮汐调和常数的变化”这两个参数来反映。

1. 枯水期潮差和潮位变化

涨潮潮差和高、低潮位是衡量潮汐动力的主要标志之一。涨潮潮差以及高潮位、低潮位越大，潮汐动力越强，相应的咸潮活动就越强。根据水利部对三灶站各年代枯水期涨潮潮差的统计资料显示：三灶站 1959—1975 年的平均涨潮潮差 0.95m，1975—1985 年的平均涨潮潮差为 0.88m，1985—1995 年的平均涨潮潮差为 0.89m，1995—2005 年的平均涨潮潮差为 0.94m。根据对三灶站的潮差数据分析可知，潮汐动力在 20 世纪 60—80 年代呈现减弱趋势，但是此后潮汐动力开始增强，尤其是 1995 年以后，潮汐动力明显增强。这与咸潮活动在 20 世纪 60—80 年代呈现减弱趋势，而在 20 世纪 90 年代以后尤其是 1998 年开始明显增强的现象是一致的。同时，根据近 10 年磨刀门盐水入侵距离与高潮位及低潮位的关系，发现盐水入侵距离与高潮位及低潮位之间均存在较弱的正相关关系（见图 3-17）。从直观上看，由于潮汐的特征潮位增高，潮汐动力和潮流顶托的作用增强，盐水入侵必然会呈现“入侵快、下退慢、上溯距离长、频度增加和强度加大”等特点。

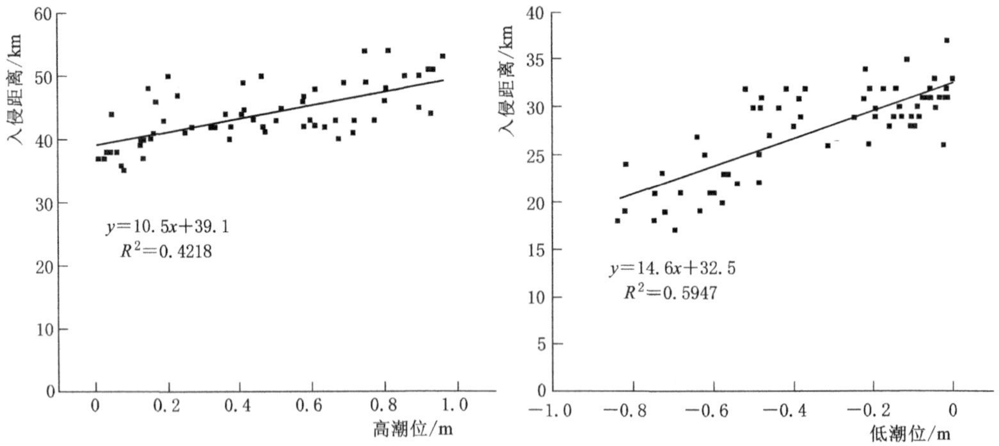

图 3-17　磨刀门盐水入侵距离与高潮位（左）、低潮位（右）之间的关系

运用 MK 检验对三灶站 1965—2008 年逐月高潮位和低潮位时间序列进行趋势检验，检验结果如图 3-18 所示。结果表明，三灶站高潮位、低潮位均呈总体上升趋势，高潮位上升幅度约为 0.1 mm/a，低潮位上升幅度约为 0.2mm/a。可以认为，受到全球气候变暖以及河道地形条件改变等因素的影响，磨刀门潮汐动力呈现一定程度的加强，并在一定程度上增强加剧了盐水入侵，但潮汐的潮差和高、低潮位整体变幅较小，不是盐水入侵加剧的主要原因。

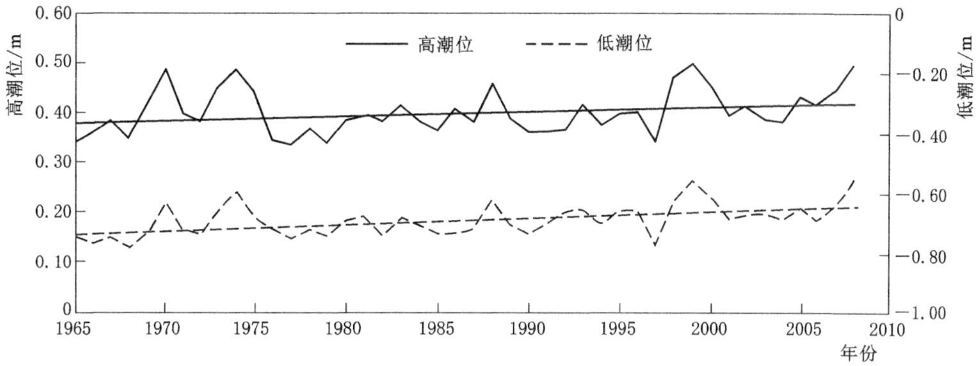

图 3-18 对珠三角下游三灶站的潮位的 MK 检验分析（1965—2008 年）

2. 潮汐调和常数的变化

潮汐调和常数是观测点地理条件对天文引潮力作用的表示值，其大小可以用来表征潮汐强度。根据平均平衡潮理论，由月球和太阳引潮力引起的潮汐曲线，是很多余弦函数的叠加，通过调和分析，可以将复杂的潮汐曲线分解成很多调和项，即分潮项。在受长序列资料获取困难的限制下，根据准调和分析方法，可以只利用 O1、K1、M2、S2 4 个主要分潮来表达潮高：

$$h_t=(HD)_{M2}\cos[\sigma_{M2}t-(d+g)_{M2}]+(HD)_{S2}\cos[\sigma_{S2}t-(d+g)_{S2}]$$
$$+(HD)_{K1}\cos[\sigma_{K1}t-(d+g)_{K1}]+(HD)_{O1}\cos[\sigma_{O1}t-(d+g)_{O1}] \quad (3-15)$$

式中：h_t 为潮高；H 为平均振幅；D 为计算潮位开始日期天文变量；d 和 g 是潮汐推算专用迟角。

对三灶站不同历史时期逐时潮位资料进行准调和分析，得出不同时期的 4 个主要分潮 O1、K1、M2、S2 的平均振幅见表 3-9。可以看出，4 个分潮平均振幅在 90 年代比 70 年代小，而之后则增大，表明近年来潮汐动力逐渐增强。

表 3-9　　不同时期三灶站主要分潮参数比较

分潮	1972 年 12 月		1990 年 12 月		2005 年 12 月	
	平均振幅	迟角	平均振幅	迟角	平均振幅	迟角
O1	0.2865	297.92	0.2392	148.41	0.2735	139.11
K1	0.2869	1.07	0.2729	30.18	0.3233	12.79
M2	0.3577	338.19	0.3119	209.93	0.3782	205.34
S2	0.1743	37.39	0.1210	47.77	0.1740	28.17

受到潮汐动力每日和半月周期的影响，河道内盐水入侵活动也呈现相应的周期性变化。在研究咸潮的半月周期时，为尽量消除径流对盐水入侵距离的影响，选取流量变化较小的 2009 年 12 月 10—25 日（小潮）半月周期下，研究盐水入侵距离的变化特征。这一期间，上游流量最大为 1960m^3/s，最小值为 1110m^3/s，平均值为 1480m^3/s，流量变化

比较小，可以认为忽略流量的影响。从图3-19可知，盐水入侵距离是随着潮汐周期规律在河道内呈现涨退的往复运动，在小潮期间，盐水界处于靠近下游河口的位置，随着潮差的增加，盐水界开始往上游移动，并在大潮期间前两三天的中潮期间，盐水界到达上游最远处，随后，盐水界开始缓慢的下移，并在下一个小潮期间，盐水界退回到最下游的位置。可以看出，磨刀门河口盐水入侵最大时机发生在小潮后的中潮期，最小时机约在大潮后的中潮期，盐度变化与潮差之间存在明显的相位差，这与前人的研究结论比较一致[17]。

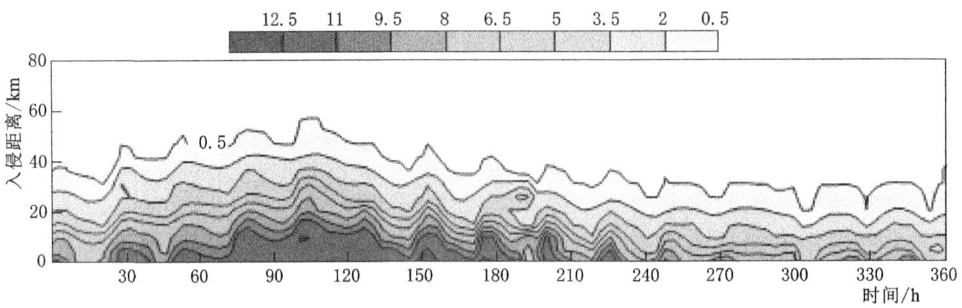

图3-19　磨刀门水道盐水入侵距离的半月特征（2009年12月10—25日）

3.2.3　风速风向

在珠江河口，古有“北风调咸潮”的农谚，说明人们很早就认识到风对咸潮的影响。Shu等（2014）[18] 应用三维数字模型（ECOMSED）模拟了风向对咸潮的影响，发现北风—东北风对磨刀门水道盐水入侵有显著的增强作用；Gan等（2004）[19] 认为，当吹强劲的北风时，加快了表层海水向海洋的流动，底层高盐水作为补偿流向岸流动进入河口，尤其是涨潮的时候，风进一步加强了底表层环流的形成，使得盐水入侵加剧。

众多研究均表明，北风及东北风对磨刀门河口盐水入侵有推动的作用。统计了2001年以来磨刀门水道在枯水期的风速风向变化情况。由风玫瑰图（图3-20）可以看出，2001—2007年，磨刀门水道的风向均以北风及东南风为主，从2008年开始风向有了较明显的偏移，东北风明显增多，东南风明显减少。从表3-10可以看出，近年来磨刀门水道北风（包括风向NW、NNW、N、NNE、NE）在频率上有增大的趋势。2002年北风只占全部风向的53.01%，2006年以来，除了2009年，北风频率一直在60%以上。2011年北风的频率甚至达到了78.69%，但高强度风的发生频率有下降的趋势。2002年和2003年风速大于30m/s的风次为6次，2007年只发生了一次，2009年以来约在3次左右。但每年最大风速却有增大的趋势，2008年以前，最大风速均在40m/s及以下，但2009年最大风速达到了45m/s，2011年和2012年最大风速也突破了40m/s。近年来北风频率的不断加大，以及风向的向东偏移可能是近年来磨刀门水道盐水入侵危害加剧的重要原因。

3.2.4　河道地形

河道地形地貌的变化也是造成盐水入侵加剧的重要原因之一。自20世纪80年代以来，航道疏浚、河道挖沙等人类活动不断加剧，使得珠江三角洲及河口地区的河道河床普遍下切，深槽加深，潮汐通道更加通畅，更有利于盐水向上游推进，进一步加剧了盐水入侵危害。

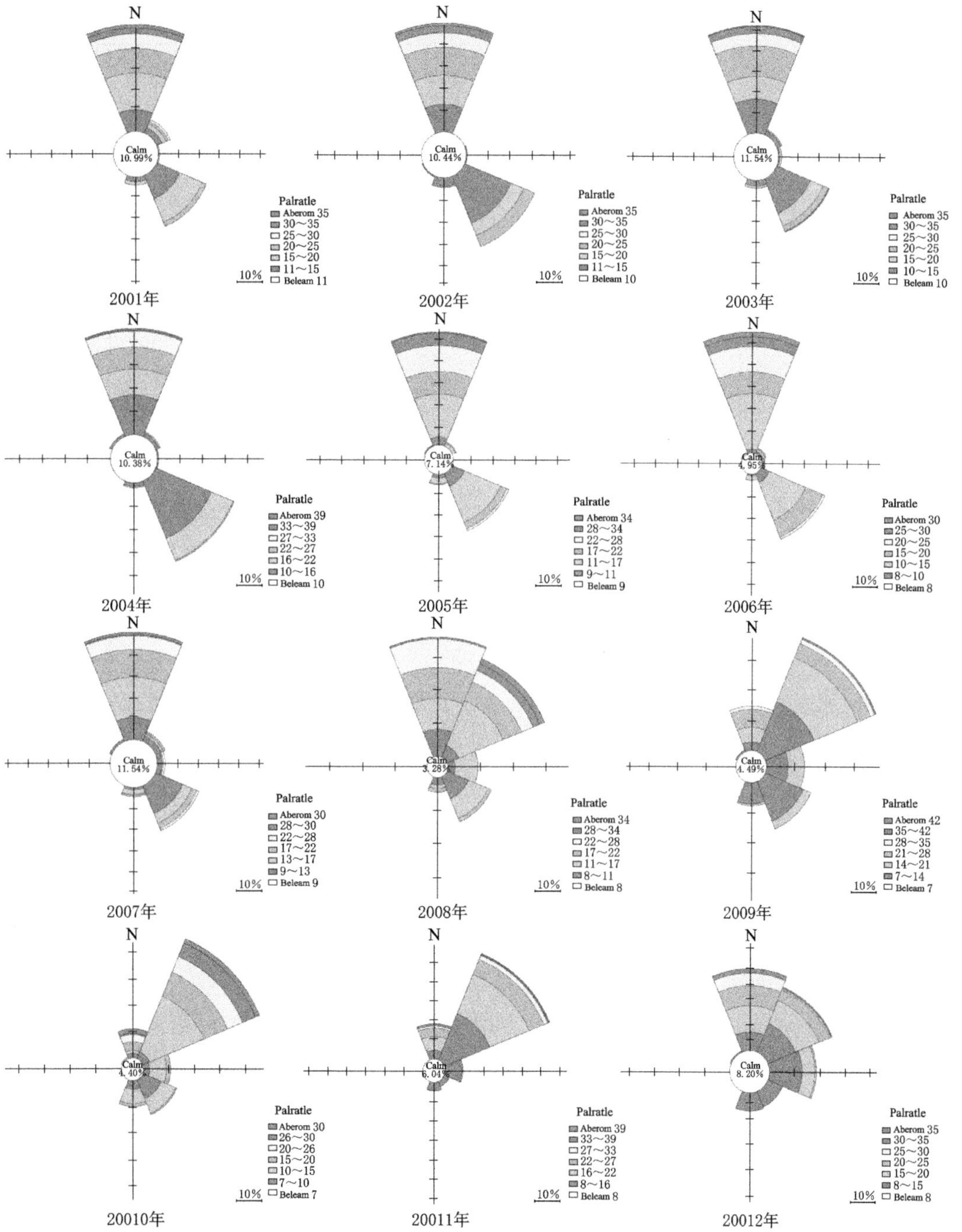

图 3-20　近年来磨刀门水道风玫瑰图

表 3－10　　近年来磨刀门水道北风的风力及频率统计

年份	不同风速级别下的北风次数				总次数	占全部风向的频率/%	最大风速/(m³/s)
	$c\leqslant10$m/s	10m/s$<c\leqslant$20m/s	20m/s$<c\leqslant$30m/s	$c>$30m/s			
2001	6	68	33	5	112	61.20	38
2002	12	49	30	6	97	53.01	38
2003	13	62	28	6	109	59.56	36
2004	15	50	31	4	100	54.64	40
2005	12	59	32	6	109	59.56	36
2006	18	64	24	4	110	60.11	34
2007	21	75	19	1	116	63.39	31
2008	25	67	31	5	128	69.95	37
2009	21	59	23	3	106	57.92	45
2010	18	67	23	4	112	61.20	34
2011	17	92	31	4	144	78.69	44
2012	15	67	27	3	112	61.20	42

珠三角大规模、长时间的采砂活动始于 20 世纪 80 年代中期，由于当时采砂活动不需要任何官方允许，因此造成河道严重变形[20]。对比 1990 年与 2005 年河道地形（见图 3－21）对比来看，2005 年西江干流平均下切 2.67m，容积较 1990 年增加 29%，北江干流平均下切 3.10m，容积较 1990 年增加 36%。总体而言，珠江口河道下切有两大特点：一是西江浅，北江深，造成河道分流比变化，导致汇入到西江的径流减少；二是上游深，下游浅，上游河床平均下切 3～6m，下游河床平均下切只有 1～3m，使得河道比降变缓甚至出现倒比降，导致潮汐通道更加畅通，涨潮动力增强[21]。

在过去 100 年间，由于快速工业化和城镇化，珠江河口在天然淤积和人工围垦的情况下，不断向海延伸[22]。Chen 等（2005）[23] 研究结果表明，磨刀门水道口门向海推进速率在 1946—1962 年为 49.9m/a，而 1984—2005 年则为 800m/a，可以看出海岸线向海推进的速度越来越快，由于人工围垦河道岸线扩展率变小，河口形态由喇叭形向棱柱形发展，造成口门过水断面大幅缩窄，由此引起潮流集中，河道底部阻力减少，造成水位增高、流速增大。外海潮波可以看成浅水长波，其传播速度公式为 $c=\sqrt{gh(x)}$（c 为潮汐速度，g 为重力加速度，$h(x)$ 为河道平均水深]。因此，河道围垦造成水位的壅高，使得外海潮波波速加快、动力增强，咸潮更加容易推进到口门内，造成咸水界上移，咸潮危害加剧。

磨刀门出海口附近地形地貌在人类活动的影响下，发生了较大的形态变迁。尤其是从 20 世纪 80 年代中期开始至 90 年代初期完成的磨刀门治理开发工程，深刻地改变了磨刀门河口地形边界和水流特征。据文献记载，在径流冲刷作用下，磨刀门水道主槽不断外推，20 世纪 90 年代初，－5m 深槽前端向南偏东方向迅速延伸，已经接近于石栏洲一带。出海主槽居西（西汊），同时又发育了东南向的支汊，即东汊。至 2000 年，形成了较稳定的一主（西汊）一支（东汊）的格局，见图 3－22。东、西汊的形成是河口波浪和径流等

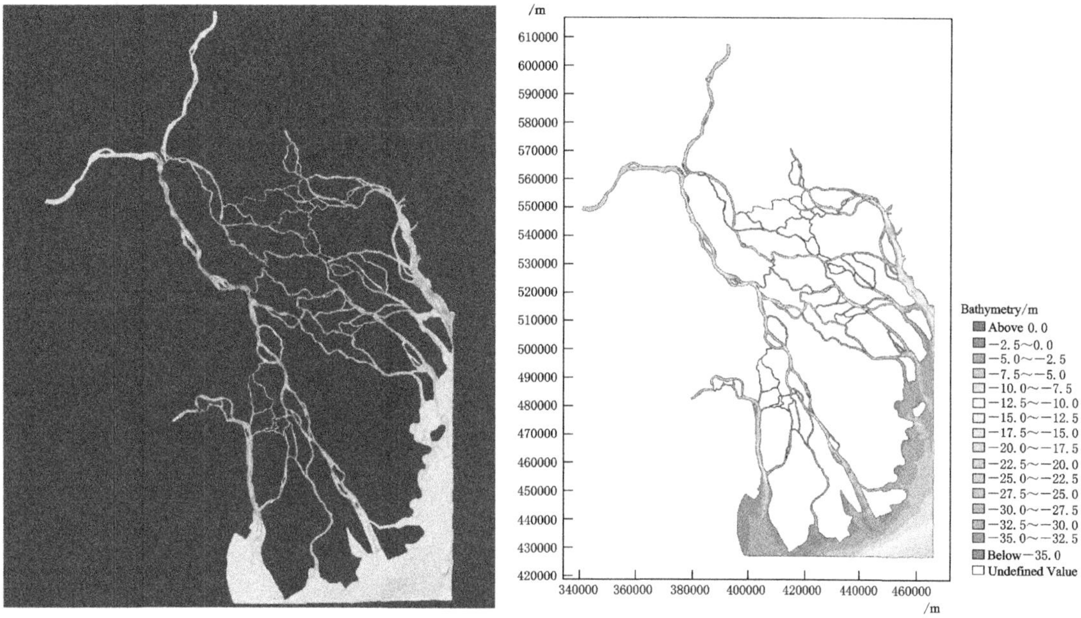

(a) 1990年

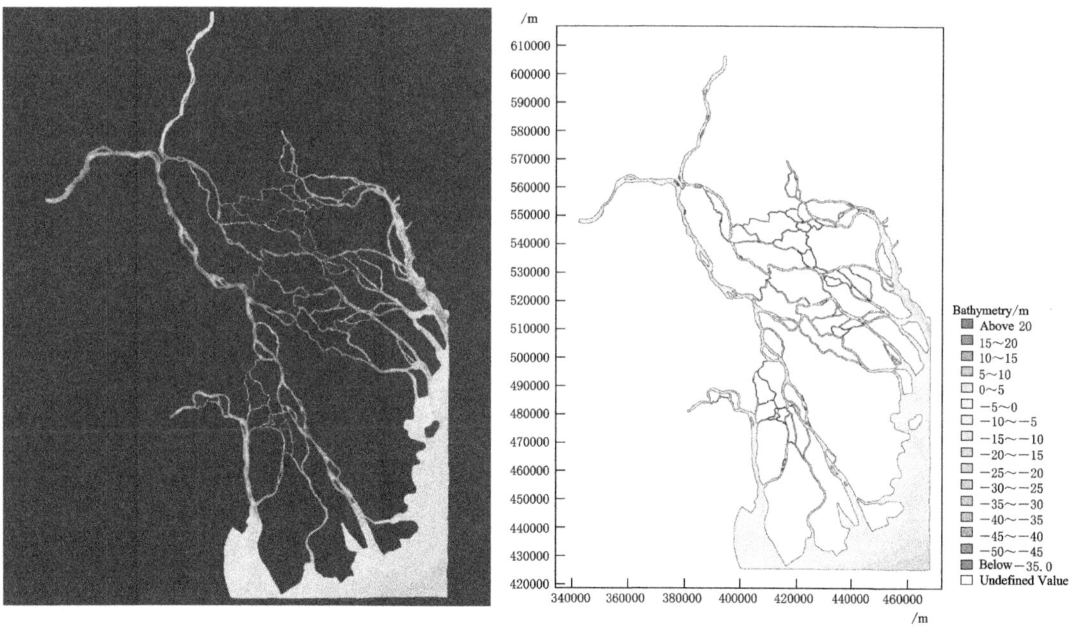

(b) 2005年

图 3-21 珠江口西北江河道地形图

综合作用的结果，磨刀门河口主浪向和强浪向为东南向，涨潮时涨潮流从东南方向涌入磨刀门河道，并逐渐形成了东汊，落潮时落潮流在科氏力作用下出口门后向右（向西）偏转，集中于西汊排出，由于落潮流流量远大于涨潮流流量，因此西汊为出海主槽。

磨刀门东、西汊道尚未成型之前，磨刀门深槽向前伸展的速度在1972—1983年约为

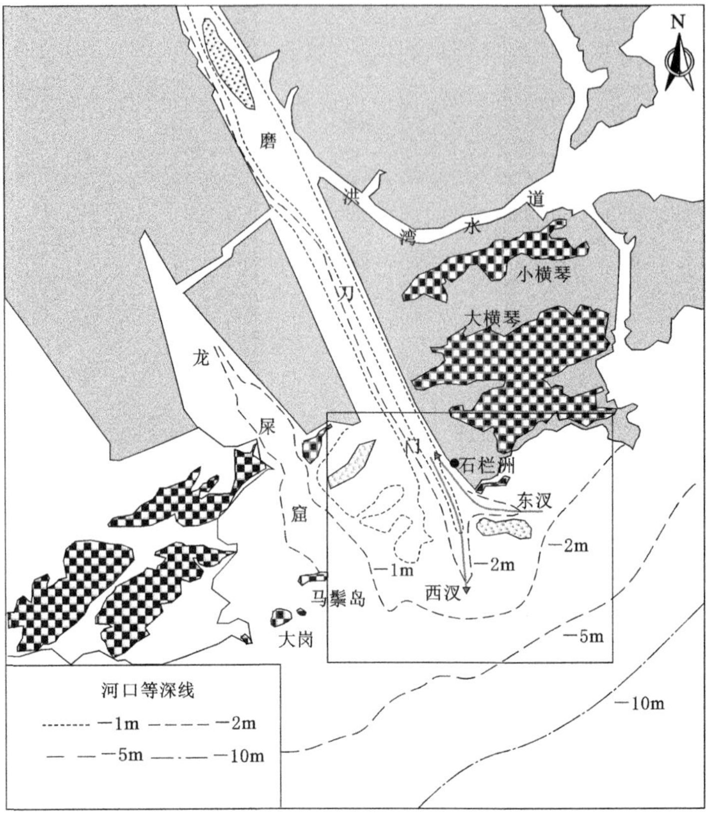

图 3-22 2000 年磨刀门出海口处地形地貌图

175m/a；1983—1990 年约为 191m/a；1990—2000 年约为 83m/a[24]。磨刀门治理开发工程完成后，河口导流堤的建成使得口门内水流更加集中，冲刷能力加强，形成了稳定的东、西汊道，在强烈的往复流冲刷作用下，东、西汊向海延伸的速度加快。根据数据记录，2000—2008 年，西汊−5m 深槽累计向海延伸 2365m，年均约 300m；东汊累计向海延伸 1070m，年均 134m，西汊深槽向前伸展速度是东汊的 2 倍多，这是由于西汊为出海口主槽，其径流动力明显强过东汊，所以西汊深槽延伸速度要明显快过东汊。从表 3-11 中可以看出，2000—2008 年东西汊道向海延伸的速度存在一定的差异，2000—2005 年，东汊道累计延伸 453m，延伸速度约为 90m/a，西汊道累计延伸 1120m，延伸速度约为 224m/a；2005—2007 年，东汊道累计延伸 515m，延伸速度约为 257m/a，西汊道累计延伸 752m，延伸速度约为 376m/a；2007—2008 年东、西汊的向海延伸速度分别约为 102m/a 和 493m/a[25]。

口门深槽作为径流和潮汐的通道，是两种动力相互作用的结果，在深槽的末端发育着拦门沙，拦门沙作为径流潮汐作用的平衡区域，随着深槽的拓展迁移也在处于不断的冲淤变化中，口门深槽和拦门沙对于盐水入侵的加剧抑或阻滞作用也是该领域研究的重点。

表 3-11 磨刀门河口东西汊深槽向海延伸距离

年份	−5m 等深线	
	东汊/m	西汊/m
2000—2005 年	453	1120
2005—2007 年	515	752
2007—2008 年	102	493
累计延伸	1070	2365

3.3 本章小结

磨刀门水道是西江的主要泄洪排沙干道和入海口门，其泄流量居珠江八大口门之首位，沿程水库众多，是珠海、江门以及澳门等城市的主要水源地，其河道内水质关乎居民饮用安全和社会生产发展，意义重大。通过分析磨刀门水道枯水期逐年的盐度数据可知，近 10 年磨刀门水道盐水入侵发生频繁，且有逐年加剧之势，在分析了径流、潮位以及风、地形与盐度数据之间的关系得出以几点结论：

（1）近 10 年磨刀门水道盐水入侵持续时间逐年增长，平均盐度浓度升高，盐水入侵距离不断延伸，并呈现盐水入侵发生时间提前等特点，咸潮危害不断加剧。

（2）磨刀门盐水入侵危害的加剧是多因素综合的结果，上游来水量的减小降低了河道内径流动力，海平面上升以及滩涂围垦等因素加剧了河口区的潮汐动力，北风频率的增加加强了河口重力环流输运，以及人类活动引起的河道地形变化均是引起磨刀门咸潮加剧的重要因素。

（3）从引起磨刀门盐水入侵的众多因素分析来看，上游来水量的减小是由于上游河道下切不均引起了西江、北江分流比的改变，潮汐动力的增强很大程度上源于河口区的人工围垦，北风频率的增加存在不确定因素，因此可以说河道变形是引起磨刀门咸潮加剧的最直观和最重要的因素，值得深入探究。

参考文献

[1] Jaideva C，Goswami A K C. 小波分析理论、算法及其应用［M］. 北京：国防工业出版社，2007.

[2] Dwight F，Mix K J O. 小波基础及其应用教程［M］. 北京：机械工业出版社，2006.

[3] 朱建荣，吴辉，顾玉亮. 长江河口北支倒灌盐通量数值分析［J］. 海洋学研究，2011（3）：1-7.

[4] Torrence C G P C. A Practical Guide to Wavelet Analysis［C］. Bulletin of the American Meteorological Society，1998（79）：51-78.

[5] 肖莞生，陈子燊. 基于小波分析的珠江河口区盐度与流速、潮位的相关分析［J］. 热带地理，2013（1）：34-39.

[6] Vörösmarty C J，Green P，Salisbury J，et al. Global water resources：vulnerability from climate change and population growth［J］. Science，2000（289）：284-288.

[7] Nilsson C，Reidy C A，Dynesius M，et al. Fragmentation and flow regulation of the world's large river systems［J］. Science，2005（308）：405-408.

[8] Li C C. The southern - estuary evolution in China [M]. Beijing：Science Press，2004.
[9] 俞香连. 浅析珠江口咸潮的成因、危害和防治 [J]. 中学地理教学参考，2005，(6)：25 - 26.
[10] Oey L Y. On steady salinity distribution and circulation in partially mixed and well mixed estuaries [J]. J. Phys. Oceanogr，1984，14：629 - 645.
[11] Monismith S G，Kimmerer W，Burau J R，et al. Structure and flow - induced variability of the subtidal salinity field in northern San Francisco Bay [J]. J. Phys. Oceanogr，2002，32：3003 - 3019.
[12] Yang Z Q，Khangaonkar T. Modeling tidal circulation and stratification in Skagit River estuary using an unstructured grid ocean model [J]. Ocean Modelling，2009，28：34 - 49.
[13] Ralston D K，Geyer W R，Lerczak J A. Structure，variability，and salt flux in a strongly forced salt wedge estuary [J]. Journal of Geophysical Research，2010，115：C06005.
[14] Mitchell J M，Dzerdzeevskii B，Flohn H，et al. Climate change [C]. WMO Technical Note No. 79. World Meteorological Organization，1966.
[15] Yue S，Pilon P. A comparison of the power of the t test，Mann - Kendall and bootstrap for trend detection [J]. Hydrological Sciences Journal，2004，49 (1)：21 - 37.
[16] Yue S，Wang C Y. Applicability of prewhitening to eliminate the influence of serial correlation on the Mann - Kendall test [J]. Water Resource Research，2002，38 (6)：1068.
[17] Liu J B，Bao Y. Spatial Distribution of Salinity and the Mechanism of Saltwater Intrusion in the Modaomen Water Channel of Pear River Estuary [J]. AIP Conf. Proc，2011，1376：405 - 407.
[18] Shu Z，Guan W B，Cai SQ，et al. A model study of the effects of river discharges and interannual variation of winds on the plume front in winter in Pearl River Estuary [J]. Continental Shelf Research，2014，73：31 - 40.
[19] Gan J P，Ingram R G，Richard J G，et al. Variability of circulation induced by the separation of Gaspe Current in Baie des Chaleurs (Canada)：observational studies [J]. Estuarine，Coastal and Shelf Science，2004，61：393 - 402.
[20] Luo X L，Zeng EY，Ji RY，et al. Effects of in - channel sand excavation on the hydrology of the Pearl River Delta，China [J]. Journal of Hydrology，2007，343：230 - 239.
[21] Zhang W，Ruan X H，Zheng J H，et al. Long - term change in tidal dynamics and its cause in the Pearl River Delta，China [J]. Geomorphology，2010，120：209 - 223.
[22] Li C C，Lei YP，He W，et al. Evolutional processes of the Pearl River estuary and its protective regulation and exploitation [J]. Journal of Sediment Research，2002，3：44 - 51.
[23] Chen S S，Chen L F，Liu Q H，et al. Remote sensing and GIS - based integrated analysis of coastal changes and their environmental impacts in Lingding Bay，Pearl River Estuary，South China [J]. Ocean and Coastal Management，2005，48：65 - 83.
[24] 钱挹清. 珠江河口磨刀门口外浅海区冲淤演变分析 [M] //中国江河河口研究及治理、开发问题研讨会. 北京：中国水利水电出版社，2003：277 - 283.
[25] 贾良文，任杰，徐治中，等. 磨刀门拦门沙区域近期地貌演变和航道整治研究 [J]. 海洋工程，2009，27 (3)：76 - 84.

第 4 章　珠江河口区盐水入侵过程物理模拟

珠江河口受多种水动力因素共同影响，盐水入侵过程尤为复杂。分析原型实测资料，能从一定程度上掌握盐水入侵的规律，但是由于同时受到多种动力因素的共同影响，难以区分每一种动力实际对盐水入侵影响的大小。为此，本章将综合考虑珠江口门地形条件以及试验场地的大小，设计出一个能够模拟磨刀门水道盐水入侵的水槽物理模型，并通过不同工况的试验，研究径流、潮汐、水深与初始盐度等因素变化对盐水入侵的影响。

4.1　试验设计方案

为了使单因素对盐水入侵影响更为明显，规律性更强，水槽模型除了对磨刀门水道的地形进行了一定的概化外，还会对径流、潮汐、水深、盐度这 4 个因素进行合理的概化，尽量减少不确定因素的影响；基于物理模型中的相似理论，对概化后的原型数据进行比尺的缩放，应用于实际试验。在试验过程中，保持其中 3 个因子不变，改变剩余 1 个因子的大小，观测水位、流速、盐度的变化，并以该工况下的水流特性、盐度分布以及盐通量作为判断指标，得出该因素对盐水入侵的具体影响。试验总体设计思路如图 4 - 1 所示。

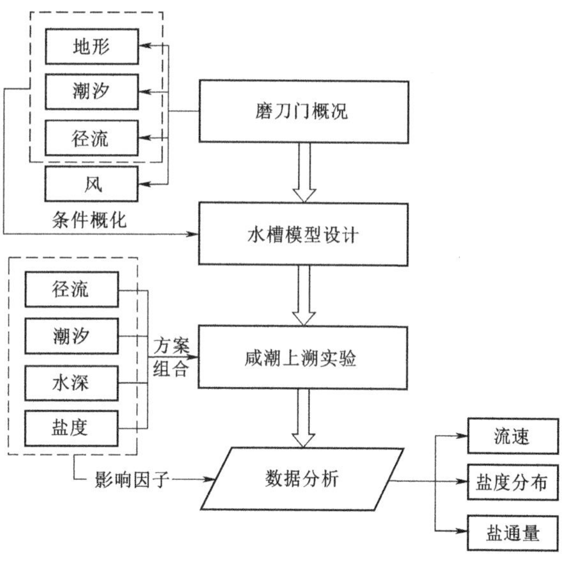

图 4 - 1　水槽试验的总体设计思路

4.1.1　试验设计原理

物理模型中一般以相似理论作为核心理论，如果模型与原型相似，它们的无量纲形式的方程组和单值条件应该相同，其无量纲组合数也对应相等。因此，相似理论可以为模型试验中比尺的缩放、参数的增减、介质的改变等提供指导。

4.1.1.1　相似理论基础

纳维-斯托克斯方程：

$$
\begin{aligned}
&f_x-\frac{1}{\rho}\frac{\partial p}{\partial x}+\upsilon\left[\frac{\partial^2 v_x}{\partial x^2}+\frac{\partial^2 v_x}{\partial y^2}+\frac{\partial^2 v_x}{\partial z^2}\right]=\frac{\mathrm{d}v_x}{\mathrm{d}t}=\frac{\partial v_x}{\partial t}+v_x\frac{\partial v_x}{\partial x}+v_y\frac{\partial v_x}{\partial y}+v_z\frac{\partial v_x}{\partial z}\\
&f_y-\frac{1}{\rho}\frac{\partial p}{\partial y}+\upsilon\left[\frac{\partial^2 v_y}{\partial x^2}+\frac{\partial^2 v_y}{\partial y^2}+\frac{\partial^2 v_y}{\partial z^2}\right]=\frac{\mathrm{d}v_y}{\mathrm{d}t}=\frac{\partial v_y}{\partial t}+v_x\frac{\partial v_y}{\partial x}+v_y\frac{\partial v_y}{\partial y}+v_z\frac{\partial v_y}{\partial z}\\
&f_z-\frac{1}{\rho}\frac{\partial p}{\partial z}+\upsilon\left[\frac{\partial^2 v_z}{\partial x^2}+\frac{\partial^2 v_z}{\partial y^2}+\frac{\partial^2 v_z}{\partial z^2}\right]=\frac{\mathrm{d}v_z}{\mathrm{d}t}=\frac{\partial v_z}{\partial t}+v_x\frac{\partial v_z}{\partial x}+v_y\frac{\partial v_z}{\partial y}+v_z\frac{\partial v_z}{\partial z}
\end{aligned}
\tag{4-1}
$$

式中，x、y、z 分别表示纵向、横向和垂向三个方向。公式中左边第一项为流体中质点的质量分力，第二项为质点所受到的压力，第三项为质点的黏性力，等式中间一项表示质点的加速度。

运动中不可压缩流体微分方程：

$$
f_x-\frac{1}{\rho}\frac{\partial p}{\partial x}+\upsilon\,\nabla^2 u_x=\frac{\mathrm{d}u_x}{\mathrm{d}t} \tag{4-2}
$$

式中：f_x 为流体质点的质量分力；ρ 为流体密度；p 为压力；υ 为流体黏性系数；u_x 为流速；t 为时间。

4.1.1.2　相似比尺推导

若模型中的流体与实际流体相似，则必有比尺关系：

$$
\lambda_g f_x-\frac{\lambda_p}{\lambda_\rho\lambda_l}\frac{1}{\rho}\frac{\partial p}{\partial x}+\frac{\lambda_\upsilon\lambda_v}{\lambda_l^{\ 2}}\upsilon\,\nabla^2 u_x=\frac{\lambda_v^{\ 2}}{\lambda_l}\frac{\mathrm{d}u_x}{\mathrm{d}t} \tag{4-3}
$$

式中：δ_g 为重力比尺；δ_p 为压力比尺；δ_ρ 为密度比尺；δ_l 为长度比尺；δ_υ 为黏性比尺；δ_v 为流速比尺。于是有：

$$
\lambda_g=\frac{\lambda_p}{\lambda_\rho\lambda_l}=\frac{\lambda_\upsilon\lambda_v}{\lambda_l^{\ 2}}=\frac{\lambda_v^2}{\lambda_l} \tag{4-4}
$$

将式（4－4）前 3 项分别去除第 4 项，则有：

（1）弗劳德数。

$$
\frac{\lambda_v^2}{\lambda_g\lambda_l}=1,\text{即}\frac{v_p^2}{g_p l_p}=\frac{v_m^2}{g_m l_m} \tag{4-5}
$$

式中：p 为原型；m 为模型。于是有：

$$
Fr=\frac{v^2}{gl} \tag{4-6}
$$

式中：Fr 为弗劳德数，代表惯性力与重力的比值，主要反映重力相似。

（2）欧拉数。

$$
\frac{\lambda_\rho\lambda_v^{\ 2}}{\lambda_p}=1 \tag{4-7}
$$

同理，有：

$$
Eu=\frac{p}{\rho v^2} \tag{4-8}
$$

式中：Eu 为欧拉数，代表压力与惯性力的比值，主要反映压力相似。

（3）雷诺数。

$$
\frac{\lambda_l\lambda_v}{\lambda_\upsilon}=1 \tag{4-9}
$$

同理，有：
$$Re=\frac{vl}{\upsilon} \tag{4-10}$$
式中：Re 为雷诺数，代表惯性力与黏性力之比，主要反映黏性力相似。
$$Fr_p=Fr_m \tag{4-11}$$
$$Eu_p=Eu_m \tag{4-12}$$
$$Re_p=Re_m \tag{4-13}$$
以上3个称为运动中不可压缩流体的力学相似准则。相似准则不仅是判断流动相似的准则，还是设计模型的准则。设计模型时，即满足：
$$\lambda_v^2=\lambda_g\lambda_l \tag{4-14}$$
$$\lambda_p=\lambda_\rho\lambda_v^2 \tag{4-15}$$
$$\lambda_\upsilon=\lambda_l\lambda_v \tag{4-16}$$
因为 $\lambda_g=1$，代入式（4-14）和式（4-16），可得
$$\lambda_v=\lambda_l^{\frac{1}{2}} \tag{4-17}$$
$$\lambda_\upsilon=\lambda_l\lambda_v \tag{4-18}$$
所以
$$\lambda_\upsilon=\lambda_l^{\frac{3}{2}} \tag{4-19}$$
流体的运动黏度比例尺随着线性比例尺的变化而改变，显然不现实。因为一般模型中的流体与实物一样，比如水、空气，$\lambda_\upsilon=1$。除非 $\lambda_l=1$，否则弗劳德数和雷诺数很难同时满足。因此，许多模型采用近似模型法，即符合部分法则即可。

在明渠无压流动中，重力起主要作用，黏性力作用不显著，那就只考虑弗劳德准则即可；在管内流动中，黏性力起主要作用，则用雷诺准则；风洞实验及气体绕流，压力起主要作用，则用欧拉准则。本节以水槽实验为主，属于明渠无压流动，因此主要考虑弗劳德准则。
$$Fr=\frac{v^2}{gl}，即\frac{v_p^2}{g_pl_p}=\frac{v_m^2}{g_ml_m}$$
由于试验场地和水流条件的限制，本试验只能采用变态河工模型来设计水槽模型相关尺寸。所谓变态河工模型，表示纵向比尺与垂向比尺不一致，用 $\eta=\frac{\lambda_l}{\lambda_h}$ 来表示其变率。因此，变态模型中各项比尺为：

根据密度弗劳德数准则，$\lambda_g=1$，则流速比尺：
$$\lambda_v=\lambda_h^{1/2} \tag{4-20}$$
流量比尺：
$$\lambda_Q=\lambda_l\lambda_h^{3/2} \tag{4-21}$$
由于水槽中只考虑其单流量和盐通量，所以忽略横向比尺，得出：
$$\lambda_Q=\lambda_h^{3/2} \tag{4-22}$$
时间比尺：
$$\lambda_t=\lambda_l\lambda_h^{-1/2} \tag{4-23}$$

4.1.1.3 比尺选择

根据磨刀门水道长直型的特点，将其概化成矩形水槽模型，考虑到试验场地的限制，最终把纵向比尺定为1000，水槽在试验场地最长能建110m，可模拟距磨刀门河口上游

110km处，并在末端设置扭曲水道，便于模拟上游来水过程；至于横向比尺，一般应与纵向比尺一致，按照磨刀门河口平均宽度为2.3km，则需建造2.3m宽的水槽，但考虑到盐水入侵过程中，水道内横向扩散对盐水入侵影响不大，研究时多以单宽通量来进行研究，所以决定把水槽宽度缩窄，最终定为25cm，一来可以节省建造成本和试验耗水量，二来可以更方便地进行控制和观测；而垂向比尺，由于磨刀门河口下游平均水深只有7.5m，所以若比尺定为1000，试验时水槽水深只有0.75cm，难以进行试验，因此把水槽模型定为变态模型，将垂向比尺定为50，平均水深为15cm。具体比尺换算见表4-1。

表4-1 水槽物理模型比尺换算

名称	比尺公式	比尺	名称	比尺公式	比尺
纵向比尺	λ_l	1000	时间比尺	$\lambda_t=\lambda_l\lambda_h^{-1/2}$	141
垂向比尺	λ_h	50	单宽流量比尺	$\lambda q=4\lambda_h^{3/2}$	1414
流速比尺	$\lambda_v=\lambda_h^{1/2}$	7			

基于原型枯季平均流量为1500m^3/s，河口平均水深为7.5m，大潮潮差约为2m，通过比尺换算，确定模型各项因素基准值，其中流量为1.6m^3/h，浮动值设置为0.4m^3/s，相当于原型350m^3/s；水深为15cm，浮动值设为2.5cm，相当于原型1.25m；潮差为4cm，浮动值设为1cm，相当于原型0.5m。外海盐度一般保持在30‰以上，为此，把盐度基准值设为30‰，浮动值为5‰。

4.1.1.4 试验工况拟定

为探索单因素对盐水入侵的影响，设计工况时遵循着保持其他因素不变，只改变其中一个因素的大小的原则，具体工况设置如下。

1. 静水工况盐水楔前进速度研究

把水槽中间段长20m的水槽的两侧进行封闭，并在中间10m处放置隔板，一侧加入盐水，另一侧加入淡水，快速抽开隔板，探究不同盐度盐水楔在静水条件下的前进规律。设置平均水深为15cm，盐度范围为5‰～30‰，每5‰设置一个工况，具体工况见表4-2。

表4-2 变化盐度下盐水楔前进速度工况组合

工况	A1	A2	A3	A4	A5	A6
盐度/‰	5	10	14	20	25	30
水深/cm	15	15	15	15	15	15

根据弗劳德数公式，盐水楔流速除了与盐度有关之外，还与水深有关，为探究盐水楔在不同水深条件下的前进规律，把盐水楔初始盐度保持为15‰，水深范围为5～25cm，每5cm设置一个工况，具体工况见表4-3。

表4-3 变化水深下盐水楔前进速度组合

工况	B1	B2	B3	B4	B5
盐度/‰	15	15	15	15	15
水深/cm	5	10	15	20	25

2. 潮差对盐水入侵影响研究

为探索潮差的变化对盐水入侵的影响，试验中需保持初始盐度、上游径流以及平均水深不变，只改变河口潮位控制过程线，从而改变河口潮差。潮差范围为1～4cm，每1cm设置一个工况。具体工况见表4-4。

表4-4 变化潮差组合

工况	盐度/‰	潮差/cm	径流/(m^3/h)	水深/cm
C1	30	1	2	15
C2	30	2	2	15
C3	30	3	2	15
C4	30	4	2	15

3. 流量对盐水入侵影响研究

为探索上游径流量的变化对盐水入侵的影响，试验中需保持初始盐度、潮差以及平均水深不变，只改变上游水槽的入流量。流量范围为1.6～4m^3/h，2.4m^3/h前每0.4m^3/h设置一个工况，2.4m^3/h后每0.8m^3/h设置一个工况。具体工况见表4-5。

表4-5 变化流量组合

工况	盐度/‰	潮差/cm	径流/(m^3/h)	水深/cm
D1	30	2	1.6	15
D2	30	2	2	15
D3	30	2	2.4	15
D4	30	2	3.2	15
D5	30	2	4	15

4. 水深对盐水入侵影响研究

为探索水深的变化对盐水入侵的影响，试验中需保持初始盐度、潮差以及上游流量的不变，只改变水槽内平均水深。水深范围为12.5～17.5mm，每2.5mm设置一个工况，具体工况见表4-6。

表4-6 变化水深组合

工况	盐度/‰	潮差/cm	径流/(m^3/h)	水深/cm
E1	30	2	2	12.5
E2	30	2	2	15
E3	30	2	2	17.5

5. 初始盐度对盐水入侵影响研究

为探索初始盐度对盐水入侵的影响，试验中需保持上游流量、潮差以及平均水深的不变，只改变水槽口外初始盐度。盐度范围为5‰～30‰，每5‰设置一个工况，具体工况见表4-7。

表 4-7　　变化盐度组合

工况	盐度/‰	潮差/cm	径流/(m^3/h)	水深/cm
F1	10	2	2	15
F2	15	2	2	15
F3	20	2	2	15
F4	25	2	2	15
F5	30	2	2	15

4.1.2　试验设计

4.1.2.1　水槽设计

整个水槽模型如图 4-2 所示，包括两大部分：一部分为左侧的混凝土水池，长、宽、深分别为 11.35m、6.74m 和 1.8m，内部布有水位计、盐度计和卤水泵，主要用于前池盐度控制以及盐淡水的循环利用；另一部分为右侧的长直矩形玻璃水槽，长 110m、宽 0.5m，中间以一玻璃隔板隔开，两侧各宽 0.25m 形成扭曲水道，因此水槽实际总长 220m，内部布有水位计、盐度计、旋桨流速仪、多普勒流速仪，是盐水入侵和径流下泄的主要通道。

1. 玻璃水槽设计

为了便于试验的观测，把水槽双侧用玻璃建造，并用钢铁骨架固定，图 4-3 为水槽垂向剖面图，其中的水位、流速、盐度测点布置如下：

(1) 水位测量共布置 5 个断面，每隔 25m 布置一个。

(2) 流速测量共布置 6 个断面，每隔 15m 布置 1 条垂线，与盐度探头相距 10cm，每条垂线布置 3 个旋桨流速仪，分布测量 0.2 倍、0.6 倍、0.8 倍相对水深的流速。

(3) 盐度测量共布置 6 个断面，每隔 15m 布置 1 条垂线，每条垂线布置 5 个盐度探头，分别测量表层、0.2 倍、0.6 倍、0.8 倍、底层相对水深的盐度。

(4) 多普勒流速仪为可移动设备，位置随盐水楔头部位置的改变而转移。

由于水槽双侧为玻璃，底部为水泥抹面，其糙率非常小，通过式 (4-26) 计算，得到水槽内平均糙率为 0.01，而天然河道内的糙率一般为 0.02～0.04，为此，需通过加糙来增加水槽内的糙率。以下为糙率计算公式推导。

根据谢才公式：

$$Q=\omega C\sqrt{RJ} \tag{4-24}$$

式中：Q 为流量；ω 为过水断面面积；C 为曼宁系数；R 为水力半径；J 为水力梯度。

根据曼宁公式：

$$C=\frac{1}{n}R^{\frac{1}{6}} \tag{4-25}$$

式中：n 为糙率；R 为水力半径。

把式 (4-25) 代入式 (4-24)，则有：

$$n=\frac{1}{Q}\omega R^{\frac{2}{3}}J^{\frac{1}{2}} \tag{4-26}$$

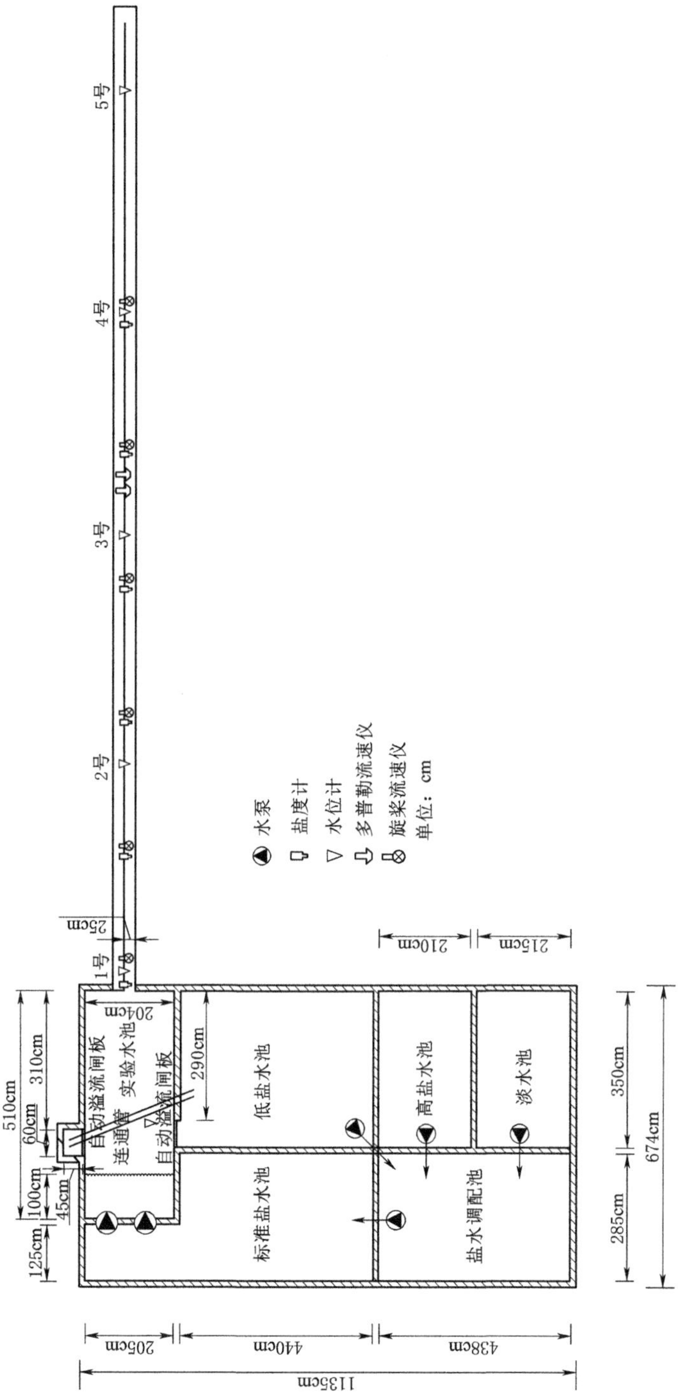

图 4-2 试验水槽模型整体示意图

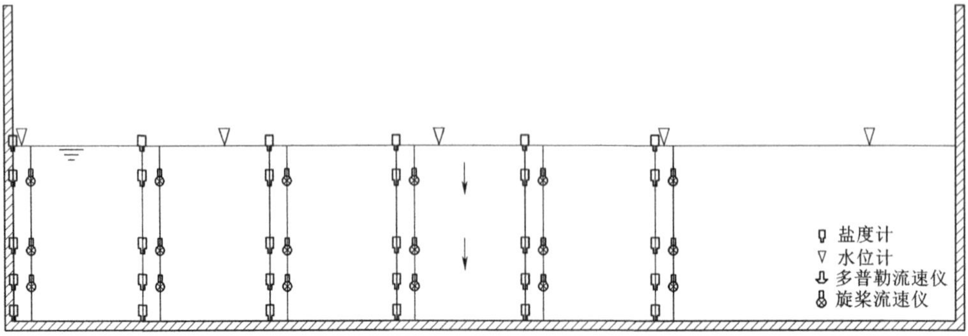

图 4-3　试验水槽—水槽垂向剖面图

一般河工模型会在底部梅花形加入点块形物体来提高模型的糙率，但若在水槽中采用此办法，将会影响盐水楔从底部上溯的效果，并造成盐水楔向上的攀升现象，综合考虑以上问题，并参考国外潮汐河口模型在模拟盐水运动时的加糙方式，决定采用露出水面的竖向条杆方式加糙。条杆为底面长宽均为 1cm、高 25cm 的长方体。一个断面等间距布置 5 条，另一个断面等间距布置 4 条，按照这个方式间隔布置在水槽内。由于试验高潮位最大水深为 22cm，而高 25cm 的条杆能始终保证露出水面，有效防止盐水楔攀升越过加糙条。加糙后水槽糙率约为 0.023，符合一般河道糙率。

2. 盐淡水循环系统设计

根据水槽试验的要求，水槽下游需设置潮汐控制系统和盐度循环系统，这两个系统是实现河口潮汐和盐度边界的关键系统。

潮汐控制系统采用珠江水利科学研究院研制的盐潮风浪流同步测控系统。由前池水位计读取当前水位，反馈给控制系统，通过计算当前水位与目标水位的差值来调整水泵的转动频率，使得试验水池水位能够按照给定的水位曲线变化。

盐度循环系统主要由以下 6 个水池组成，分别为试验水池、低盐水池、高盐水池、淡水池、盐水调配池、标准盐水池，各个水池内均配有卤水泵，其中 1～4 号水泵为手动控制，水泵箭头表示抽出位置，5 号、6 号水泵由潮汐控制系统控制（图 4-4）。由于试验水池中的盐度在径流下泄的过程中会变低，无法达到试验所需的边界条件，为此，在边墙两侧设置自动溢流闸板，该闸板会根据试验水池内的水位变化而升降，一般低于当前水位的 1～2cm，旨在把表层的冲淡水排出试验区，防止试验水池盐度下降过快。试验水池下方边墙的溢流闸板溢出水体直接流进低盐水池，上方的溢流闸板溢出水体则先进入外侧的一小水池，再通过底部连通管流进低盐水池。低盐水池中的水为试验表层冲淡水，盐度较低，用水泵抽入配盐水池，再通过式（4-27）计算，从高盐水池或者淡水池抽入相应体积的高盐水或者淡水，均匀混合后，成为试验所需浓度的盐水，最后抽入标准盐水池，这样就能保证标准盐水池的盐水浓度一直处于试验所需浓度，通过 5 号、6 号水泵供给试验水池的张落潮使用。

水泵抽水所需水深公式：

$$\Delta h=\frac{a_1b_1h_1(s_1+s)}{a_2b_2(s_2+s)} \tag{4-27}$$

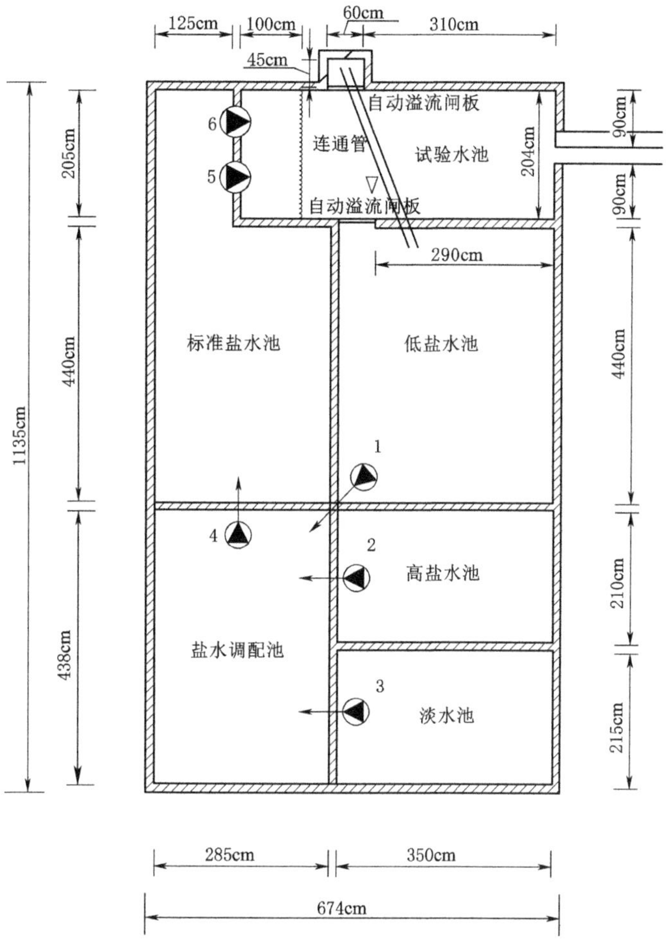

图 4-4 盐度循环系统

式中：Δh 为抽出水池的变化水深；a_1、b_1、h_1、s_1 分别为标准盐水池的长、宽、水深、盐度；a_2、b_2、s_2 分别为高盐水池的长、宽、盐度；s 为试验所需盐度。

4.1.2.2 试验设备

1. 水位仪

GS.3B 光栅跟踪水位仪能够实时完成测量，并将水位数据通过 RS485 通信口送至远端采集机。

(1) 振动式入水，消除水表面张力，保证测量精度 0.05mm。

(2) 测量长度：>30cm。

(3) 行走速度：>15mm/s。

(4) 振动频率：>5 次/s（静水面）。

(5) RS485 标准通信接口，最大通信距离 1000m。

2. 旋桨流速仪

LS-8C 光电流速仪采集设定时间内红外旋桨测杆转动的圈数，并进行数据的预处理，再通过 RS485 通信口，将流速数据送出。主要技术参数：

量程：20～1000mm/s。

测杆电流：32mA/50mA DC 二档。

信号幅度：1V 宽度：>1ms。

3. 多普勒流速仪

Vectrino 小威龙多普勒流速仪流速测量仪运行原理：声波脉冲从中间的换能器发送，声波在测量空间经过水体中的粒子散射，由另外 4 个接收器接收测量其变化。

测量范围：±0.01m/s，±0.1m/s，±0.3m/s，±1m/s，±2m/s，±4m/s（通过软件选择）

精确度：测量流速的±0.5%；±1 mm/s。

采样频率（输出）：1～25Hz，1～200Hz（硬件决定）。

内部采样频率：200～5000Hz。

采样空间：距离探头距离 0.05m。

数据通讯：I/O 接口，RS-232。

4. 盐度计

本次试验前均采用标准溶液对所有盐度探头进行率定。探头大小为 5mm，对水流特征影响较小。

测量范围：0～35‰。

精度：0.1‰。

5. 手持盐度计

盐度测量采用了定点与巡测相结合的方法。巡测主要是根据每天咸界的最远与最近距离，使用的仪器为 AZ8306 电导率仪。本次试验前均采用标准溶液对所有手持盐度计进行率定。

4.1.2.3　试验步骤

以盐度 30‰，平均水深 15cm 的试验为例。

试验前准备：

（1）用闸板把水槽与试验水池隔开。

（2）把标准盐水池和试验水池中的盐度调配至 30‰。

（3）在水槽中储蓄淡水至试验给定平均水深，即 15cm。

试验开始：

（1）开启潮汐控制系统，潮位控制系统将口门水位控制在预定平均水位，即 15cm。待水池、水槽中的水体平稳，不再出现波动后，开启口门处的水闸门，此时潮差为 0、径流为 0，盐水以盐水楔的形态上溯。用秒表记录盐水楔上溯速度，每隔 1m 记录一个时间，主要记录盐水楔前 10m 运动时间。

（2）完成步骤（1）后，更改潮位控制曲线，将潮差改为 1cm 的正弦曲线。潮位控制系统按照预定潮位曲线控制口门水位（共有 4 组潮差曲线，分别为 1cm、2 cm、3 cm、4 cm）。咸界位置除了随着口门水位涨落而周期性进退，也因潮差大小和盐水楔初始位置不同而发生不同的运动。但经过多次重复试验表明同一工况稳定的咸界位置与盐水楔初始位置无关，一般2～10个潮周期后，咸界的移动范围稳定下来。小潮因为流速比较缓慢，所以达到稳定的时间较大潮长得多。

(3) 在改变潮位曲线的同时把流量计打开，初始流量为1.6m^3/h，待咸界位置稳定后，逐级增加上游径流量（共有5级，分别为1.6m^3/h、2m^3/h、2.4m^3/h、3.2m^3/h、4m^3/h），观测盐水楔厚度的变化以及咸界的距离。

更换给定平均水深、盐度，重复以上试验步骤。

以上试验步骤中，水位计、旋桨流速仪、多普勒流速仪、盐度计均自动采集相关数据。

4.1.3 模型验证

盐度一般在枯季径流量小时上溯强度最大，考虑到河口盐水入侵存在初始场的问题，采用单潮水文组合进行验证可能误差较大。为此，选取2009年枯季半月潮咸潮水文观测数据进行验证，验证项包括潮位、上游径流、分层流速和分层盐度。水位验证站点为大横琴潮位，对应河口控制潮位；流量验证站点为马口日平均流量，对应水槽上游流量；流速和盐度验证站点为咸潮水文观测布置点中的2号和7号，分别对应水槽内距河口0m处和30m处。

4.1.3.1 验证资料代表性分析

珠江河口口门众多，早期研究针对盐水入侵问题，开展过一些原型观测，也累积了一定的实测资料，但总体而言历史资料同步性不足、观测时间序列过短、垂向分层数不够，无法满足当前研究要求。本次所用验证资料是珠江水利科学研究院依托咸潮动态监测与预测预报技术研究和多汊河口的水库—闸泵群联合调度咸潮抑制技术，于2009年开展定点的原型观测，其资料具有以下特点：①测验时间长，测验频率高：达到15d的半月潮周期，每小时测验一组数据；②测点分布密集：测点位置布置重点兼顾咸潮活动范围，使咸界基本在测验范围内活动，同时考虑与重点取水口对应关系及断面水深等因素；③垂向分层以单位米为间隔：由于磨刀门河口枯季的流速和盐度垂向分布随时间而变化，常规水文测量的三点法、五点法测试结果难以反映其特征，从而垂向按间隔1m进行测量。由于2009年的咸潮实测资料是历年来少有的实测大断面资料，其资料较完整。因此，运用2009年的咸潮实测半月潮资料对水槽物理模型进行验证，能够很好地检验模型对原型的模拟程度。

4.1.3.2 验证结果分析

1. 潮位验证

从验证结果看（图4-5），潮位模拟结果与实测数据比较吻合，潮位平均绝对误差为0.16m，高潮位平均误差为0.02m，低潮位平均误差为0.08m，拟合精度相对较高。

2. 流量验证

流量模拟结果与实测数据也比较吻合（图4-6），平均绝对误差为136m^3/s，相对误差为7%，拟合精度相对较高。

3. 流速验证

受到潮汐的影响，河道内水流为双向往复流，需流速和流向同时进行验证，验证结果

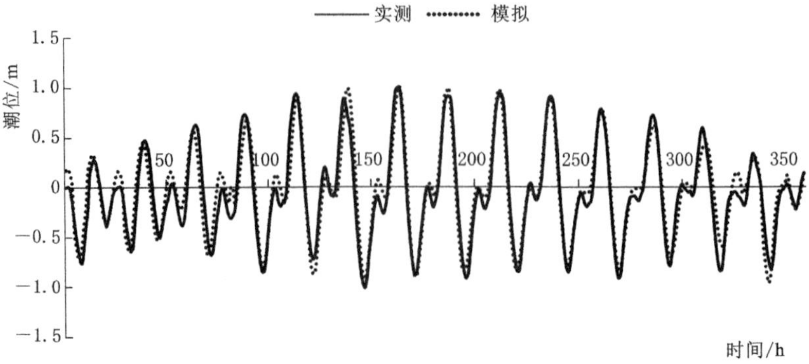

图 4－5　大横琴站潮位验证

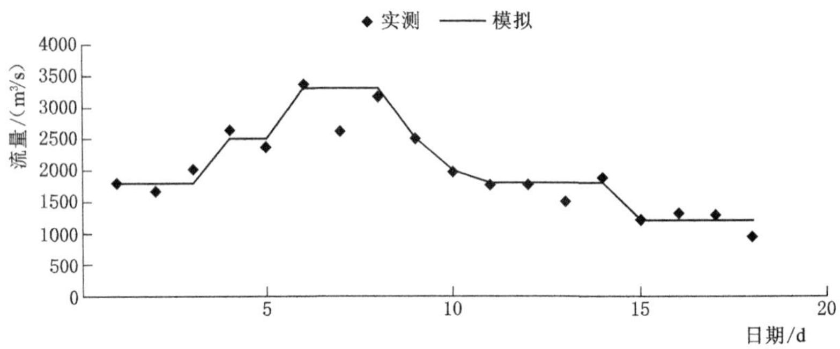

图 4－6　马口站流量验证

表明，流速涨落潮变化趋势基本一致，但流速大小模拟值与实测值存在一定偏差，水槽内 2 号表、中层涨落潮流速普遍大于实测流速，这与水槽模型对地形的概化有很大的关系，因为水槽本身糙率较小，坡降为 0，加上其矩形结构，造成水流进出受阻较小。经统计，2 号表层流速平均绝对误差为 0.31m/s，中层为 0.23m/s，底层为 0.19m/s；7 号表层流速平均绝对误差为 0.38m/s，中层为 0.28m/s，底层为 0.14m/s，由此可以看出表层流速模拟误差相对较大，底层流速模拟相对较好。图 4－7～图 4－12 为流速流向模拟结果与实测数据的对比图。

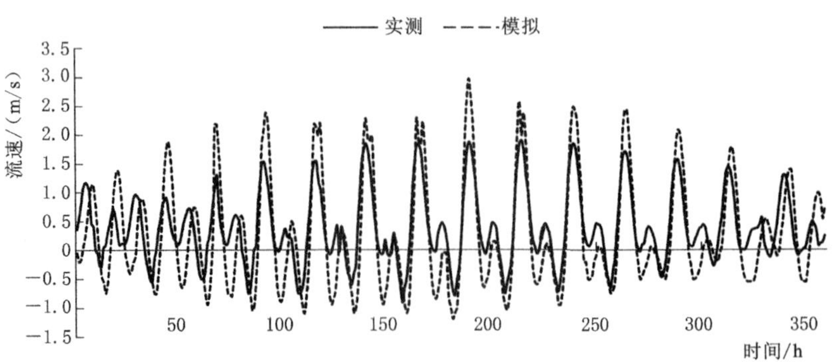

图 4－7　2 号表层流速验证

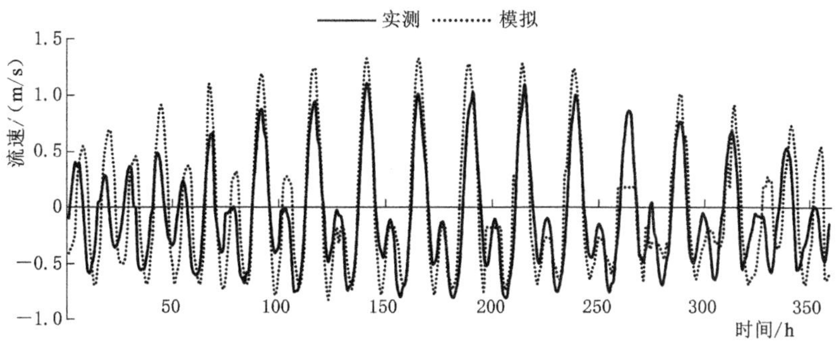

图 4-8　2 号中层流速验证

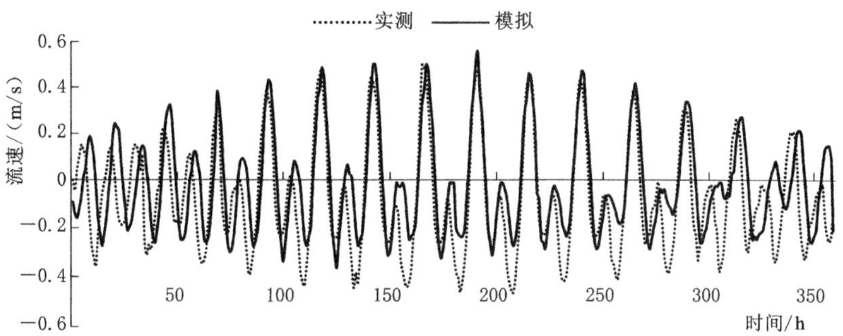

图 4-9　2 号底层流速验证

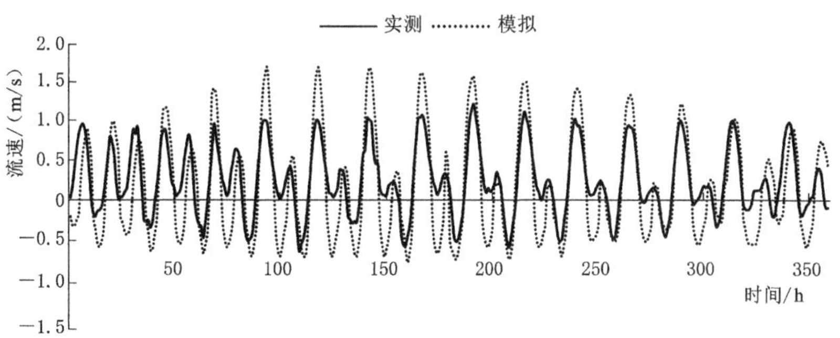

图 4-10　7 号表层流速验证

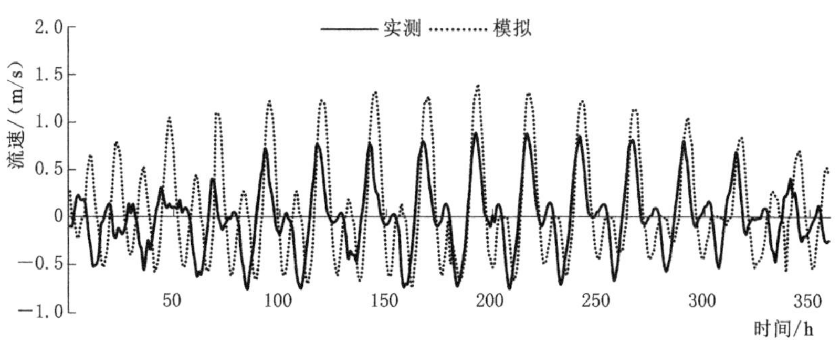

图 4-11　7 号中层流速验证

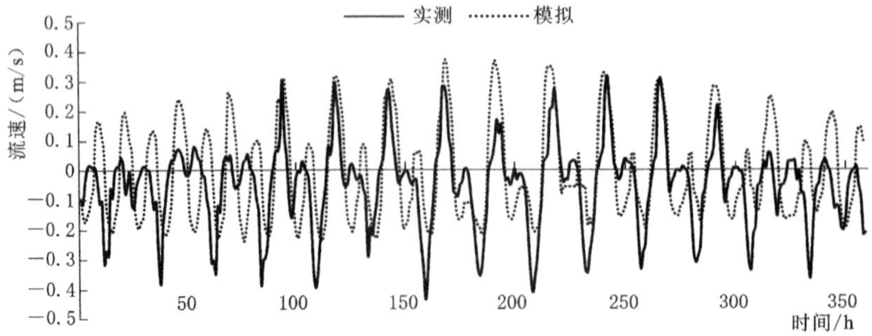

图 4-12　7 号底层流速验证

在上述两个测点中，模型模拟的表层、中层、底层流速值与实测值较为吻合，表明水槽能够准确模拟原型流态。

4. 盐度验证

盐度模拟存在一定偏差。小潮时，2 号实测盐度变化较小，但模拟盐度变化较大，大潮时，盐度总体变化趋势一致，最大值和最小值基本一致，原型盐度峰型变化较为明显，但模型盐度从小值快速增大到大值，之后变化比较缓慢，一定时间后快速下降；7 号盐度模拟情况与 2 号基本一致，不同的是在大潮时，对盐度的快速升降模拟更好。经统计，2 号表层、中层、底层平均绝对误差为 2.1‰、2.3‰、0.2‰；7 号表层、中层、底层平均绝对误差为 3.3‰、2.1‰、1.3‰。图 4-13～图 4-18 为盐度模拟结果与实测数据的对比图。

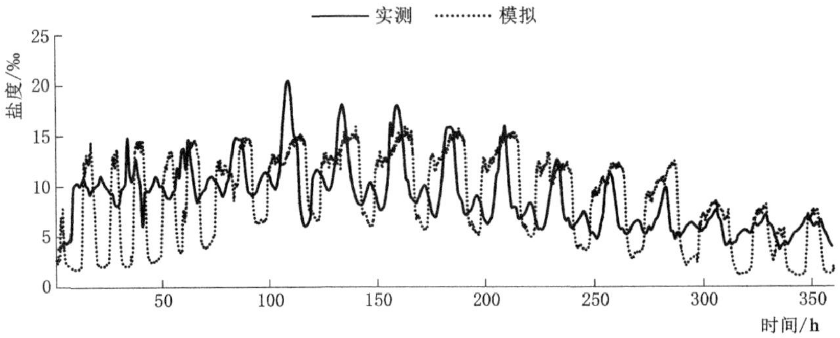

图 4-13　2 号表层盐度验证

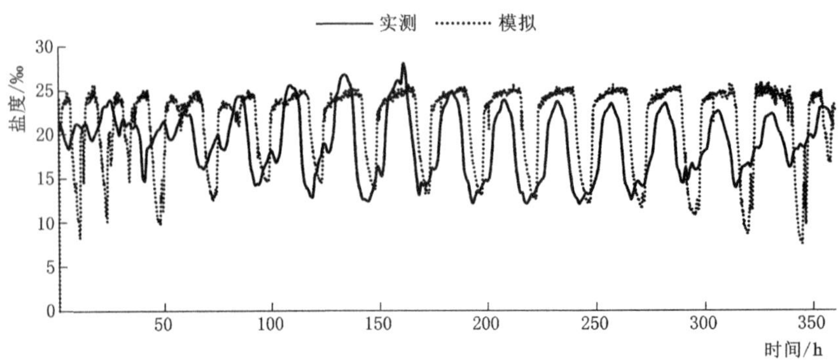

图 4-14　2 号中层盐度验证

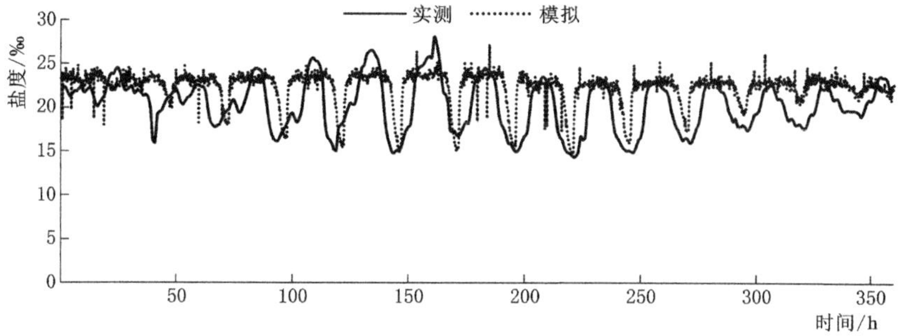

图 4-15　2 号底层盐度验证

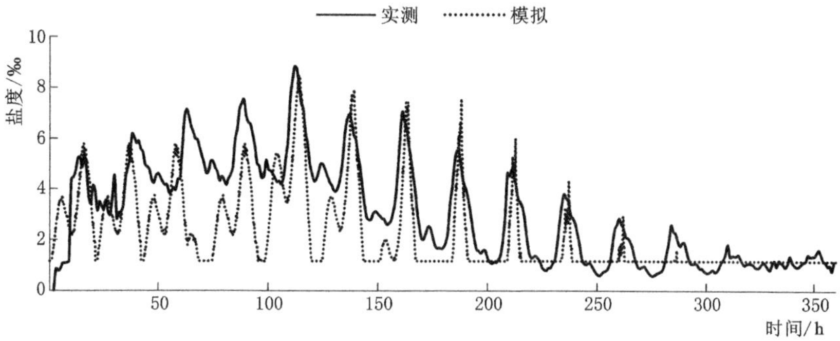

图 4-16　7 号表层盐度验证

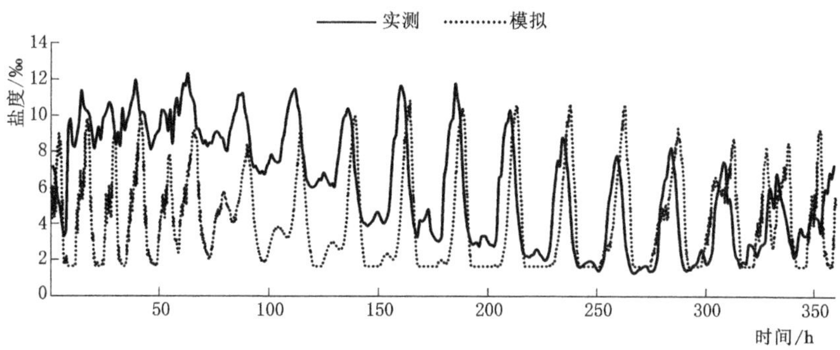

图 4-17　7 号中层盐度验证

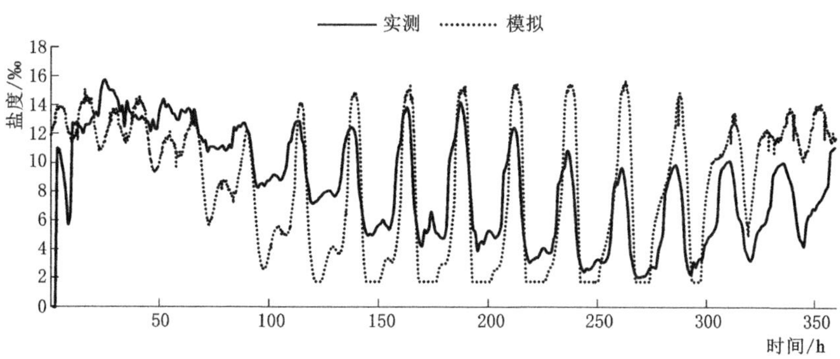

图 4-18　7 号底层盐度验证

在上述两个测点中，模型模拟的表层、中层、底层盐度与实测值较为吻合，表明水槽能够准确模拟原型盐度分布。

通过对磨刀门半月潮的潮位、流量、流速流向和盐度进行模拟验证，结果表明此水槽物理模型能够较好地模拟磨刀门水道的水动力条件，各项模拟效果均能符合物理模型精度要求，可用于磨刀门水道盐水入侵研究。

4.2　试验结果分析

4.2.1　静态工况下盐水楔演进特征分析

研究静态工况下盐水楔演进特征，有利于探索盐水上溯过程中的内在驱动因素，在静态工况下，径流和潮汐均为0，此时所受外界因素干扰最少，盐水楔只与本身重力、密度差产生的梯度力以及与边界的摩擦力有关。

1. 不同盐度盐水楔前进速度研究

通过对不同盐度盐水楔在水槽内前进速度的观测，记录下盐水入侵距离与上溯时间，发现盐水楔上溯距离与时间具有良好的线性关系。图4-19为不同初始盐度的盐水楔在同一水深下的上溯距离与时间的散点图，试验盐度共有6种工况，分别为5‰、10‰、14‰、20‰、25‰、30‰。从图4-19中可以看出，各工况拟合曲线均为直线。表4-8列出了不同盐度下的盐水楔前进距离与时间的拟合公式，R^2 表示其拟合程度的相关系数，R^2 越接近1，拟合效果越好。本试验的曲线拟合相关系数都在0.995以上，该拟合曲线能够反映盐水楔的距离-时间变化规律。结合图4-19可以发现，盐度越大，曲线的斜率越大，也就是盐水楔前进速度越快。

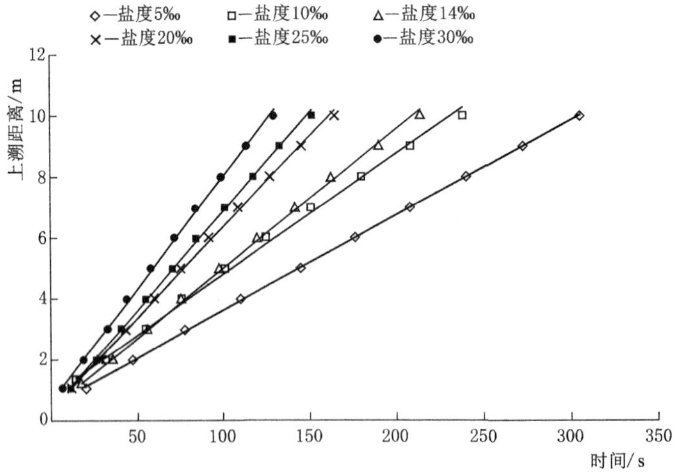

图4-19　不同盐度上溯距离-时间拟合曲线图

根据密度弗劳德数公式，$Fr=\dfrac{u}{\sqrt{\dfrac{\Delta\rho}{\rho}gh}}$，在水深不变的情况下，流速与密度有一定的比例关系，于是，以$\sqrt{\frac{\Delta\rho}{\rho}}$为横坐标，$u$（即拟合公式中一次项的系数）为纵坐标，画出图4-20，并对散点做出拟合曲线。

表 4-8　　不同盐度距离-时间拟合公式

盐度/‰	距离-时间拟合公式	R^2	盐度/‰	距离-时间拟合公式	R^2
5	$y=0.0313x+0.4825$	0.9996	20	$y=0.0597x+0.3744$	0.9985
10	$y=0.0399x+0.7958$	0.9954	25	$y=0.065x+0.3682$	0.9985
14	$y=0.0458x+0.4034$	0.9978	30	$y=0.0737x+0.6378$	0.9983

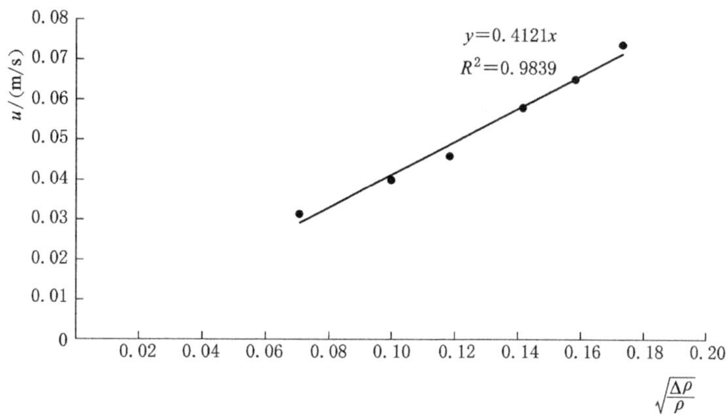

图 4-20　不同盐度的盐水楔前进速度拟合曲线

从图4-20中可以看出，流速u与$\sqrt{\frac{\Delta\rho}{\rho}}$的拟合曲线相关系数为0.9839，说明拟合效果较好，两者具有良好的线性关系。所以有：

$$u=0.4121\sqrt{\frac{\Delta\rho}{\rho}} \tag{4-28}$$

根据密度弗劳德公式：

$$Fr=\frac{u}{\sqrt{\frac{\Delta\rho}{\rho}gh}} \tag{4-29}$$

把式（4-28）代入式（4-29），则有：

$$Fr=\frac{0.4121}{\sqrt{gh}} \tag{4-30}$$

在此组试验中，由于h保持着15cm不变，而g为常数，所以可以得出以下结论：盐水楔头部的Fr在水深不变的情况下，初始盐度的大小对其没有影响，为一常数；盐水楔在水深不变的条件下，知道初始盐度即可求出其前进速度。

说明 Fr 在水深不变的情况下，盐水楔的盐度无论是多少，其在静水中的惯性力和重力的比值均是一个常数。

于是 u 只与其密度相关，有：

$$u=u'\sqrt{\frac{\Delta\rho}{\rho}} \tag{4-31}$$

式中：u'为流速基础值，与水深有关。

2. 不同水深盐水楔前进速度研究

根据密度弗劳德公式，除了盐度对盐水楔前进速度有影响外，水深的变化也能造成盐水楔前进速度的改变，为此，保持盐水楔初始盐度的不变，让其在不同水深下前进，记录其上溯距离和时间，将其绘制散点图，并进行曲线拟合，如图4-21所示，横坐标为盐水楔前进的时间，纵坐标为盐水楔前进的距离，图中的直线为各工况下散点图的拟合曲线。其拟合公式和拟合程度见表4-9。

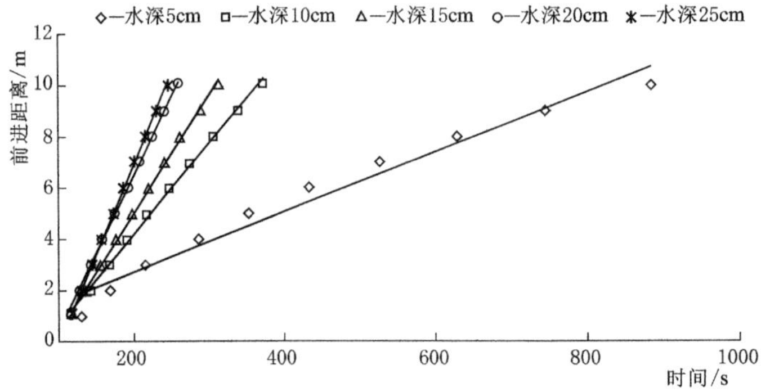

图4-21 不同水深盐水楔前进距离-时间拟合曲线图

表4-9 **不同水深距离-时间拟合公式**

水深/cm	距离-时间拟合公式	R^2	水深/cm	距离-时间拟合公式	R^2
5	$y=0.0117x+1.5438$	0.9712	20	$y=0.0601x+0.442$	0.999
10	$y=0.0353x+0.6535$	0.996	25	$y=0.0696x-0.1027$	0.9991
15	$y=0.0458x+0.4034$	0.998			

从表4-9来看，图4-21的曲线拟合均以一元一次线性方程为主，且相关系数 R^2 最小为0.97，可以认为用一元一次方程拟合盐水楔上溯距离与时间的关系十分吻合，直线的斜率即为盐水楔的前进速度，从式（4-29）出发，提取每个水深的盐水楔前进速度与 $\sqrt{h}$ 绘制散点图（图4-22），若用截距为0的曲线进行拟合，其拟合曲线效果并不理想，所以认为每一个水深下的密度弗劳德数都不相同。运用式（4-29）计算每个水深下的密度弗劳德数，见表4-10。

在不同水深下，宽深比的变化是最明显的，因此需要考虑宽深比的影响。表4-11为不同水深下的宽深比。

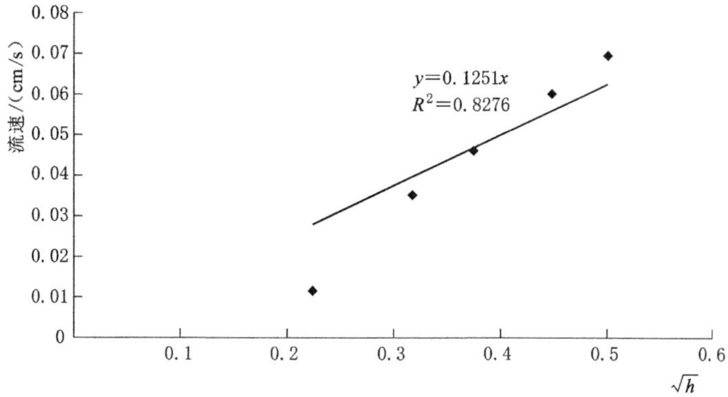

图 4-22　不同深度的盐水楔前进速度拟合曲线

表 4-10　　不同水深下的密度弗劳德数

水深/cm	密度弗劳德数	水深/cm	密度弗劳德数
5	$Fr=0.017\sqrt{\frac{\rho}{\Delta\rho}}$	20	$Fr=0.043\sqrt{\frac{\rho}{\Delta\rho}}$
10	$Fr=0.036\sqrt{\frac{\rho}{\Delta\rho}}$	25	$Fr=0.044\sqrt{\frac{\rho}{\Delta\rho}}$
15	$Fr=0.039\sqrt{\frac{\rho}{\Delta\rho}}$		

表 4-11　　不同水深下的宽深比

水深/cm	宽度/cm	宽深比	水深/cm	宽度/cm	宽深比
5	25	5.0	20	25	1.3
10	25	2.5	25	25	1.0
15	25	1.8			

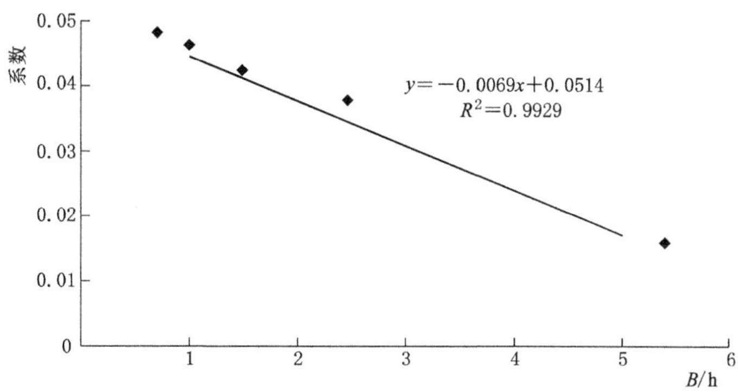

图 4-23　不同宽深比的盐水楔前进速度拟合曲线

把表 4-10 密度弗劳德数与表 4-11 宽深比在不同水深下公式的系数绘制散点图并进行公式拟合，如图 4-23 所示，发现两者有良好的线性关系，所以得出在盐度为 15‰的

条件下，不同水深的密度弗劳德数经验公式为

$$Fr=\frac{\left(-0.0069\dfrac{B}{h}+0.0514\right)}{\sqrt{\dfrac{\Delta\rho}{\rho}}} \tag{4-32}$$

写成一般形式：

$$Fr=\frac{\left(a\dfrac{B}{h}+b\right)}{\sqrt{\dfrac{\Delta\rho}{\rho}}} \tag{4-33}$$

把式（4－33）与式（4－29）结合，则有：

$$u=\left(a\frac{B}{h}+b\right)\sqrt{gh} \tag{4-34}$$

式中：有待定系数 a 和 b，a 和 b 与盐度有关。

式（4－31）和式（4－34）主要用于计算某一盐度盐水楔在不同水深下的前进速度。若需计算出某一盐度下的参数 a 和 b，则需至少做两组该盐度在不同水深条件下的盐水楔前进实验，才能得出 a 和 b。有了式（4－34），只需做两组实验，就可以得出任意盐度在不同水深下的前进速度了。

4.2.2　潮差对盐水入侵的影响

1. 潮差对水槽流态的影响

为了研究潮差的大小对咸潮水槽的水流特性、盐度分布及盐通量的影响，本次设计了 C 组试验共 5 个工况，分 4 个等级对变化潮差所引起的盐水入侵特征变化进行研究（表 4－12）。这 4 个潮差分别为 1cm、2cm、3cm、4cm。盐度、水深、径流分别为 30‰、15cm、$2m^3/h$，均保持不变。

表 4－12　　变化潮差组合

工况	盐度/‰	潮差/cm	径流/(m^3/h)	水深/cm
C1	30	1	2	15
C2	30	2	2	15
C3	30	3	2	15
C4	30	4	2	15

试验中运用的潮汐控制系统以 25 个时刻为一个周期，每个周期内包含两个完整的正弦曲线，如图 4－24 所示。为了探究潮汐的涨落对盐水入侵的影响，对原型潮位变化进行概化，采用单一的正弦曲线，就不需要对潮位进行调和分析，简化潮位对盐水入侵的影响。其控制方程如下：

潮差 1cm：$h=0.5\sin\left(\dfrac{4t}{25}\pi\right)+15$

潮差 2cm：$h=\sin\left(\dfrac{4t}{25}\pi\right)+15$

潮差 3cm：$h=1.5\sin\left(\frac{4t}{25}\pi\right)+15$

潮差 4cm：$h=2\sin\left(\frac{4t}{25}\pi\right)+15$

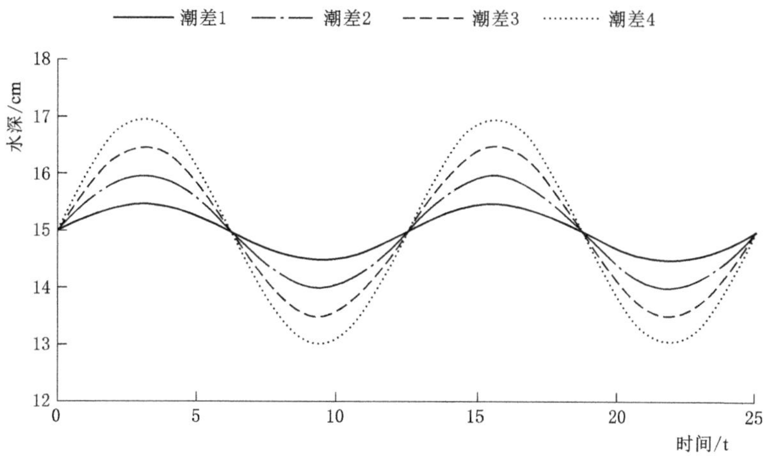

图 4-24　潮位控制曲线

表 4-13 记录了在河口的不同初始潮差条件下，水槽内各测点的潮差变化值，总体来说，水槽内潮差从河口到上游呈逐渐递减的趋势，例如当初始潮差为 2cm 时，上涨至距离河口处 25m、50m、75m、100m 时，潮差分别减小为 2.05cm、1.83cm、1.23cm、0.43cm，衰减率（对比上移测点所变化百分比）分别为 3%、11%、33%、65%，很明显，随着潮汐往上游推移，潮差在加剧衰减。图 4-25 为水槽内沿程潮差在不同初始潮差条件下的拟合曲线图，运用一元二次方函数对其进行拟合，其线性相关程度均超过 0.99，说明在水槽内潮差的沿程变化具有良好的规律性。

表 4-13　河口不同初始潮差下水槽内各测点潮差　单位：cm

距离/m	潮差 1cm	潮差 2cm	潮差 3cm	潮差 4cm
0	1.08	2.11	3.06	4.10
25	1.09	2.05	2.94	3.87
50	0.89	1.83	2.58	3.20
75	0.59	1.23	1.68	2.07
100	0.22	0.43	0.62	0.82

为了更好地研究潮差对水流特性的影响，特意整理了在不同潮差的条件下，各测点表层、中层、底层流速的最大值（表 4-14），其流速特征主要表现为：潮差越大，表层、中层、底层涨落潮流速越大；中层、下游表层落潮流速最大，中层次之，底层最小；涨潮流速最大，中层次之，表层最小；上游表中底流速大小与中下游并不一致，无论是涨潮还是落潮，其流速均是上层最大，中层次之，底层最小。在潮差为 1cm、2cm 时，1 号的表层流速值均大于 0，表明该处水流只落不涨，当潮差为 3cm、4cm 时，则出现了涨落潮。

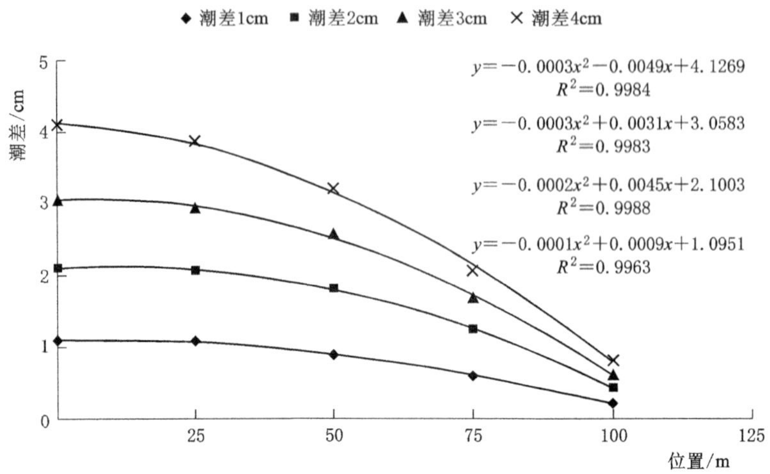

图 4-25　河口不同初始潮差下水槽内沿程潮差变化图

分析其原因，一方面，由于表层流速受潮汐作用和下泄径流的影响，在上游径流量不变的情况下，当潮差变小时，下游潮汐动力减弱，径流作用相对增强，形成弱潮强径的情况；另一方面，潮汐动力减弱，对盐淡水的掺混作用减小，底层盐水楔上溯，表层淡水以补偿流方式下泄，在两者共同作用下，出现表层流只落不涨的现象。中层、底层流速在盐水的上溯的影响下，与表层不一致，出现涨落潮流，因此，在涨潮时，会出现表落底涨的现象。中层流速大小由于盐度低于底层，盐水的密度梯度力相对较小，上溯的速度就较慢，所以在涨潮时，中层流速低于底层，而在落潮时，对落潮流的顶托作用相对底层较小，所以其落潮流速略大于底层。上游 5 号位置由于盐度较低甚至没有盐度，所以几乎不受密度梯度力的影响，在径流的潮汐的作用下表层、中层、底层同涨同落。

表 4-14　　**各测点最大流速统计表**　　单位：cm/s

位置	测点	1号				3号				5号			
	潮差	1cm	2cm	3cm	4cm	1cm	2cm	3cm	4cm	1cm	2cm	3cm	4cm
表层	落潮	4.3	8.7	11.0	14.1	3.8	6.3	8.2	12.0	5.4	7.8	11.5	12.7
	涨潮	—	1.2	−2.4	−6.1	—	−1.0	−2.3	−5.6	−1.0	−4.8	−7.2	−9.1
中层	落潮	2.3	4.6	9.1	13.1	2.8	5.7	8.5	10.2	4.8	7.1	9.9	11.0
	涨潮	−1.7	−4.0	−7.4	−9.7	−0.5	−2.0	−3.4	−6.3	−1.5	−4.3	−6.0	−8.2
底层	落潮	1.8	2.8	7.7	12.1	2.8	3.5	5.2	8.6	3.8	6.4	8.8	10.0
	涨潮	−2.2	−5.2	−7.7	−10.7	−1.5	−2.3	−5.2	−6.3	−2.0	−3.6	−5.4	−7.2

图 4-26～图 4-28 为水槽内各测点的流速过程线，每个图记录了连续两个周期的表层、中层、底层流速过程曲线，所以每个图均出现 4 个完整的波形，从图中可以看出，相邻两个周期内，流速的重复性相对较好。

从整体来看，流速随着潮差的增大而增大。从图 4-26 中，对潮差 1cm 和潮差 4cm 的流速过程线进行对比，潮差 1cm 和潮差 4cm 的表层、中层、底层流速增减趋势比较一

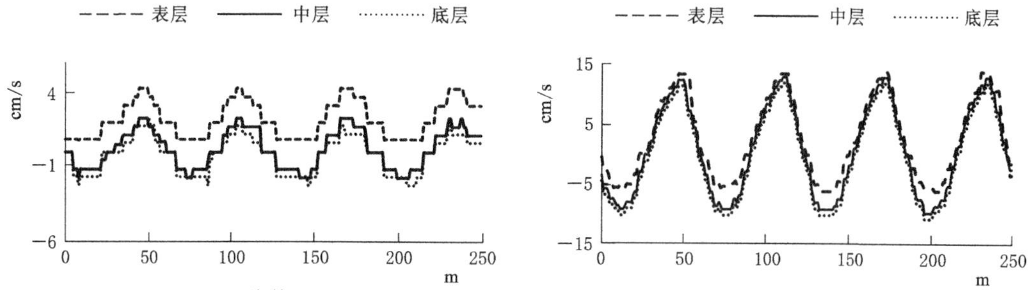

(a) 潮差1cm (b) 潮差4cm

图 4-26 潮差 1cm 和潮差 4cm 条件下 1 号测点表层、中层、底层流速过程线

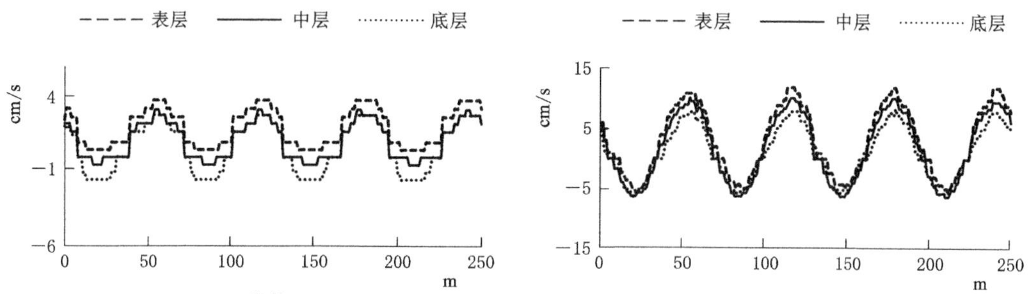

(a) 潮差1cm (b) 潮差4cm

图 4-27 潮差 1cm 和潮差 4cm 条件下 3 号测点表层、中层、底层流速过程线

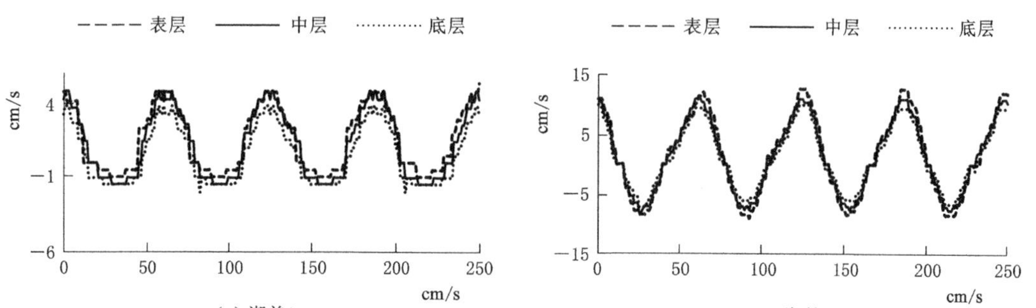

(a) 潮差1cm (b) 潮差4cm

图 4-28 潮差 1cm 和潮差 4cm 条件下 5 号测点表层、中层、底层流速过程线

致，但潮差 1cm 的流速明显小于潮差 4cm 的流速，另外潮差 1cm 的表层流速与明显与中层、底层流速不一致，而潮差 4cm 的大部分时间流速数值上相差较小，只有在流速为负值时，也就是涨潮时，其表层和中底层流速有一定差别，最大相差 4cm/s。从图 4-27 中可以看出，3 号在潮差 1cm 的条件下，表层和中层、底层的流速差距在缩小，当潮差为 4cm 时，底部涨潮流速差距也在缩小。从图 4-28 可以看出，在 5 号无论潮差 1cm 还是潮差 4cm，其表层、中层、底层流速的差距均在进一步缩小。

2. 潮差对盐度分布的影响

潮差的大小直接影响着河口的潮流动力，当潮差增大至一定程度时，将会对盐水楔进行破坏，使得盐水上溯强度迅速下降。图 4 - 29～图 4 - 32 分别为潮差 1cm、2cm、3cm、4cm 条件下涨落憩的盐度分布图，横坐标为距离河口的长度，纵坐标为相对水深。当潮差为 1cm 时，盐水从左侧开始上溯，整体分层比较明显，从 0～30m 底部 0.6h 以下盐度均在 25‰以上，且各等盐度线几乎与水平面平行，说明在此段距离内，纵向的盐度很小，另外 5‰～25‰等盐度线比较密集，形成把上层淡水与底层高盐水的隔离带，减弱表底层盐淡水的掺混，在 30m 以后，在重力、密度梯度力、惯性力的作用下，等盐度线开始斜向底部，形成楔状，继续上溯。但是随着潮差的增大，潮流动力增强，对 5‰～25‰等盐度线所形成的隔离带扰动增强，隔离带逐渐变得稀松，表底层盐淡水掺混开始增强。当潮差为 2cm 时，25‰等盐度线开始下移，5‰等盐度线上移，底部盐水上溯距离相比潮差 1cm 时缩短。当潮差为 3cm 时，水楔形状变形相对潮差 2cm 时进一步增大，纵向盐度梯度和垂向盐度梯度都比较均匀，等盐度线整体向河口推移。在潮差为 4cm 时，盐水楔几乎消失，盐淡水掺混十分均匀，表层、中层、底层盐度差达到最小，均匀混合后的盐淡水随着潮汐整体涨落。

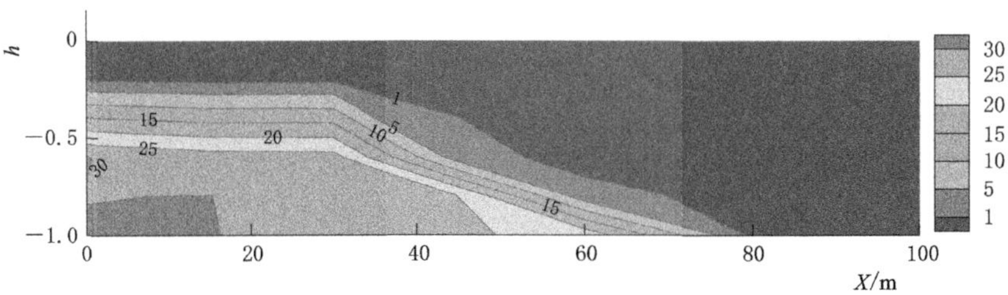

图 4 - 29　潮差 1cm 条件下涨落憩盐度分布图

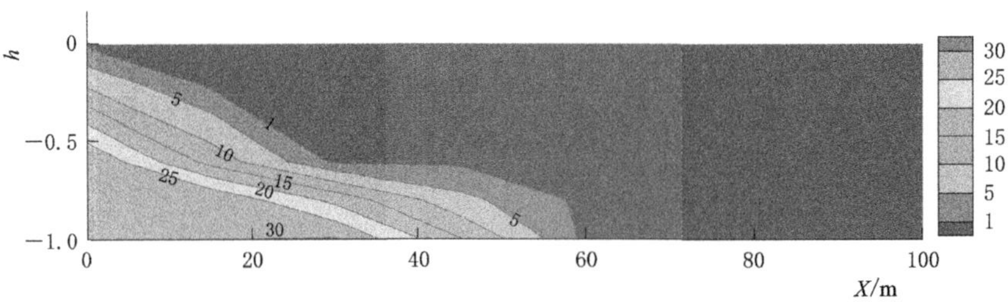

图 4 - 30　潮差 2cm 条件下涨落憩盐度分布图

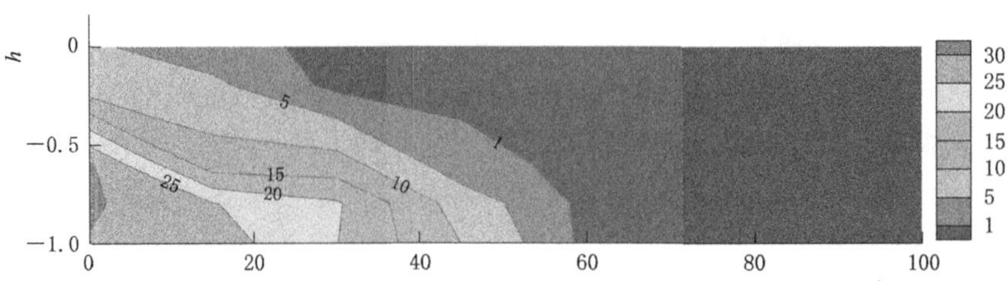

图 4 - 31　潮差 3cm 条件下涨落憩盐度分布图

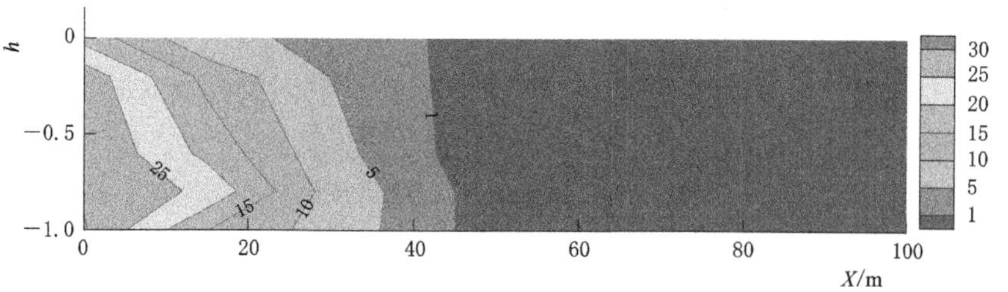

图 4-32 潮差 4cm 条件下涨落憩盐度分布图

3. 潮差对盐通量的影响

通过对变化潮差下各测点的盐通量计算，结果表明，平均流输运量随着潮差的增大而增大，但当潮差增至 4cm 时，虽然 1 号仍在增大，3 号却从 6.2g 减少至 3.9g。主要原因是潮差过大，河口处盐淡水掺混剧烈，无法上溯至此处，导致盐度降低。T2 则随着潮差的增大而快速增大，说明潮流变化量与潮汐变化量两者相关度很好。T5 在潮差 1cm 至潮差 2cm 时呈增长趋势，到潮差 2cm 后达到最大，随后逐渐减小，说明潮差 2cm 时，所产生的重力环流项最大，当潮差为 1cm 时，整体流速较慢，重力环流主要靠密度梯度力产生，潮差 2cm 时，潮流动力增强，潮流流速增大，但不足以破坏底部盐水楔的形态，盐水从底层上溯，并在径流作用下，表层下泄流速增大，重力环流加强，潮差 3cm 时，潮流动力进一步加强，盐水楔被破坏，密度梯度力不足，环流减，当潮差为 4cm 时，1 号和 3 号 T5 迅速下降至−3.4g 和−0.8g，说明此时环流输运被严重削弱。因此，当潮差超过 2cm 后，随着潮差的继续加大，重力环流项越来越小。盐通量具体变化值见表 4-15。

表 4-15　变化潮差下各测点盐通量　　单位：g

潮差/cm	1号				3号			
	1	2	3	4	1	2	3	4
T1	5.9	7.5	10.7	12.8	3.4	4.2	6.2	3.9
T2	−0.2	−0.9	−3.0	−6.8	−0.2	−0.1	−0.8	−0.9
T5	−15.1	−21.6	−16.0	−3.4	−8.1	−5.8	−8.4	−0.8

4.2.3 径流对盐水入侵的影响

为了研究径流的大小对咸潮水槽的水流特性及盐度分布的影响，本次设计了 B 组试验共 5 个工况（表 4-16），分 5 个流量级对变化径流所引起的水流特性变化及盐度分布变化进行研究。这 5 个径流量分别为 $1.6m^3/h$、$2m^3/h$、$2.4m^3/h$、$3.2m^3/h$、$4m^3/h$。盐度、潮差、水深分别为 30‰、2cm、15cm，均保持不变。

表 4-16　变化流量组合

工况	盐度/‰	潮差/cm	径流/(m^3/h)	水深/cm
B1	30	2	1.6	15
B2	30	2	2	15
B3	30	2	2.4	15
B4	30	2	3.2	15
B5	30	2	4	15

1. 径流对水槽流态的影响

表 4－17 记录了上游不同流量条件下各测点的流速最大值，整体来看，表层、中层、底层的落潮流速随着上游径流量的增大而增大，表层落潮流速最大，其次是中层，底层落潮流速最小；涨潮流速则与表层相反，随着上游流量的增大而逐渐减小，底层涨潮流速最大，其次是中层，表层涨潮流速最小。在流量大于 2 时，1 号表层甚至出现只落不涨的现象。从表 4－17 可以看出，1 号在径流为 1.6 的条件下，表层落潮最大流速为 7.4cm/s，当径流量提升至 $4m^3/s$ 时，最大流速涨至 12.5cm/s，增加了 5.1cm/s，3 号增加了 2cm/s，5 号增加了 1.5cm/s，由此可以看出，径流的变化对河口处的水流特性影响更大，因为在上游处，表底盐度差较小，增加的径流比较平均地从上游整个断面通过，而在河口处，由于受到底层盐水上溯所产生的顶托作用，所增加的淡水大部分只能从表层下泄，所以大大增加了河口处的表层流速，而底层只是从 2.3cm/s 涨至 3.3cm/s，增加了 1cm/s，所以径流量的增大对河口表层的水流特性影响更大。

表 4－17　　不同流量条件下各测点最大流速　　单位：cm/s

测点		1 号					3 号		
径流/(cm^3/h)		1.6	2.0	2.4	3.2	4.0	1.6	2.0	2.4
表层	落潮	7.4	8.7	9.7	10.7	12.5	6.2	6.3	6.8
	涨潮	−0.1	—	—	—	—	−1.1	−1.0	−0.5
中层	落潮	4.1	4.6	7.4	6.3	8.5	6.3	5.7	5.7
	涨潮	−4.5	−4.0	−2.7	−2.2	−1.1	−1.7	−2.0	−1.2
底层	落潮	2.3	2.8	3.8	4.3	3.3	1.5	3.5	4.0
	涨潮	−5.7	−5.2	−4.2	−5.4	−5.8	−2.9	−2.3	−1.8
测点		3 号		5 号					
径流/（cm^3/h)		3.2	4.0	1.6	2.0	2.4	3.2	4.0	
表层	落潮	7.5	8.2	7.6	7.8	8.4	9.1	9.1	
	涨潮	0	—	−4.6	−4.8	−4.2	−4.2	−2.9	
中层	落潮	6.8	7.4	6.7	7.1	7.1	7.6	8.2	
	涨潮	0	−2.0	−4.4	−4.3	−3.7	−3.1	−2.6	
底层	落潮	4.6	5.2	5.4	6.4	5.9	7.1	7.1	
	涨潮	−2.3	−2.0	−4.6	−3.6	−4.1	−4.0	−2.9	

图 4－33～图 4－35 为各测点在径流 $1.6m^3/h$ 和径流 $4m^3/h$ 条件下的表层、中层、底层流速过程线。对径流 $1.6m^3/h$ 和径流 $4m^3/h$ 的流速过程线进行对比，可以看出，径流 $4cm^3/h$ 的落潮流速明显大于径流 $1.6m^3/h$，另外，在径流 $1.6m^3/h$ 条件下，中层流速略大于底层流速，并且比较接近，而在径流 $4m^3/h$ 条件下，中层和底层流速大小差距明显拉大，造成这种现象的原因主要是中层盐度的下降导致盐度梯度力对下泄径流的顶托作用减弱，在落潮时在部分下泄径流的推动作用下流速增大。1 号在径流 $1.6m^3/h$ 和 $4m^3/h$ 的条件下，涨潮时均出现表落底涨的现象，而 3 号在径流为 $4m^3/h$ 时，出现表底同涨同

落，分析其差异，同样是底层盐度梯度力的大小影响着底层的涨落，在径流 1.6m³/h 条件下，高浓度盐水能够上溯至 3 号处，而在径流 4m³/h 条件下，当盐水上溯至 3 号时，浓度已经明显降低，盐度梯度力随之变小，所以在径流 4m³/h 的条件下 3 号表底层同涨同落。

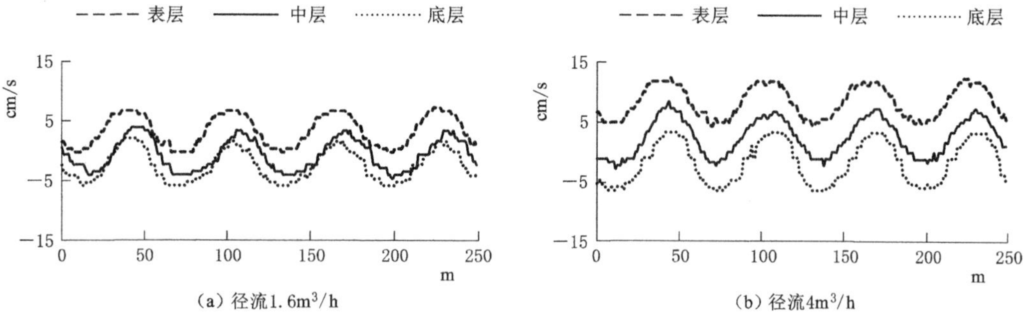

图 4-33　不同径流条件下 1 号测点表层、中层、底层流速过程线

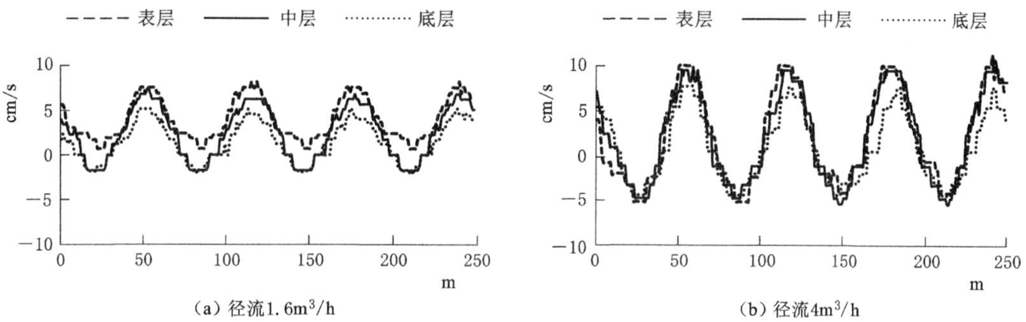

图 4-34　不同径流条件下 3 号测点表层、中层、底层流速过程线

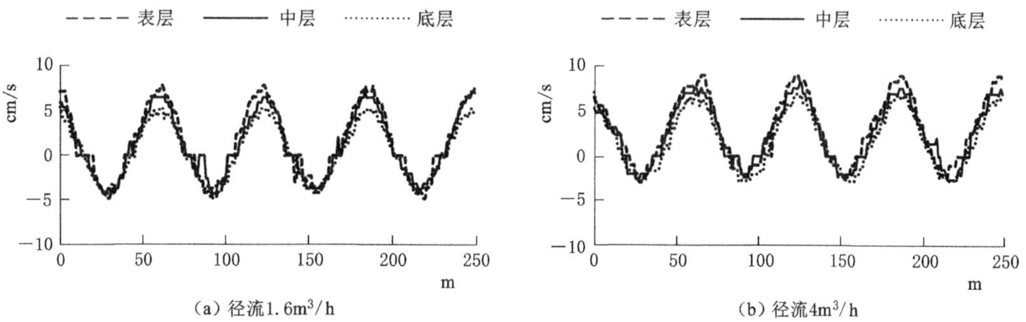

图 4-35　不同径流条件下 5 号测点表层、中层、底层流速过程线

2. 径流对盐度分布的影响

上游径流增大，能够很好地抑制咸潮上溯，径流越大，抑咸效果越好。图 4-36～图 4-39 分别为径流 1.6m³/h、2.4m³/h、3.2m³/h、4m³/h 条件下涨落憩的盐度分布图，从图 4-36 可以看出，在径流 1.6m³/h 条件下，盐水楔形状明显，整体等盐度线比较平

顺，涨憩时底层高浓度盐水可上溯至 35m 处，落憩时，高盐度等盐度线略微下移，底盐度等盐度线几乎不变。当径流增大至 $2.4m^3/h$ 时，在约 20m 处 5‰等盐度线明显下压使得 5‰～25‰等盐度线变得密集，使得表底层分层较径流 $1.6m^3/h$ 时更加明显。再一次把径流增大至 $3.2m^3/h$ 时，径流的抑咸效果开始突出，水槽内盐度整体下降，尤其是落潮时，河口处最大盐度低于 25‰，入侵距离也大大缩短。径流进一步加大至 $4m^3/h$ 时，径流的抑咸效果就更加明显了，底层涨潮最大盐度低于 25‰，落潮最大盐度低于 20‰，结合径流的变化对水流特性的影响可以发现，径流对底层流速的上涨的抑制起到了重要的作用，底层盐水的上涨受到抑制，盐度自然会降低。另外，当大量径流下泄时，河口处淡水累积到一定程度时，表层完全被淡水所占据，所以无论涨落潮，表层的盐度均为 0，正如图 4－39 所示，即使中层存在着涨潮流，但是由于河口处被一层厚厚的淡水所占据，所以其中层盐度也基本为 0。

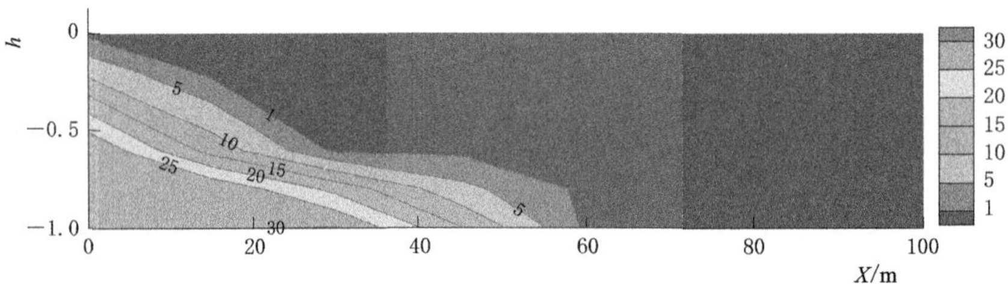

图 4－36　径流 $1.6m^3/h$ 条件下涨落憩盐度分布图

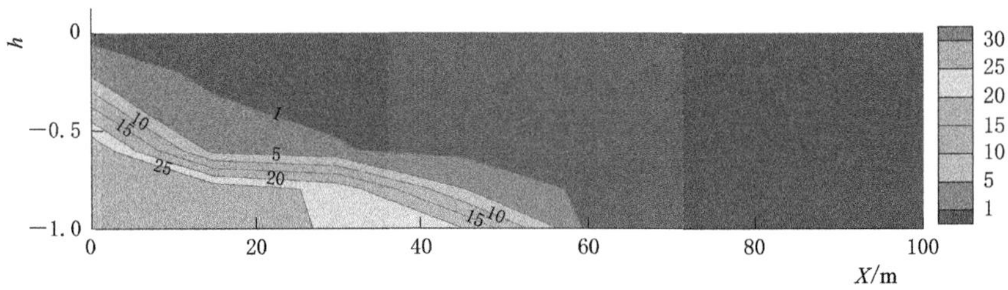

图 4－37　径流 $2.4m^3/h$ 条件下涨落憩盐度分布图

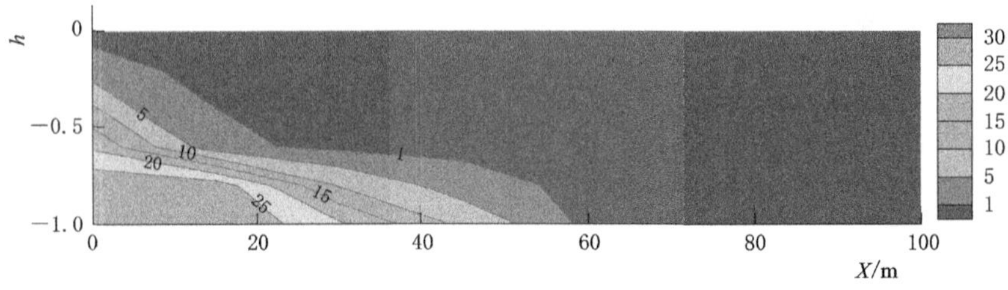

图 4－38　径流 $3.2m^3/h$ 条件下涨落憩盐度分布图

3. 径流对盐通量的影响

分析变化径流下各测点盐通量结果，T1 随着径流量的增大，呈现先增大，后减小的

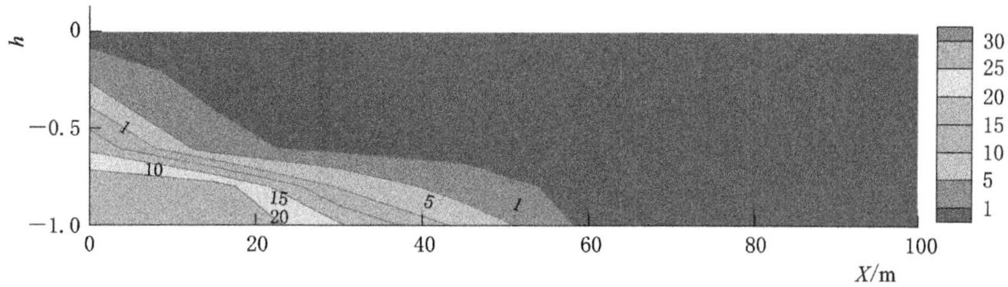

图 4-39 径流 $4m^3/h$ 条件下涨落憩盐度分布图

趋势。当径流为 $1.6m^3/h$ 时，T1 仅为 1.4g，说明此时径流下泄所带走的盐分十分小。随着径流的增大，T1 也在快速地增大，径流为 $2m^3/h$ 时，增长至 7.5g，径流为 $2.4m^3/h$ 时，更是增长到最大值 18.7g。由此说明，在一定范围内，径流的增大能够明显地带动更多水道内盐分下泄，当径流增加至 $3.2m^3/h$ 时，径流对盐水楔起到明显的干扰作用，使得盐水楔整体下移，水槽内整体盐度降低，因此，虽然其平均流输运量在降低，但是径流的增大对抑制盐水上溯还是起到了重要的作用。T2 由于潮差没有变化，所以在变化流量下，斯托克斯漂移输运量变化不大。T5 则呈现逐渐减小的趋势，说明径流的增大还能有效降低重力环流输运项。具体计算值见表 4-18。

表 4-18　　变化径流下各测点盐通量　　单位：g

测点	1号					3号				
径流/(m^3/h)	1.6	2	2.4	3.2	4	1.6	2	2.4	3.2	4
T1	1.4	7.5	18.7	14.2	5.3	4.6	4.2	2.8	3.6	2.7
T2	−1.0	−0.9	−0.9	−0.9	−0.2	−0.3	−0.1	−0.1	−0.1	−0.1
T5	−24.1	−21.6	−22.5	−18.5	−13.7	−13.0	−5.8	−5.1	−6.1	−3.7

4.2.4 水深对盐水入侵的影响

为了研究水深的大小对咸潮水槽的水流特性及盐度分布的影响，设计了 E 组试验共 3 个工况，分 3 各平均水深对变化水深所引起的水流特性变化及盐度分布变化进行研究。这三个水深分别为 12.5cm、15cm、17.5cm。潮差、径流、盐度分别为 2cm、$2m^3/h$、30‰，均保持不变。详细见表 4-19。

表 4-19　　变 化 水 深 组 合

工况	盐度/‰	潮差/cm	径流/(m^3/h)	水深/cm
E1	30	2	2	12.5
E2	30	2	2	15
E3	30	2	2	17.5

1. 水深对水槽流态的影响

表 4-20 记录了各测点在不同水深条件下的涨落潮最大流速。其最大特点是随着水深的增大，表层涨、落潮流速在减小，底层落潮流速在减小，涨潮流速却在增大。水深的增大意味着过水断面面积的增大，所以在潮差和上游径流一定的情况下，其流速必然减小，

而底层涨潮流速的异常增大，是因为外海盐水在平均水深增大的情况下，相当于盐水的上溯通道增大，底部摩擦阻力对其影响相对减小，盐水能够更顺畅地从底部上溯。

表 4-20　　不同水深条件下各测点表层、中层、底层最大流速　　单位：cm/s

位置	测点	1 号			3 号			5 号		
	水深	12.5cm	15.0cm	17.5cm	12.5cm	15.0cm	17.5cm	12.5cm	15.0cm	17.5cm
表层	落潮	8.9	8.7	7.1	6.2	6.3	5.2	8.2	7.8	7.6
	涨潮	—	—	—	−0.1	−1.0	−0.1	−4.9	−4.8	−3.5
中层	落潮	6.6	4.6	4.6	5.8	5.7	4.6	7.6	7.1	7.0
	涨潮	−4.0	−4.0	−4.0	−2.8	−2.0	−3.4	−4.8	−4.3	−3.7
底层	落潮	5.7	2.8	3.5	1.2	3.5	2.9	6.4	6.4	6.7
	涨潮	−4.9	−5.2	−6.1	−4.8	−2.3	−3.5	−3.2	−3.6	−3.8

图 4-40～图 4-42 为各测点在不同水深条件下的表层、中层、底层流速过程线，当水深变为 17.5cm 时，1 号表层流速整体减小，但其流速值依然一直大于 0cm/s，保持着落潮流的状态，而底部落潮流流速随着表层的减小也在减小，涨潮流速却在增加，与中层涨潮流速进一步拉大。3 号也表现为落潮流速减小，底层流速增大的现象，而 5 号则表现为整体流速在减小。

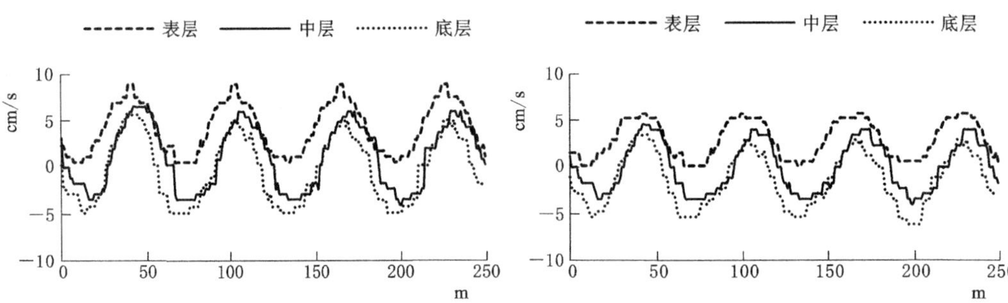

(a) 水深12.5cm　　(b) 水深17.5cm

图 4-40　不同水深条件下 1 号测点表层、中层、底层流速过程线

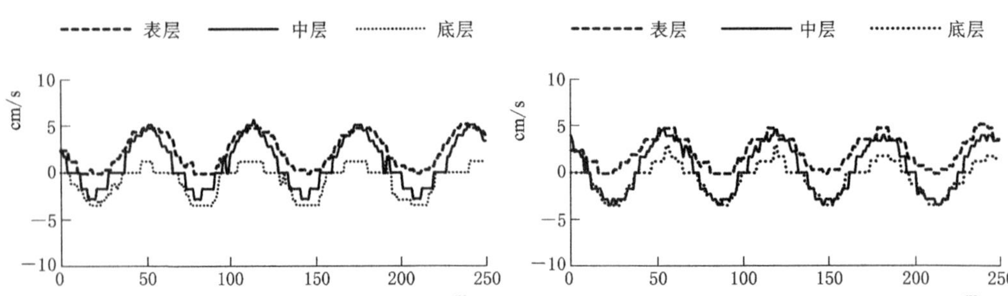

(a) 水深12.5cm　　(b) 水深17.5cm

图 4-41　不同水深条件下 3 号测点表层、中层、底层流速过程线

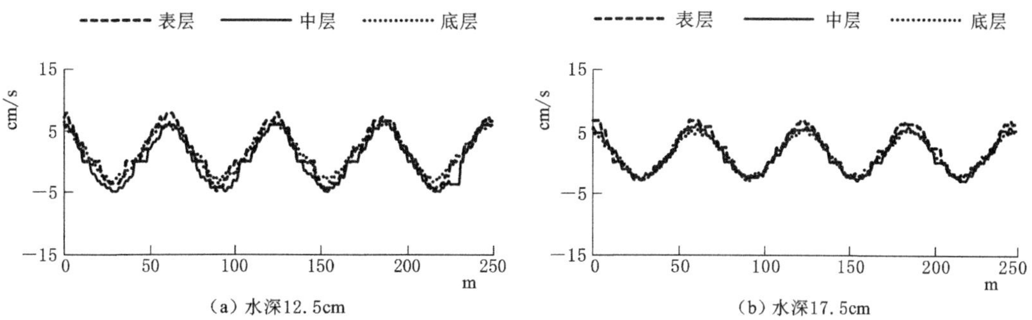

图 4-42　不同水深条件下 5 号测点表层、中层、底层流速过程线

2. 水深对盐度分布的影响

平均水深的大小直接影响着潮汐和径流的过水断面，同时增大了咸潮的上溯通道，增加盐水入侵的强度。图 4-43～图 4-45 分别为平均水深 12.5cm、15cm、17.5cm 条件下涨憩的盐度分布图，从图 4-43 中可以看出，当水深为 12.5cm 时，盐度等值线比较集中在中层、底层，造成表底层分层明显，当水深增大至 15 cm 时，如图 4-44 所示，盐水上溯的距离增大，水道垂向盐度整体增大，到图 4-45 时，其效果更为明显，涨憩时，距离河口处 40m 的表层处都受到了盐水上溯的影响，盐度为 1‰～5‰，说明水深的增加，不仅增大了盐水上溯的通道，使其能够更快地上溯，还增大了底层盐水与表层淡水掺混的能力，使得更多的盐分在水道中累积。

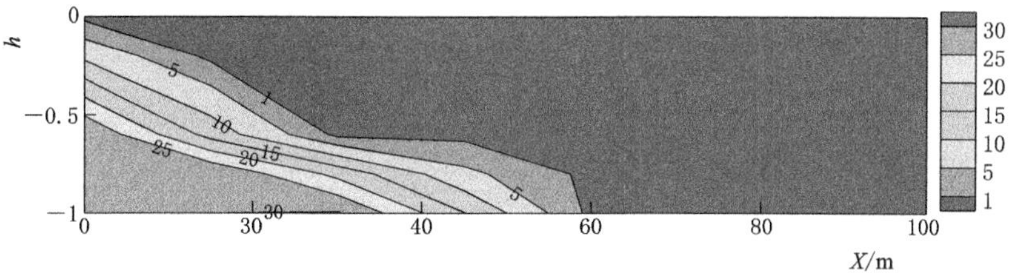

图 4-43　水深 12.5cm 条件下涨憩盐度分布图

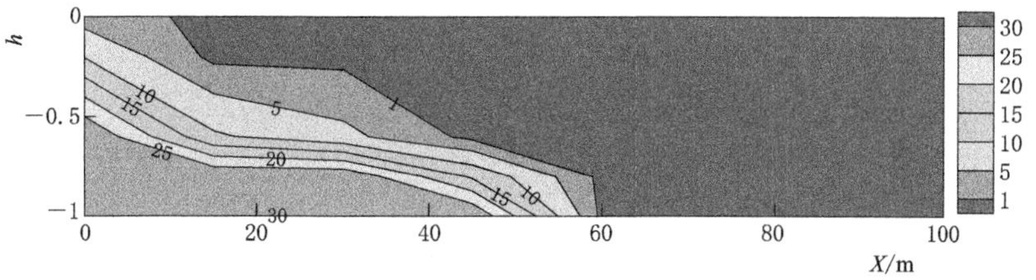

图 4-44　水深 15cm 条件下涨憩盐度分布图

3. 水深对盐通量的影响

分析变化水深下盐通量的计算结果，T1 随着水深的增大而增大，说明水深的增大有利于平均流输运量的增加。T2 同样变化不大；T5 在 1 号呈现先增后减的趋势，在 17.5cm 水深条件下，重力环流输运量最小，在 15cm 时达到最大；在 3 号位置，则是

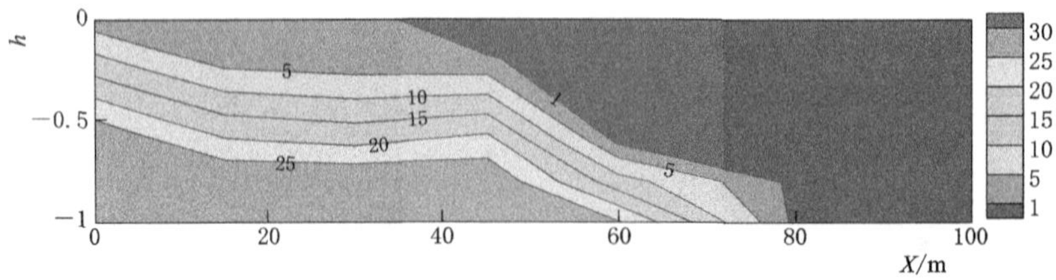

图 4-45　水深 17.5cm 条件下涨憩盐度分布图

17.5cm 的重力环流项最大，原因是盐水在上溯通道增大的情况，上溯能力会增强，在河口处盐水厚度增大，垂向盐度整体增大，表底层盐度差减小，导致该处环流减弱，当上溯一定距离后，表底层盐度差开始增大，使得环流加强，所以在 17.5cm 水深下，T5 在 1 号位置只有－6.5g，而在 3 号位置则有－18.5g。具体计算值见表 4-21。

表 4-21　　变化水深下各测点盐通量　　单位：g

位置	测点	1 号			3 号			5 号		
	水深/cm	12.5	15	17.5	12.5	15	17.5	12.5	15	17.5
T1		6.0	7.5	9.2	3.4	4.2	5.8	0	0	2.3
T2		−1.1	−0.9	−1.2	−0.4	−0.1	−0.5	0	0	−0.1
T5		−11.8	−21.6	−6.5	−7.4	−5.8	−18.5	0	0	−0.7

4.2.5　盐度对盐水入侵的影响

为了研究盐度的大小对咸潮水槽的水流特性及盐度分布的影响，设计了 D 组试验共 5 个工况，分 5 个等级对变化盐度所引起的盐水入侵特征变化进行研究。这 5 个初始盐度分别为 10‰、15‰、20‰、25‰、30‰。潮差、径流和平均水深分别为 2cm、$2m^3/h$ 和 15cm，均保持不变。详细见表 4-22。

表 4-22　　变化盐度组合

工况	盐度/‰	潮差/cm	径流/(m^3/h)	水深/cm
F1	10	2	2	15
F2	15	2	2	15
F3	20	2	2	15
F4	25	2	2	15
F5	30	2	2	15

在一般物理模型中，满足重力相似原则，则可达到水流相似，但是在咸潮物理模型中，则需满足密度弗劳德数原则：

$$\lambda_u = \lambda_s \lambda_h^{1/2} \tag{4-35}$$

若改变初始盐度，则盐度比尺必然发生变化，为满足密度弗劳德数准则，那么流速比尺也应随之而变。

从公式 $\lambda_u = \dfrac{\lambda_L}{\lambda_t}$ 中可以看出，要改变流速比尺，则需改变模型的时间比尺（表 4-23）。

建立模型时间比尺与盐度比尺的关系：

$$\lambda_t=\frac{\lambda_L}{\lambda_s\lambda_h^{1/2}} \tag{4-36}$$

表 4-23　　时间比尺、盐度比尺与空间比尺换算表

盐度/‰	盐度比尺	垂向比尺	平面比尺	时间比尺	原型 1 小时模型时间/s
10	3	50	1000	82	44
15	2	50	1000	100	36
20	1.5	50	1000	115	31
25	1.2	50	1000	129	28
30	1	50	1000	141	25

本次研究以30‰作为原型的原始盐度，从表 4-23 中可以看出盐度比尺越大，时间比尺就越小，模型中模拟原型一个小时的时间就越长。

1. 盐度对水槽流态的影响

表 4-24 记录了不同初始盐度条件下各测点表层、中层、底层最大流速。从整体来看，随着盐度的增大，各测点涨落潮最大流速均在减小。其原因主要在于盐度比尺的变换导致时间比尺的改变，如当盐度为 10‰时，模型运行一个时刻需要 44s，而当盐度为 15‰时，模型运行一个时刻需要 36s，依次类推，盐度越高，运行一个时刻所需时间越长，这意味着河口处高水位或低水位所持续的时间更长。涨潮时，河口处高水位持续，而河道上游水位较低，两端水位差造成水流持续向上游推进，流速可以持续增大，当盐度增大时，两端水位差较大的时间段缩小，流速尚未增至最大值时，便已开始落潮，造成该工况下最大流速减小。

表 4-24　　不同水深条件下各测点表层、中层、底层最大流速

位置	测点	1号					3号		
	盐度/‰	10	15	20	25	30	10	15	20
表层/(cm/s)	落潮	12.8	12.1	10.7	9.5	8.7	11.4	9.6	8.8
	涨潮	−3.0	−2.4	−1.9	−1.4	1.2	−5.2	−4.4	−4.0
中层/(cm/s)	落潮	10.8	7.7	4.9	3.9	4.6	10.7	9.6	8.4
	涨潮	−10.6	−7.5	−5.6	−5.5	−4.0	−5.4	−4.8	−4.2
底层/(cm/s)	落潮	9.5	7.2	4.7	3.8	2.8	7.8	7.8	7.0
	涨潮	−8.8	−6.7	−5.9	−5.7	−5.2	−4.4	−4.4	−4.0

位置	测点	3号		5号					
	盐度/‰	25	30	10	15	20	25	30	
表层/(cm/s)	落潮	9.5	6.3	11.7	11.3	9.9	8.7	7.8	
	涨潮	−1.4	−1.0	−7.2	−6.9	−6.7	−5.3	−4.8	
中层/(cm/s)	落潮	3.9	5.7	12.0	11.6	10.2	8.9	7.1	
	涨潮	−5.5	−2.0	−7.3	−7.0	−6.8	−5.4	−4.3	
底层/(cm/s)	落潮	3.8	3.5	10.7	10.3	9.0	7.9	6.4	
	涨潮	−5.7	−2.3	−8.4	−8.1	−7.8	−6.2	−3.6	

图 4-46～图 4-48 为各测点在初始盐度 10‰和初始盐度 30‰的条件下的表层、中层、底层流速过程线。从 1 号测点可以看出，初始盐度为 10‰的整体流速大于盐度为 30‰，10‰条件下的表层流速与 30‰表层流速只落不涨不一样，在涨潮时，在潮汐动力作用下，其表层也会出现涨潮流，在 3 号各种盐度工况下其表层、中层、底层流速趋于一致，在 5 号其流速过程线都几乎一样。

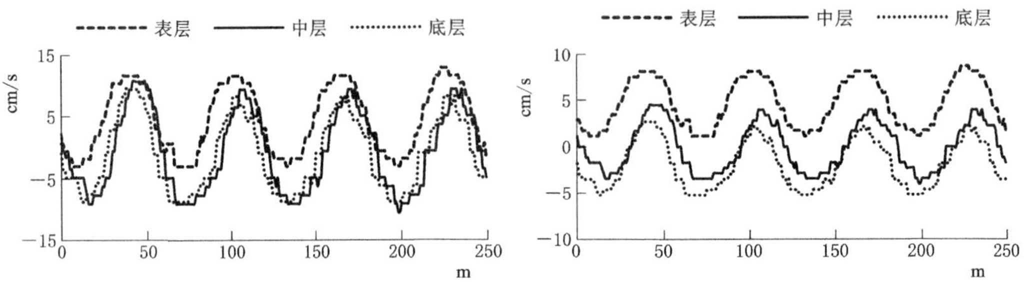

（a）盐度10‰　　（b）盐度30‰

图 4-46　不同盐度条件下 1 号测点表层、中层、底层流速过程线

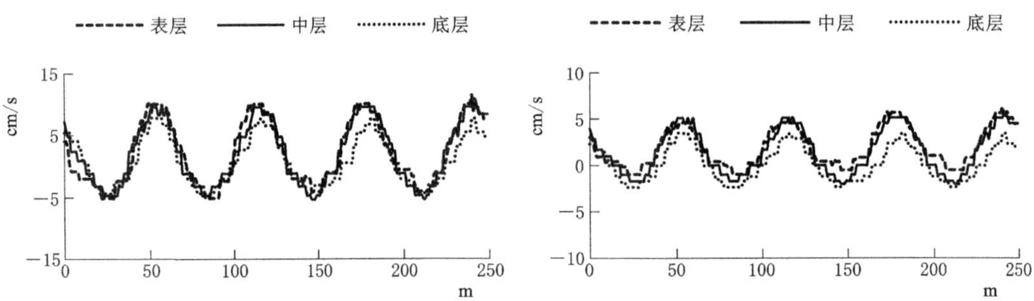

（a）盐度10‰　　（b）盐度30‰

图 4-47　不同盐度条件下 3 号测点表层、中层、底层流速过程线

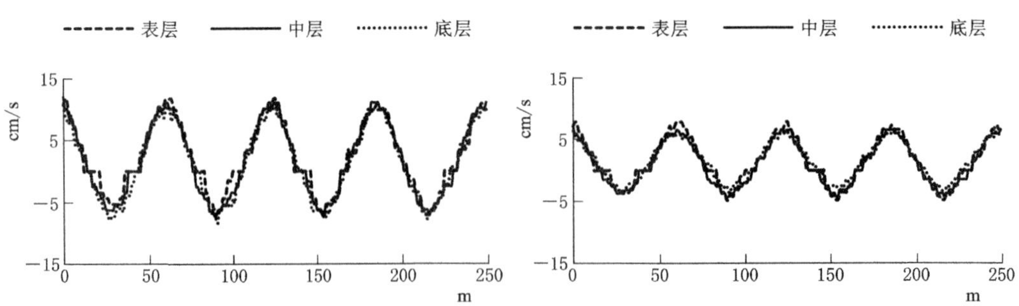

（a）盐度10‰　　（b）盐度30‰

图 4-48　不同盐度条件下 5 号测点表层、中层、底层流速过程线

2. 盐度对盐度分布的影响

盐度的改变导致盐水密度发生变化，形成盐水异重流，使得盐水上溯更快，更远。图 4-49～图 4-52 分别为初始盐度 10‰、15‰、20‰、25‰条件下涨憩的盐度分布图，总

体来看，初始盐度的变化对盐水上溯的影响主要有两个方面，一个是垂向分层，另外一个是纵向上溯距离。盐度越大，垂向分层越明显。由于盐度的增大，盐水相对密度增大，容易下沉至淡水底部，形成盐水楔，从底部上溯，如图 4-52 所示，在高盐水条件下，表底层盐度相差较大，底部盐度等值线形成楔状，从底部上溯；相反，在低盐水条件下，如图 4-49 所示，盐淡水混合较好，其表底层盐度相差不大。其盐度过程线比较顺直。当盐度逐渐增大，盐度等值线逐渐趋于平缓。盐水上溯距离随着初始盐度的增大而增大，盐水上溯距离的大小与其盐度大小有着重要的联系，当初始盐度增大，那么盐水的密度梯度力也增大，在重力和密度梯度力的共同作用下，高盐水能够从底部快速地上溯。即便底盐水时涨潮流速较大，但由于盐度较低，与下泄径流容易发生混合，降低盐度，导致后劲不足，无法继续上溯。

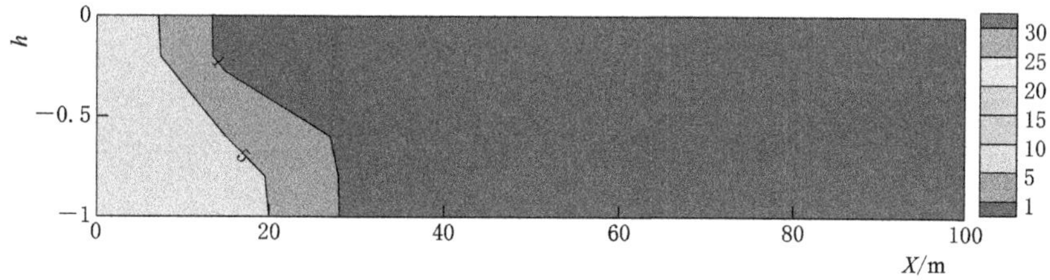

图 4-49　初始盐度 10‰条件下涨憩盐度分布图

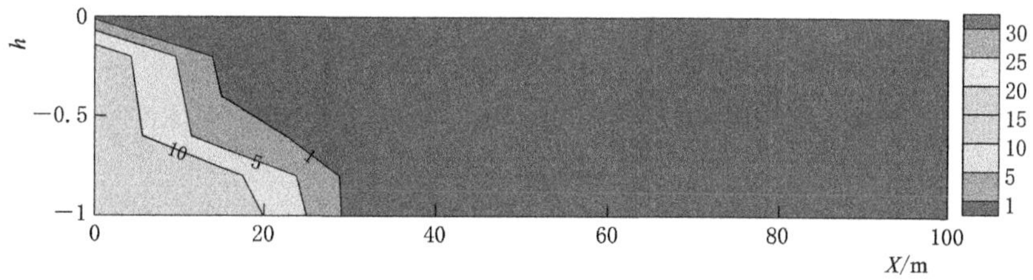

图 4-50　初始盐度 15‰条件下涨憩盐度分布图

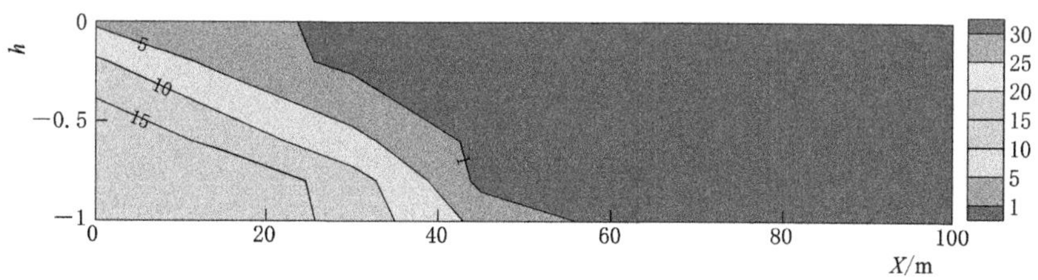

图 4-51　初始盐度 20‰条件下涨憩盐度分布图

3. 盐度对盐通量的影响

分析变化盐度条件下各测点盐通量的计算结果，T1 随着初始盐度的增大而增大，1 号从 2.7g 增至 7.5g，3 号从 0g 增至 4.2g，T2 变化不大。T5 不仅随着盐度的增大而增大，而且相对 T1 呈快速增长的趋势，因为初始盐度的增大会加大盐水和淡水之间的密度差，使得密度梯度力增大，所以环流增强。

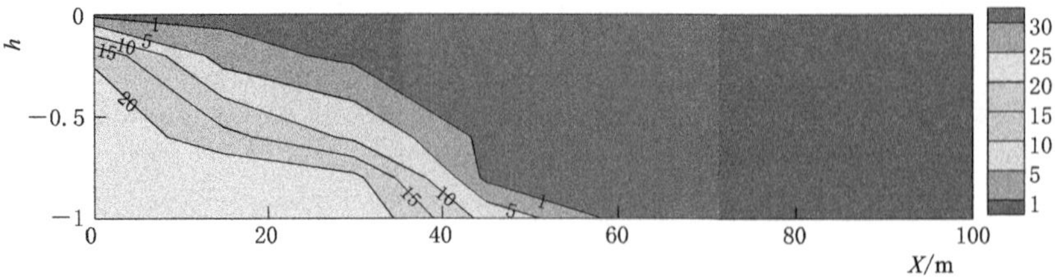

图 4-52　初始盐度 25‰条件下涨憩盐度分布图

表 4-25　变化盐度下各测点盐通量

位置	测点	1号					3号				
	盐度/‰	10	15	20	25	30	10	15	20	25	30
T1/g		2.7	4.8	4.0	5.7	7.5	0	0	1.9	2.9	4.2
T2/g		−0.8	−0.9	−1.0	−1.0	−0.9	0	0	−0.2	−0.3	−0.1
T5/g		−2.1	−7.1	−9.4	−15.2	−21.6	0	0	−1.2	−3.6	−5.8

4.3　小结

本章主要对咸潮水槽中不同工况下的水流特性和盐度分布进行研究，分别研究了潮差、径流、水深、盐度对盐水入侵的影响，试验结果表明：

（1）同一水深条件下，不同盐度的盐水楔前进时的密度弗劳德数相等；在同一盐度下，盐水楔在不同水深中前进时的密度弗劳德数并不一致，但与水体的宽深比有良好的线性关系。

（2）潮差对盐水入侵强度的增减主要体现在其是否破坏盐水楔的形态，若破坏其盐水楔形态，上溯强度将迅速降低。

（3）径流对咸潮的抑制效果随着流量的增大而增大。水深的加大则能够有效增加盐水上溯的通道，并使得上游径流的抑咸效果减弱，使得上溯效果增强。

第5章　珠江河口区盐水入侵过程数值模拟

珠江河口区河网纵横，水动力条件复杂，多叉河网体系使上游来水和潮汐过程存在较大不稳定性，导致盐水入侵过程异常复杂。本章基于FVCOM模型框架，构建珠江河口区盐水入侵数值模拟模型，研究径流、潮汐、河口拦门沙、风向等要素对盐水入侵的影响。

5.1　FVCOM模型基本原理

FVCOM模型是无结构三角形网格架构、有限体积、自由表面、三维原始方程海洋数值模型，源代码由美国麻州大学海洋科学技术学院陈长胜博士研究组开发。三角形网格可以灵活调节研究区域网格密度，非常适合河口海岸地区的研究。此外，FVCOM模型支持并行运算，可以显著提高模型计算效率[1]。在边界强迫中可以加入地转偏向力、潮汐、风场、波浪等，可以较好模拟各种情景下的水动力过程。

FVCOM模型利用水平三角形控制体进行通量有限体积积分的方式对控制方程进行离散求解，可以让岸线复杂多变的河口海湾及海洋计算中的动量、盐度、质量、温度及热量的守恒性。模型对边界线设置拟和与通量运算方式上的优点使其得以运用到海湾河口地区大量研究，其模拟考虑了盐度温度斜压场、风场压迫、潮汐压迫、径流输入各种边界要素等，程香菊和詹威（2010）[2]、邹华志（2010）[3]、陈文龙等（2014）[4]、刘祖发等（2017）[5] 等先后基于FVCOM模型展开了对珠江口水动力学研究，均验证了FVCOM模型在珠江口的适用性较好。

5.1.1　FVCOM模型球面坐标系本原方程

FVCOM模型最初是局部平面坐标系编码，在平面坐标系中，科里奥利参数 f 随纬度变化，但由于地球的球形而产生的曲率项不包括在动量方程中。因此，它适用于区域应用，不适用于全球范围的研究。为了使FVCOM在区域或全球应用中具有灵活性，本书选用球面坐标下FVCOM水动力模型。球面坐标三维模式下的控制方程在FVCOM手册中给出。

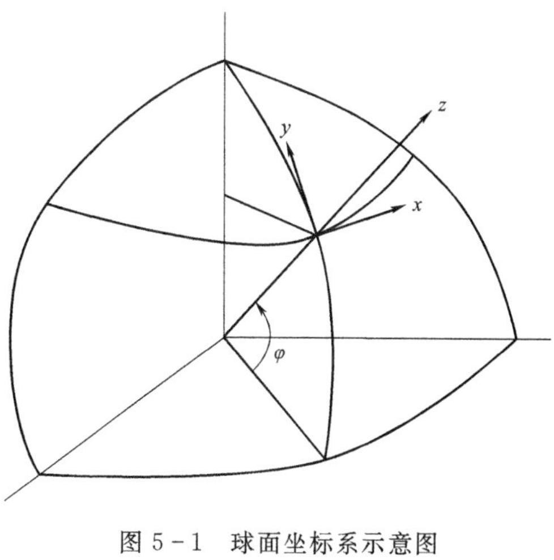

图5-1　球面坐标系示意图

在球面坐标系中，使用 x、y、z 坐标代表位置（图5-1），x（向东为正）和

y（向北为正）坐标表示为：

$$x=R\cos\varphi(\lambda-\lambda_0),y=R(\varphi-\varphi_0) \tag{5-1}$$

式中：R 为地球半径；λ 为经度；φ 为纬度；λ_0 和 φ_0 分别为参考经度和纬度。垂直坐标 z 垂直于地球表面，向上方向为正。

球面坐标三维模式下的内模通量控制方程如下：

$$\frac{\partial u}{\partial t}+\frac{1}{R\cos\varphi}\left[\frac{\partial u^2 J}{\partial\lambda}+\frac{\partial uvJ\cos\varphi}{\partial\varphi}\right]+\frac{\partial u\tilde{\omega}}{\partial\sigma}+\frac{uvJ}{R}\tan\varphi-\frac{wuJ}{R}-fvJ-JF_u=-\frac{gJ}{R\cos\varphi}\frac{\partial\zeta}{\partial\lambda}-\frac{J}{\rho_0 R\cos\varphi}\frac{\partial p_a}{\partial\lambda}-\frac{gJ}{\rho_0 R\cos\varphi}\left[\int_r^0 J\left(\frac{\partial\rho}{\partial\lambda}+\frac{\partial\rho}{\partial r'}\frac{\partial r}{\partial\lambda}\right)\mathrm{d}r'\right]-\frac{1}{\rho_0}\left(\frac{1}{R\cos\varphi}\frac{\partial qJ}{\partial\lambda}+\frac{\partial qA_1}{\partial r}\right)+\frac{\partial}{\partial r}\left(\frac{Km}{J}\frac{\partial u}{\partial r}\right) \tag{5-2}$$

$$\frac{\partial v}{\partial t}+\frac{1}{R\cos\varphi}\left[\frac{\partial uvJ}{\partial\lambda}+\frac{\partial v^2 J\cos\varphi}{\partial\varphi}\right]+\frac{\partial v\tilde{\omega}}{\partial\sigma}+\frac{u^2 J}{R}\tan\varphi-\frac{wvJ}{R}-fuJ-JF_v=-\frac{gJ}{R}\frac{\partial\zeta}{\partial\varphi}-\frac{J}{\rho_0 R}\frac{\partial p_a}{\partial\varphi}-\frac{gJ}{\rho_0 R}\left[\int_r^0 J\left(\frac{\partial\rho}{\partial\varphi}+\frac{\partial\rho}{\partial r'}\frac{\partial r}{\partial\varphi}\right)\mathrm{d}r'\right]-\frac{1}{\rho_0}\left(\frac{1}{R}\frac{\partial qJ}{\partial\varphi}+\frac{\partial qA_2}{\partial r}\right)+\frac{\partial}{\partial r}\left(\frac{K_m}{J}\frac{\partial v}{\partial r}\right) \tag{5-3}$$

$$\frac{\partial wJ}{\partial t}+\frac{1}{R\cos\varphi}\frac{\partial uwJ}{\partial\lambda}+\frac{1}{R}\frac{\partial vwJ}{\partial\varphi}+\frac{\partial uw}{\partial r}+\frac{u^2+v^2}{R}=-\frac{1}{\rho_0}\frac{\partial q}{\partial r}+\frac{\partial}{\partial r}\left(\frac{K_m}{J}\frac{\partial w}{\partial r}\right)+JF_w \tag{5-4}$$

$$\frac{1}{r\cos\varphi}\left[\frac{\partial uJ}{\partial\lambda}+\frac{\partial vJ\cos\varphi}{\partial\varphi}\right]+\frac{\partial uA_1}{\partial r}+\frac{\partial uA_2}{\partial r}+\frac{\partial w}{\partial r}=0 \tag{5-5}$$

$$\frac{\partial TJ}{\partial t}+\frac{1}{r\cos\varphi}\left[\frac{\partial TuJ}{\partial\lambda}+\frac{\partial Tv\cos\varphi J}{\partial\varphi}\right]+\frac{\partial T\omega}{\partial r}=\frac{1}{J}\frac{\partial}{\partial r}\left(K_h\frac{\partial T}{\partial r}\right)+J\hat{H}+JF_T \tag{5-6}$$

$$\frac{\partial SJ}{\partial t}+\frac{1}{r\cos\varphi}\left[\frac{\partial SuJ}{\partial\lambda}+\frac{\partial Sv\cos\varphi J}{\partial\varphi}\right]+\frac{\partial S\omega}{\partial r}=\frac{1}{J}\frac{\partial}{\partial r}\left(K_h\frac{\partial S}{\partial r}\right)+JF_S \tag{5-7}$$

$$\rho=\rho(\theta,S,p) \tag{5-8}$$

式中：u、v、w 分别为速度的经度、纬度、垂直分量；ω 为广义地形跟随坐标下的垂直速度；T 为水温；S 为盐度；P 为压强；f 为柯氏力；g 为重力加速度；K_m 为垂直涡流黏性系数；K_h 为使用湍流闭合模型计算的热扩散系数；F_u、F_v 分别为水平动量；F_S 为盐扩散量，水平扩散采用 Smagorinsky 涡参数化方法计算。

5.1.2 表面强迫与底摩阻系数

表面强迫与底摩阻系数对 u、v、w 控制方程：

$$K_m\left(\frac{\partial u}{\partial z},\frac{\partial v}{\partial z}\right)=\frac{1}{\rho_0}(\tau_{sx},\tau_{sy}),w=\frac{\partial\zeta}{\partial t}+u\frac{\partial\zeta}{\partial x}+v\frac{\partial\zeta}{\partial y}+\frac{E-P}{\rho},z=\zeta(x,y,t) \tag{5-9}$$

$$K_m\left(\frac{\partial u}{\partial z},\frac{\partial v}{\partial z}\right)=\frac{1}{\rho_0}(\tau_{bx},\tau_{by}),w=-u\frac{\partial H}{\partial x}-v\frac{\partial H}{\partial y}+\frac{Q_b}{\Omega},z=-H(x,y) \tag{5-10}$$

式中：（τ_{sx}，τ_{sy}）和（τ_{bx}，τ_{by}）为表面风和底部应力的 x 和 y 分量；Q_b 为底部和底部的地下水通量；Ω 为地下水源的面积；H 为底部深度（相对于 $Z=0$）；ζ 为自由表面的高度。

通过在底部至自由表面的高度 Z_{ab} 处将对数底层与模型匹配来确定阻力系数 C_d，表征底层河（海）床对底层流体的阻力大小，即：

$$C_d = \max\left(k^2/\ln\left(\frac{z_{ab}}{z_0}\right)^2, 0.0025\right) \tag{5-11}$$

式中：k 为冯卡门常数，$k=0.4$；z_0 为底部粗糙度参数。

5.1.3 湍流闭合模型

1. 水平扩散系数

在 FVCOM 模型中，可以选择使用水平扩散系数的常量值和使用 Smagorinsky 涡流参数化方法[6]。Smagorinsky 动量的水平扩散系数为

$$A_m = 0.5C\Omega^u\sqrt{\left(\frac{\partial u}{\partial x}\right)^2 + 0.5\left(\frac{\partial v}{\partial x}+\frac{\partial u}{\partial y}\right)^2 + \left(\frac{\partial v}{\partial y}\right)^2} \tag{5-12}$$

式中：C 为常数；Ω^u 为单个动量控制网格的面积。A_m 值随模型分辨率和水平速度梯度的变化而变化：随着网格大小或水平速度梯度的减小而减小。

2. 垂直涡流黏度和热扩散系数

FVCOM 模型具有多种选择的海洋湍流闭合模型，可用于垂直涡流黏度和垂直热扩散系数的参数化。FVCOM 模型默认使用 MY-2.5 模型的更新版本，其中包括：①Galperin 等（1988）[7] 提出的稳定性函数的上限和下限；②由 Mellor 和 Blumberg（1985）[8] 在地表风驱动的面波破裂引起的湍流能量输入和内波参数化；③Nakanishi 和 Niino（2004）[9] 改进了强分层区域中压力-应变协方差和剪切不稳定性引起的混合的参数化。在 MY-2.5 方程中使用紊流动能与湍流动能耗散率来将湍流系数参数化，原始 MY-2.5 的简要说明如下：

在边界层中，将湍流动能的剪切力简化为边界附近水平流的垂直剪切产生，方程可以简化为

$$\frac{\partial q^2}{\partial t} + u\frac{\partial q^2}{\partial x} + v\frac{\partial q^2}{\partial y} + w\frac{\partial q^2}{\partial z} = 2(P_s + P_b - \varepsilon) + \frac{\partial}{\partial z}\left(K_q\frac{\partial q^2}{\partial z}\right) + F_q \tag{5-13}$$

$$\frac{\partial q^2 l}{\partial t} + u\frac{\partial q^2 l}{\partial x} + v\frac{\partial q^2 l}{\partial y} + w\frac{\partial q^2 l}{\partial z} = lE_1\left(P_s + P_b - \frac{\widetilde{W}}{E_1}\varepsilon\right) + \frac{\partial}{\partial z}\left(K_q\frac{\partial q^2 l}{\partial z}\right) + F_l \tag{5-14}$$

$$P_s = K_m(u_z^2 + v_z^2) \tag{5-15}$$

$$P_b = (gK_h\rho_z)/\rho_0 \tag{5-16}$$

式中：q 为紊流动能，$q^2=(u'^2+v'^2)/2$；l 为紊流宏观尺度；K_q 为紊流动能的垂直涡扩散系数；F_q 和 F_l 分别为紊流动能和宏观尺度的水平扩散；P_s 和 P_b 分别为紊流的剪切和浮力产生项动能；ε 为湍流动能耗散率。ε 的计算方程为

$$\varepsilon = q^3/B_1 l \tag{5-17}$$

W 为壁面邻近函数，其计算方程为

$$W = 1 + E_2 l^2/(\kappa L)^2 \tag{5-18}$$

$$L^{-1} = (\partial l - z)^{-1} + (H + z)^{-1} \tag{5-19}$$

式中：H 为平均水深；κ 为自由面高程。一般来说，F_q 和 F_l 尽可能小，以减少水平扩散对溶液的影响；F_q 和 F_l 使用 Smagorinsky 公式进行参数化，且湍流闭合模型可以在 F_q

和 F_l 都设置为零的情况下运行。

5.2　盐水入侵数值模拟模型构建

5.2.1　模型边界条件设置

5.2.1.1　河道岸线以及水深

模型所用的珠江河口区海岸线来源于 NOAA 站点的 shoreline，地图比例为 1：20000，海洋水深取自于 ETOPO1 Global Relief Mode，精度为 1 弧分，该站点是由美国国家海洋与大气管理局（NOAA）海岸管理办公室与 NOAA 的国家大地测量局，海岸测量局以及美国地质调查局和国家地理空间情报局合作开发和设计[10]；所用的测站磨刀门水道河道地形数据、水深数据皆为 2010 年地形实测数据，河道地形数据精度为 1：5000，使用无人船多波束测深系统测量转化为 CAD 资料，坐标为局域投影坐标系，高程为珠基，在 Arcgis 转化为统一的 WGS1984 球坐标系，并统一基准为平均海平面的高程输入为 XYZ 文件。

5.2.1.2　站点盐度、水位与流速

研究所用的磨刀门水道上游断面流量数据以及各测站点逐时潮位、盐度数据、流速流向数据来源于河道实际布测数据，共包含了磨刀门水道沿程 5 个站点 2005 年 1 月 18 日 0 时—30 日 20 时的实测数据。河道流量是上游河流边界所需要的必需数据，而潮位、盐度、流速流向数据是模型验证所需数据。沿着河口由下游至上游，设置 5 个测站站点，按序为：大横琴、挂定角、灯笼山、竹排沙、平岗。第 1 个测站大横琴站点接近磨刀门水道口门，距离外海较近，约 2.8km，第 5 个测站平岗站点距离河口较远，约 34.3km，测站跨度较大有良好的代表性，5 个测站的位置信息见表 5-1 与图 5-3。

表 5-1　　测站位置信息

测站名称	纬　度	经　度	距离河口/km
大横琴	22°4′51″N	113°28′5″E	2.8
挂定角	22°11′34″N	113°25′3″E	16.2
灯笼山	22°14′01″N	113°23′29″E	21.9
竹排沙	22°17′51″N	113°20′55″E	28.2
平岗	22°19′58″N	113°19′14″E	34.3

5.2.1.3　风场驱动

所用的风场数据来自欧洲中期天气预报中心（European Centre for Medium-Range Weather Forecasts，ECMWF）的高程为 10m 的大气风速。ECMWF 是一个由 34 个国家支持的国际组织，ECMWF 所提供的风场数据均来自国际共享观测数据以及再分析数据。从 ECMWF 获取的风场数据精度为 0.1°，时均为 6h 的高程为 10m 的风速，插值至 FVCOM 的每个网格中心驱动 FVCOM。

5.2.1.4　初始盐度与温度

研究所用的所有海域盐度数据来自 HYCOM（混合坐标海洋模型）观测在分析数据。

HYCOM联合会是由美国国家海洋伙伴计划（NOPP）赞助的多机构合作项目，作为美国全球海洋资料同化实验（GODAE）的一部分，开发和评估数据同化混合等密度西格玛压力（广义）坐标海洋模式（称为混合坐标海洋模式或HYCOM）。GODAE的目标是实时以高分辨率对海洋状态进行三维描绘，为沿海和区域模式提供边界条件，并为全球海气耦合预报模式提供海洋边界条件，代表着广泛的海洋学界的机构的伙伴关系正在处理这些问题。

该系统针对HYCOM 2.2动力学模型针对全球海洋进行了配置。输出统一的精度为0.08°网格结果。系统数据分为了32个垂直分层，包含了全球从0～5000.0 m的数据，水深测量来自精度为30弧秒的GEBCO数据集。强迫原始数据来自美国国家环境预测中心（NCEP）与美国国家气候预测系统再分析（CFSR）每小时一次，水平分辨率为0.3125°。由于输入强迫的时间频率，数据精度问题得到了充分的解决。

从HYCOM再分析数据中取得研究区域的盐度数据，并插值到每个网格定点作为海洋的盐度初始条件，此外，河道内盐度初始数据为0‰。

5.2.1.5 潮汐驱动

通过俄勒冈大学提供的TMD程序包提取M2、O1、S2、K2、N2、K1、P1、Q1驱动海洋边界的潮汐强迫。TMD是一个Matlab软件包，用于访问ESR/OSU高纬度潮汐模型族的谐波成分，并对潮位和潮流进行预测。TMD包括两个组件：①一个图形用户界面（GUI），用于快速浏览潮汐场、放大感兴趣的区域，并为特定变量的预测选择点和时间范围；②一组用于访问潮汐场和进行预测的脚本，该软件包可从1/4°的数据源中提取所需要点的分潮数据。

FVCOM模型已纳入Foreman[11]潮汐预报程序，以计算初始条件和开放边界上的实际潮汐高程数据，模型中最多可包含8个潮汐调和分量，计算公式为

$$\zeta_0 = \overline{\zeta_0} + \sum_{i=1}^{N_0} \hat{\zeta}_i \cos(\omega_i t - \theta_i) \tag{5-20}$$

式中：ζ_0为相对于静止水位的平均高程；$\hat{\zeta}_i$、ω_i、θ_i分别为第i个潮汐分量的振幅、频率和相位；N_0为潮汐成分的总数，在当前版本的FVCOM中设置为8。不过，这个数字可以根据用户的需要增加。8个包含的潮汐成分是：①S2潮汐（周期＝12h）；②M2潮汐（周期＝12.42h）；③N2潮汐（周期＝12.66h）；④K2潮汐（周期＝11.97h）；⑤K1潮汐（周期＝23.94h）；⑥P1潮汐（周期＝24.06h）；⑦O1潮汐（周期＝25.82h）；⑧Q1潮汐（周期＝26.87h）。

5.2.2 模型构建与验证

5.2.2.1 模型构建与参数设置

模型河流上游边界取至天河站，外海边界取至约500m等深线处，河道下游包含西江蕉门、洪奇门、横门、磨刀门水道4个河口，模型网格的纬度跨度为20.01°N～22.53°N，经度跨度为111.05°E～116.37°E，南北长约300km，东西宽约600km（图5-2）。模型网格选取的非结构三角网格，外海海域等较为广阔区域使用较大的三角形网格，河道河网地区使用较为精密的三角形网格。根据磨刀门水道河口以及附近海岸线特点，网格逐渐由

密至疏，模型网格共包含 20573 个网格点，构成 38006 个三角形网格，网格最大精度约为 15km，最小网格精度约为 100m，模型垂向 Sigma 分层均分为为 10 层。

图 5-2　模型网格范围

图 5-3　珠江河口区网格及测站位置

由于研究河口区范围内分布许多浅滩与海岛，浅滩与海岛地形边界在涨落潮过程中会发生海洋边界至陆地边界之间的相互转化。模型采用 FVCOM 干湿网格技术对模型范围内浅滩与海岛进行模拟，当网格模拟运行水深等于 0 时将自动转化为陆地边界；水深大于 0 时，网格自动变为水域网格，可以较好符合实际河口地区浅滩与海岛在涨潮时淹没、落潮期间出露的过程。

模型上边界采用天河测站的实测流量作为流量边界，当选择流量作为上边界时，上游的初始盐度设定为 0.008‰，水温设定为 15℃；下边界采用外海潮汐 M2、O1、S2、K2、N2、K1、P1、Q1 共 8 个调和常数演算的潮位作为水位边界，风场数据由 ECMWF 的高程 10m 的大气风速（精度为 0.1°）插值到每个网格中心上方，初始盐度以及初始温度由 HYCOM 提供的精度为 0.08°海洋温盐数据插值到各个网格点上，外海初始温度与盐度分布见图 5-4 和图 5-5。

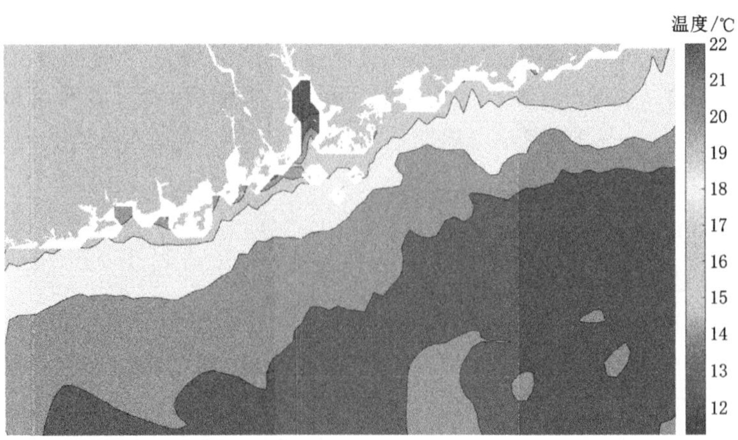

图 5-4　南海 2005 年 1 月水温分布

图 5-5 南海 2005 年 1 月盐度分布

模型设置为冷启动，在模型中开启了 FVCOM 斜压模式，模型运行中包含了求解盐度温度的对流扩散方程，模型采用干湿网格用以稳定模型，保证物质扩散方程中迁移物量的守恒，初始水位流速为 0m/s；水平涡黏系数设置为 0.2，垂直涡黏系数设置为 1×10^{-6}，选用 closure 模式，根据珠江河口文献研究以及模型调试，底部粗糙度参数设置为 0.025 求解底摩擦系数[12-13]；模型计算时间步长为 3s，为了使温盐场以及流场达到稳定，模型提前运行 20 日。模型上游流量边界条件见图 5-6，挂定角潮位过程见图 5-7。

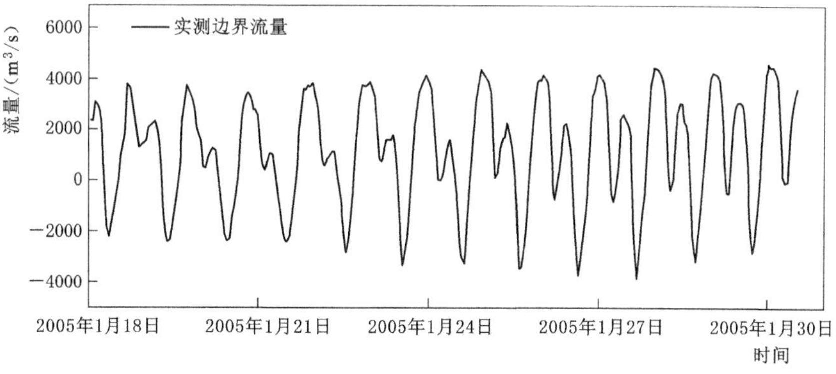

图 5-6 模型上游流量边界条件

5.2.2.2 模型验证

模型验证时间取 2005 年 1 月 18—31 日逐时河道断面实测数据，该时段中国海平面比常年高约 70mm，马口站上游枯季平均流量为 $2020m^3/s$，较枯季平均流量少 40%，属偏枯时段，其盐水入侵具有较好典型性[14-15]。

河口区盐水入侵三维数值模型验证包含了潮位、表底层流速流向、表底层盐度指标。模型精度规范使用水利部《水利工程水利计算规范》(SL 104—2015)，其具体的规范要求如下：

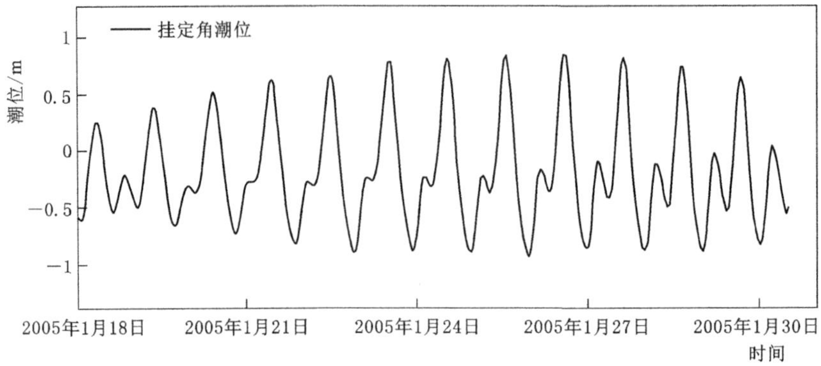

图 5－7　挂定角潮位过程

（1）水位验证：按照最大偏差不超过 SL 104—2015 规范的要求，潮位的相对误差应小于潮汐周期的 1/12 或 1h，峰谷值误差应不大于 10～20cm。

（2）盐度验证：目前国内对于盐度验证精度尚无规范规定，考虑到咸潮运动与泥沙同属于密度分层流，并在数学提法上存在相似性，可以参考数学模型对于泥沙验证的有关要求，即潮段平均盐度允许偏差为±30％。

（3）流速验证：相位误差应小于潮汐周期的 1/8 或 1.5h，峰谷值误差绝对值一般应不大于涨、落潮最大流速绝对值之和的 10％～20％。

1. 水位验证

水位验证点选择大横琴、挂定角、灯笼山、竹排沙 4 个站点，验证数据结果见表 5－2 与图 5－8。

表 5－2　各站点（大横琴、挂定角、灯笼山、竹排沙）水位验证及水位纳什系数

站点	低潮位			高潮位			纳什系数 NSE
	模拟潮位 /m	实测潮位 /m	误差 /m	模拟潮位 /m	实测潮位 /m	误差 /m	
大横琴	−1.04	−1.15	0.11	0.82	0.92	−0.10	0.944
挂定角	−0.93	−1.09	0.16	0.85	0.9	−0.05	0.946
灯笼山	−0.94	−1.06	0.12	0.79	0.93	−0.14	0.893
竹排沙	−0.97	−1.10	0.13	0.74	0.88	−0.14	0.842

验证结果表明，模拟水位与实际水位较为符合，相位差在 1h 内，纳什系数均大于 0.80，表明水位数据高度相关。靠近河口的大横琴与挂定角的水位验证更为准确，误差查均在±10cm 内，河网深处内的灯笼山与挂定角站点潮位峰值误差也在±15cm 内。

2. 盐度验证

盐度验证点选择挂定角、灯笼山和竹排沙 3 个站点。受实测数据限制，验证挂定角站点与竹排沙站点的断面平均盐度、底层盐度、以及表面盐度，灯笼山站点仅验证断面平均盐度。验证数据结果见表 5－3、图 5－9～图 5－11。

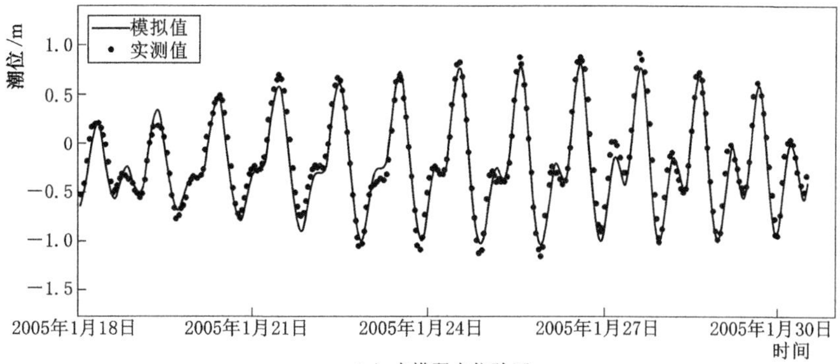

（a）大横琴水位验证

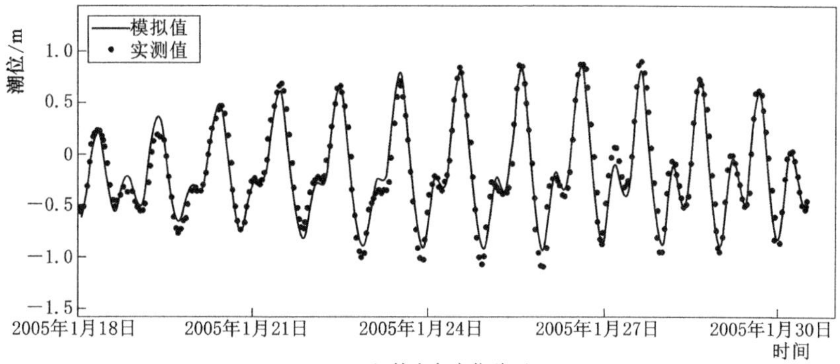

（b）挂定角水位验证

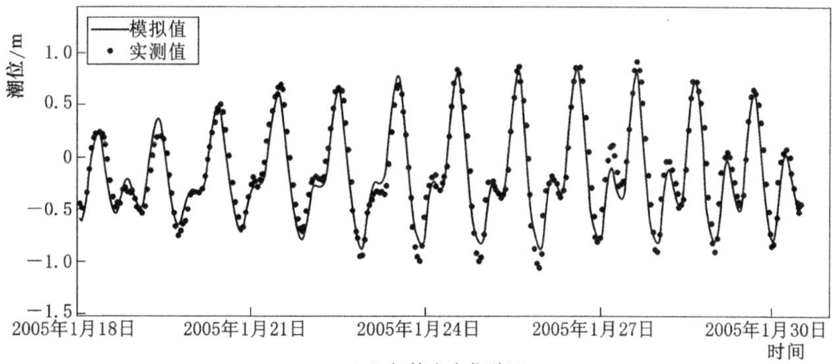

（c）灯笼山水位验证

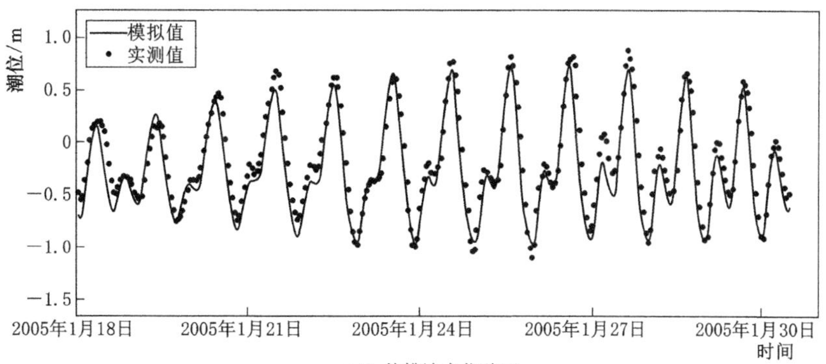

（d）竹排沙水位验证

图 5-8 各站点（大横琴、挂定角、灯笼山、竹排沙）水位验证

模型盐度验证纳什系数均在 0.73 以上，相关性较为良好，变化趋势与原型基本一致。总体上盐度验证的误差率比潮位与流速更大，误差率范围为 10.23%～23.63%。由于河道内盐度受众多边界要素的作用，而目前有些要素无法在 FVCOM 模型中表达。此外，FVCOM 水动力模拟运行中复杂湍流情景下的模拟有一定误差，因此盐度验证相对于潮位与流速更难拟合。模型盐度运算结果符合盐度验证的规范标准，表明模型可以较好反演河口盐度场的演变过程，达到研究的要求。

表 5-3　盐度验证数据

站点	分层	模拟平均盐度/‰	实测平均盐度/‰	误差率/%	纳什系数 NSE
挂定角	断面平均	6.763	8.264	−18.16	0.731
	表层	3.937	5.156	−23.63	0.768
	底层	10.204	11.367	−10.23	0.732
灯笼山	断面平均	2.870	3.548	−19.09	0.812
竹排沙	断面平均	2.631	3.374	−22.01	0.885
	表层	1.985	1.546	22.11	0.949
	底层	4.759	3.834	19.43	0.803

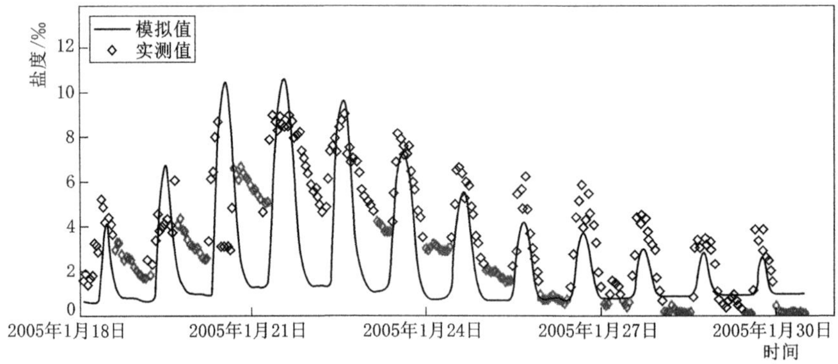

图 5-9　灯笼山盐度验证

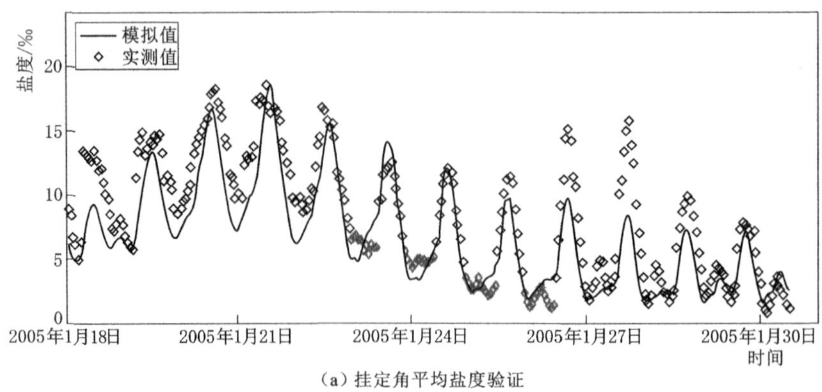

(a) 挂定角平均盐度验证

图 5-10（一）　挂定角盐度验证

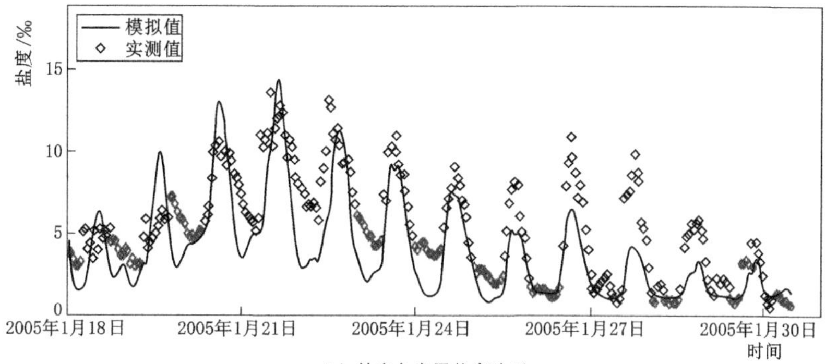

（b）挂定角表层盐度验证

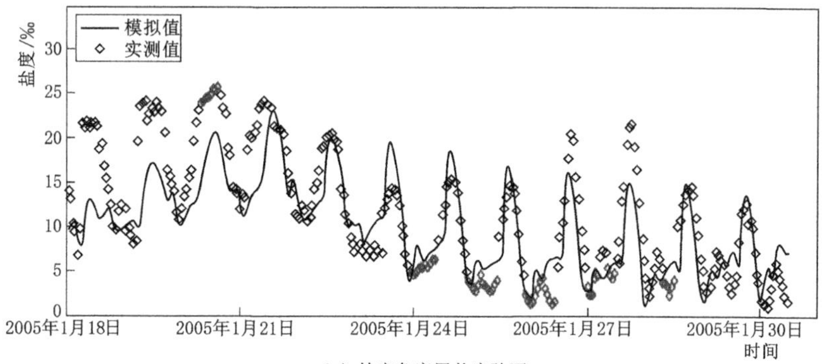

（c）挂定角底层盐度验证

图 5-10（二） 挂定角盐度验证

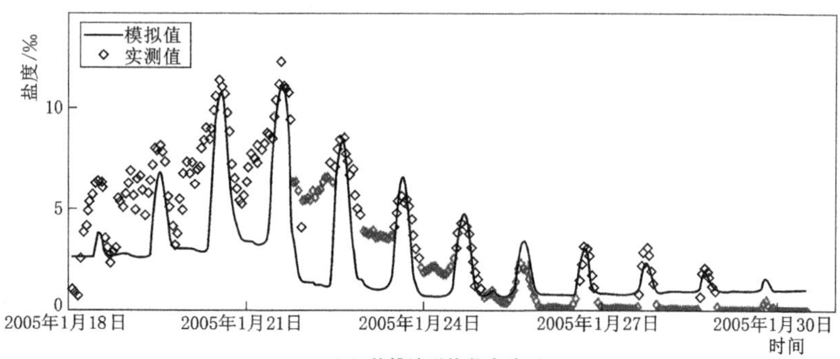

（a）竹排沙平均盐度验证

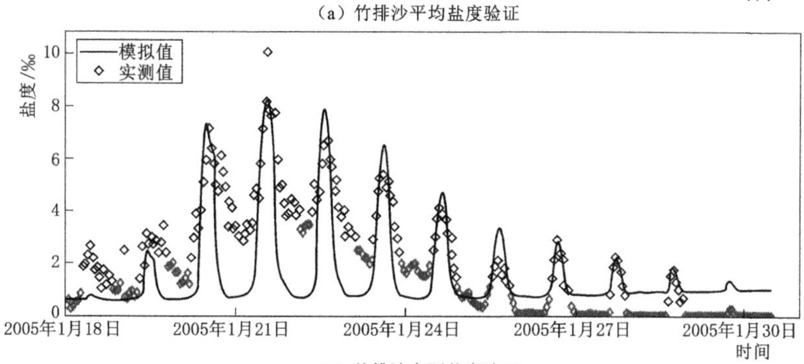

（b）竹排沙表面盐度验证

图 5-11（一） 竹排沙盐度验证

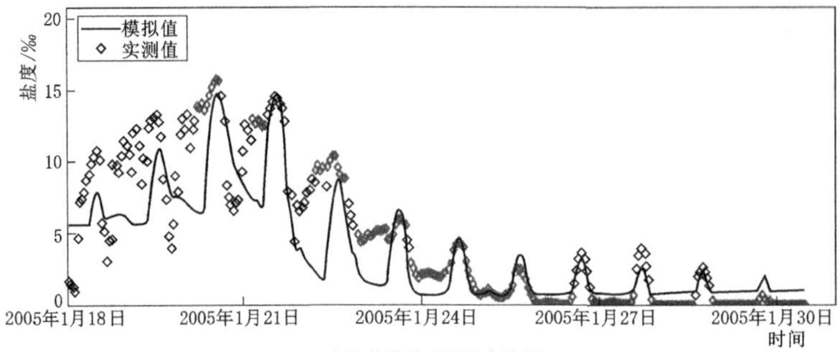

(c) 竹排沙底层盐度验证

图5-11(二) 竹排沙盐度验证

3. 流速验证

流速验证点选择挂定角、竹排沙两个站点,验证两站点的断面平均流速、底层流速、以及表面流速。验证数据结果见表5-4、图5-12和图5-13。

表5-4 各站点(挂定角、竹排沙)底表流速验证及纳什系数

站点	分层	落急			涨急			纳什系数 NSE
		模拟平均流速 /(m/s)	实测平均流速 /(m/s)	误差率	模拟平均流速 /(m/s)	实测平均流速 /(m/s)	误差率	
挂定角	断面平均	0.194	0.204	−4.90%	−0.091	−0.080	12.09%	0.8
	表层	0.273	0.303	−9.90%	−0.094	−0.082	12.77%	0.84
	底层	0.112	0.12	−6.67%	−0.104	−0.099	4.81%	0.67
竹排沙	断面平均	0.264	0.267	−1.12%	−0.138	−0.122	11.59%	0.78
	表层	0.333	0.326	2.15%	−0.128	−0.128	0.00%	0.79
	底层	0.197	0.197	0.00%	−0.149	−0.127	14.77%	0.69

模拟流路流向与实测保持一致,挂定角断面与竹排沙断面平均流速与表层流速的纳什系数都在0.80附近,呈高度相关;由于底层流速负数更多,纳什系数容易受到较大的影响,相对于表层流速验证效果稍差,但底层流速纳什系数分别为0.67与0.69,均高于0.60,中度相关;落潮与涨潮的流速误差率均在15%以内,符合规范20%以内的流速验证要求。

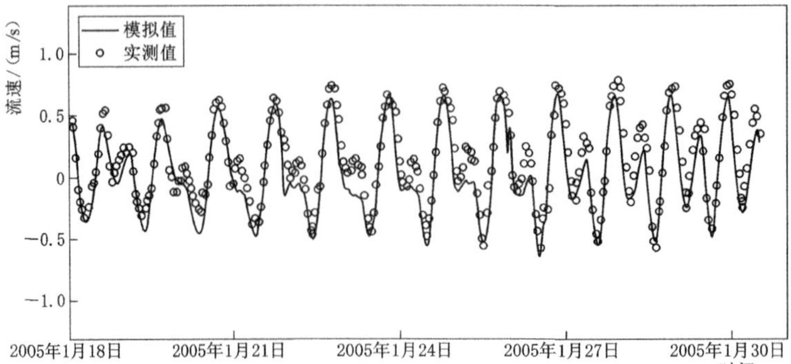

(a) 挂定角平均流速验证

图5-12(一) 挂定角平均流速、表层、底层流速验证

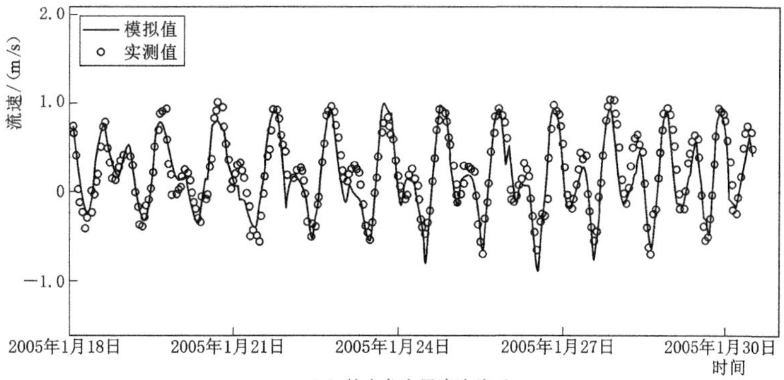

(b) 挂定角表层流速验证

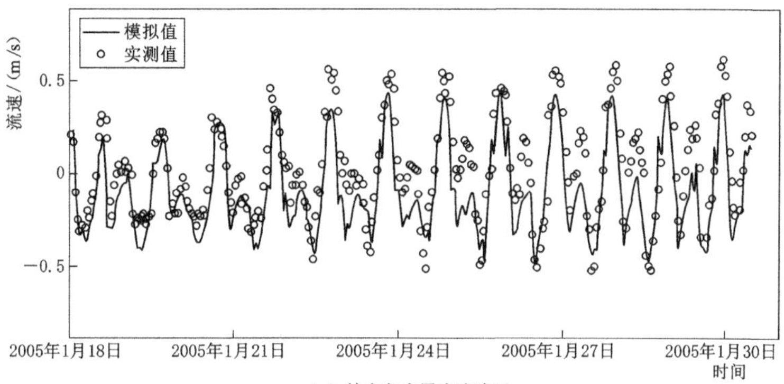

(c) 挂定角底层流速验证

图 5-12(二) 挂定角平均流速、表层、底层流速验证

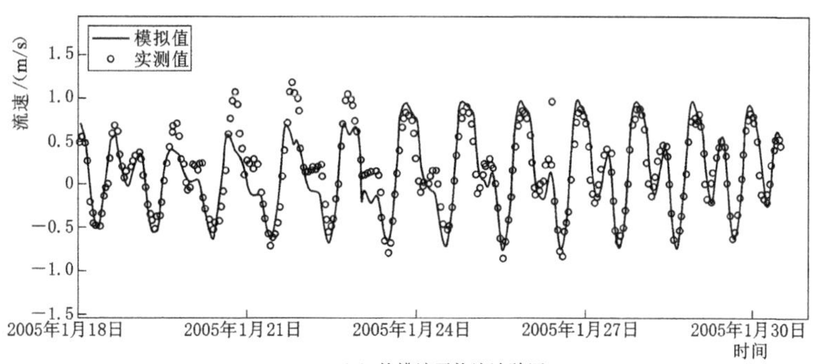

(a) 竹排沙平均流速验证

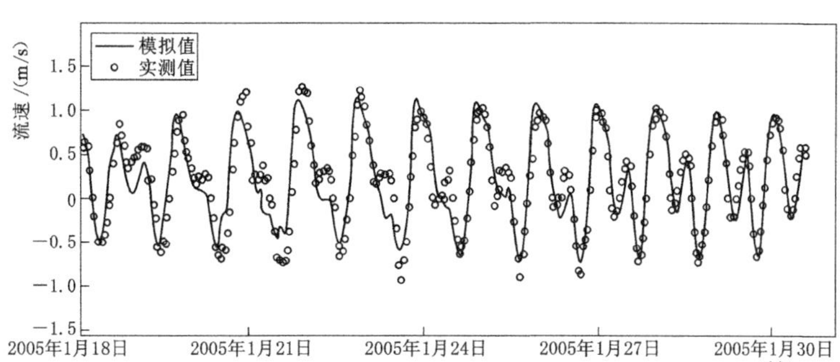

(b) 竹排沙表层流速验证

图 5-13(一) 竹排沙平均、表层、底层流速验证

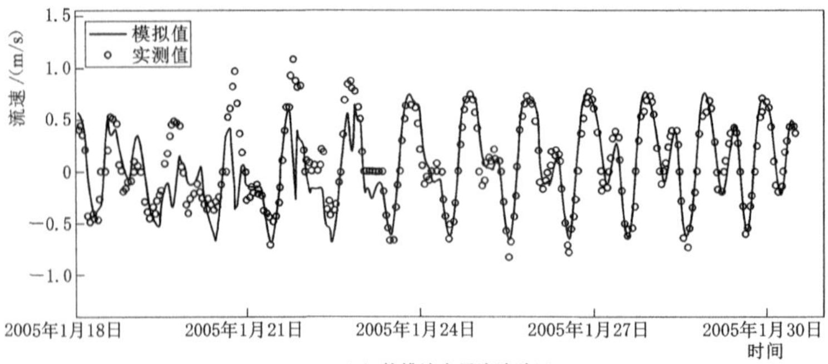

（c）竹排沙底层流速验证

图 5-13（二）　竹排沙平均、表层、底层流速验证

5.3　河口区盐水入侵驱动机制分析

近年来磨刀门水道盐水入侵河道内盐度增高、咸潮持续时间增长，而受人为因素影响，拦门沙演变、径流边界演变、海平面演变和风速风向演变等边界条件演变较快，这些边界条件将会影响盐水入侵。本章在率定和验证完毕的 FVCOM 三维数学模型上，基于珠江河口边界演变情况设置工况，设置不同的边界条件来探讨这些边界条件的演变会对磨刀门水道盐水入侵的影响。

5.3.1　盐水入侵工况设置

共设置 9 种工况来模拟磨刀门水道拦门沙、径流、海平面上升、风速风向边界因素变化对盐水入侵的影响。工况一作为基本对照组，选取磨刀门水道枯水期，UTC 时间为 2005 年 1 月 18 日 01 时—30 日 12 时（共 300h），马口站流量平均值为 1256m^3/s，为极端枯水情景；外海潮位为典型的不规则半日潮，每日有两次涨落潮过程，平均潮差为 0.96m。具体工况设置见表 5-5。

表 5-5　　磨刀门水道盐水入侵情景对比组合

工况组合	工况类别	边界条件	控制条件
对照组	工况一	2005 年实际流量+2005 年典型潮位过程+2005 年观测风场+2005 年实际地形	无
组合一	工况二	2005 年实际流量+2005 年典型潮位过程+2005 年观测风场	疏通拦门沙至 4m 深
	工况三		疏通拦门沙至 7m 深
组合二	工况四	2005 年典型潮位过程+2005 年观测风场+2005 年实际地形	流量减少 2.5%
	工况五		流量减少 5%
组合三	工况六	2005 年实际流量+2005 年典型潮位过程+2005 年实际地形	无风
	工况七		北风风速 5m/s
组合四	工况八	2005 年实际流量+2005 年观测风场+2005 年实际地形	海平面上升 20cm
	工况九		海平面上升 40cm

1. 拦门沙演变对盐水入侵影响的工况设置

根据历年珠江河口区拦门沙演变情况，磨刀门水道河口拦门沙高程多在 2.5m 以下，出入船只多通过洪湾水道经澳门出海，磨刀门水道上游河道东岸为深水区，水深多在 8m 以上，疏通拦门沙可以让西江具有更大的运输价值。目前珠江水利委员会编制的《珠江流域综合规划》对未来珠江航道的规划愿景，制定的航道整治优选方案，在拦门沙左右汊口基础上疏通拦门沙至 4m 与 7m，其中 7m 水深图纸在疏通拦门沙的基础上将磨刀门水道河口处的浅滩也疏通至 7m，达到通航等级 1000t 级、5000t 级，并预测航道整治会给盐水入侵带来的影响，对航道整治的最优化选择提供参考。2010 年拦门沙地形与预测疏通后拦门沙水深对比图见图 5-14～图 5-16。

图 5-14　工况一水深分布图

图 5-15　工况二水深分布图

图 5-16　工况三水深分布图

2. 径流量演变对咸潮影响的工况设置

基于上游马口站流量逐年下降的趋势，平均减少速率约为每 10 年减少 2.5%。设置流量减少 2.5%、5%两个流量对照组，研究未来径流量减少对盐水入侵的影响。原径流量与流量边界设置情况见图 5-17。

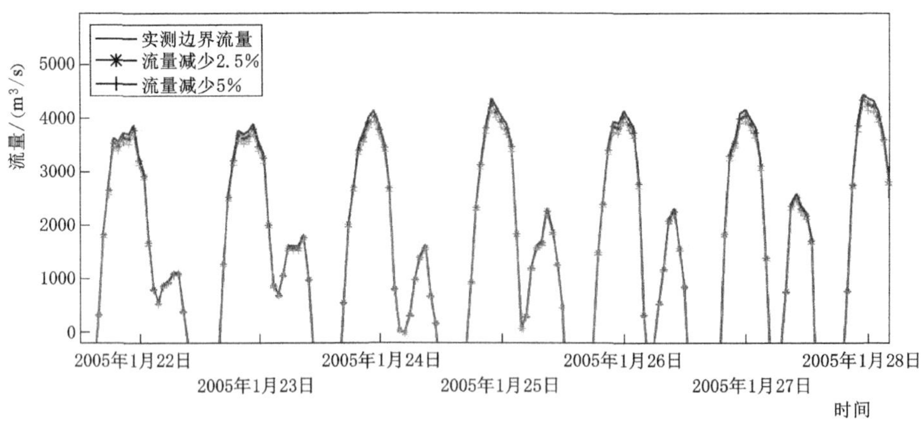

图 5-17　工况一、工况四、工况五流量边界条件对比

3. 风速风向对盐水入侵影响的工况设置

根据 2001—2012 年风速实测数据，计算得北风在所有风向中的多年平均频率 61.71%，为频率最高的风向，北风风速中，从全年来说以 10～20m/s 的风速为频率最高，频率为 62.67%，在枯季中磨刀门水道日均风速都处在 5～7m/s，平均风速 4.6m/s[16]。为探究北风对盐水入侵的影响，在磨刀门水道河道区域内设置 2005 年 1 月 18 日 01 时—30 日 12 时日均北风风速为 5m/s 的风场，并设置完全无风的模拟工况作为对照组，研究北风给盐水入侵带来的影响与机制。

4. 海平面上升对咸潮影响的工况设置

根据全球海平面变化统计资料：全球海平面在20世纪每年约上升1～2mm；1980—2013年，中国沿海海平面平均每年上升2.9mm；1995—2011年，中国沿海海平面平均每年上升3.7mm。研究取预测100年内海平面上升低值20cm、高值40cm，设置两组海平面上升工况对比典型潮位过程，与原始2005年正常海平面进行对比，研究海平面上升给盐水入侵带来的影响。

5.3.2 拦门沙变化对河口盐水入侵的影响

5.3.2.1 拦门沙地形演变对河口区水动力过程的影响

1. 涨、落潮流速变化分析

磨刀门水道拦门沙对潮汐有明显的削弱作用。河口断面与站点位置示意图见图5-18，落潮期的河口表层流速分布及流场见图5-19～图5-21。拦门沙疏通越深，河口区受潮汐作用越大，而东西汊口水深的增加使得疏通地区内的流速增快，这能让航道更容易保持，此外洪湾水道下游地区流场减弱。工况一，原图层磨刀门水道河口断面一涨潮平均流速为－0.196m/s，落潮平均流速0.312m/s，断面二涨潮平均流速为－0.260m/s，落潮平均流速0.394m/s，断面三涨潮平均流速为－0.077m/s，落潮平均流速0.102m/s；工况二，4m水深图层断面一涨潮平均流速为－0.197m/s，落潮平均流速0.313m/s，断面二涨潮平均流速为－0.259m/s，落潮平均流速0.403m/s，断面三涨潮平均流速为－0.078m/s，落潮平均流速0.096m/s；工况三，7m水深图层断面一涨潮平均流速为－0.196m/s，落潮平均流速0.332m/s，断面二涨潮平均流速为－0.224，落潮平均流速0.348m/s，断面三涨潮平均流速为－0.071m/s，落潮平均流速0.089m/s。

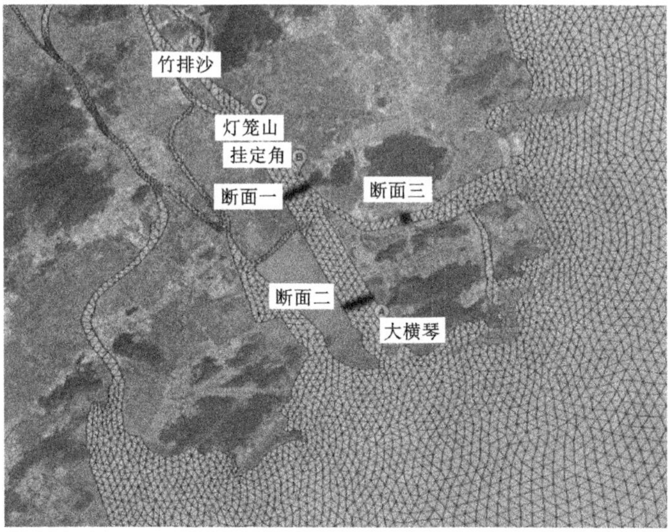

图5-18 河口断面及站点位置示意图

工况二拦门沙水深4m地形条件下，断面一涨潮平均流速基本不变，落潮平均流速增加，河口断面二涨潮平均基本不变，落潮平均流速增加，东西汊口施工地区大部分增加至1.0m/s以上，可见仅疏通拦门沙至1000t航道等级时径流作用会增强，而潮汐作用并没

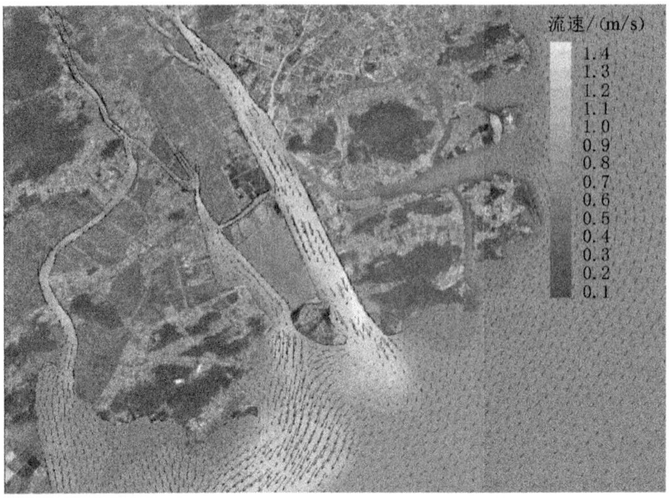

图 5-19　工况一落潮时流场分布图

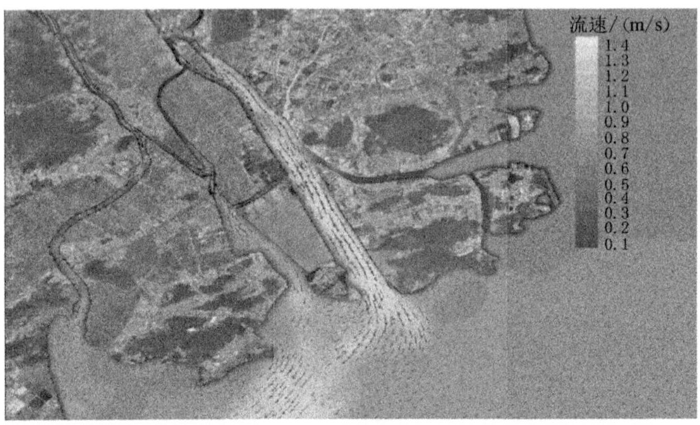

图 5-20　工况二落潮时流场分布图

图 5-21　工况三落潮时流场分布图

有明显变化。工况三拦门沙水深 7m 地形下，断面一涨潮平均流速基本不变，落潮平均流速增加，河口断面二涨潮平均流速增加，落潮平均流速增加，这说明疏通航道至 5000t 等级时，河口倒三角形状的地形对海水的顶托作用均被削弱，径流优势减小，但对于磨刀门水道河道上游而言径流作用减少量较小，上游断面受到的潮汐作用无明显增强。

2. 潮量变化分析

磨刀门水道拦门沙挖沙导致河口涨落潮流量增大，落潮量无明显变化，这使得更多盐水进入河道内，倒流现象增加。工况一、工况二、工况三下各个断面流速、潮量、净泄流量变化数据见表 5-6。工况一，原图层断面一涨潮量为 $-16420.5\times10^5m^3$，落潮量 $23881.2\times10^5m^3$，断面二涨潮量为 $-16488.1\times10^5m^3$，落潮量 $24875.4\times10^5m^3$，断面三涨潮量为 $-783.8\times10^5m^3$，落潮量 $430.2\times10^5m^3$；工况二，4m 水深层断面一涨潮量为 $-16526.2\times10^5m^3$，落潮量 $23941.6\times10^5m^3$，断面二涨潮量为 $-16670.7\times10^5m^3$，落潮量 $24989.4\times10^5m^3$，断面三涨潮量为 $-770.6\times10^5m^3$，落潮量 $425.6\times10^5m^3$，相对于工况一，断面二涨潮量增加 $250.1\times10^5m^3$，进入河道地盐水量略微增加，落潮量无明显变化；工况三，7m 水深层断面一涨潮量为 $-17120.4\times10^5m^3$，落潮量 $24356.4\times10^5m^3$，断面二涨潮量为 $-18184.2\times10^5m^3$，落潮量 $24798.5\times10^5m^3$，断面三涨潮量为 $-692.3\times10^5m^3$，落潮量 $401.6\times10^5m^3$，相对于工况一，断面二涨潮量增加 $1700\times10^5m^3$，进入河道地盐水量显著增加，落潮量无明显变化。总体上，潮量与平均流速的变化趋势相近，观察潮量变化可以得知，拦门沙疏通至 4m 对磨刀门水道径流不会发生明显改变，拦门沙疏通至 7m 后，磨刀门水道径流量会减少，倒流现象增加，更多盐水进入磨刀门水道河道，而支流出口洪湾水道的倒流现象会减少。

表 5-6　　工况一、工况二、工况三下各个断面流速、潮量、净泄流量变化

工况	断面	涨潮平均流速 /(m/s)	落潮平均流速 /(m/s)	涨潮量 /($\times10^5m^3$)	落潮量 /($\times10^5m^3$)	净泄流量 /($\times10^5m^3$)
原水深图层	断面一	−0.196	0.312	−16420.5	23881.2	7460.7
	断面二	−0.26	0.394	−16488.1	24875.4	8387.3
	断面三	−0.077	0.102	−783.8	430.2	−353.6
4m 水深图层	断面一	−0.197	0.313	−16526.2	23941.6	7415.4
	断面一变化值	−0.001	0.001	−105.7	60.4	−45.3
	断面二	−0.259	0.403	−16670.7	24989.4	8318.7
	断面二变化值	0.001	0.009	−182.6	114	−68.6
	断面三	−0.078	0.096	−770.6	425.6	−345
	断面三变化值	−0.001	−0.006	13.2	−4.6	8.6
7m 水深图层	断面一	−0.196	0.332	−17120.4	24356.4	7236
	断面一变化值	0	0.02	−699.9	475.2	−224.7
	断面二	−0.224	0.348	−18184.2	24798.5	6614.3
	断面二变化值	0.036	−0.046	−1696.1	−76.9	−1773
	断面三	−0.071	0.089	−692.3	401.6	−290.8
	断面三变化值	0.006	−0.013	91.5	−28.6	62.8

5.3.2.2　拦门沙地形变化对河口区盐度分布的影响

河口区拦门沙可以顶托潮水，对盐水入侵有削弱作用。失去拦门沙对潮汐的削弱作用，磨刀门水道河道内的盐度会随之上升，并且对涨潮时的最高盐度影响更为明显。挂定角、灯笼山、竹排沙站点盐度变化见表5-7。拦门沙水深疏通至4m时，挂定角的平均盐度增加约0.18‰，最高盐度增加0.39‰；灯笼山平均盐度增加约0.11‰，最高盐度增加0.22‰；竹排沙站点受影响变化最小，灯笼山平均盐度增加约0.11‰，最高盐度增加0.22‰。拦门沙水深疏通至7m时，挂定角的平均盐度增加约1.83‰，最高盐度增加2.88‰；灯笼山平均盐度增加约0.88‰，最高盐度增加3.55‰；竹排沙站点受影响变化最小，灯笼山平均盐度增加约0.66‰，最高盐度增加2.44‰。由模拟结果可以得知，拦门沙疏通至4m时会使河道内盐度上升但并不明显，拦门沙疏通至7m后，盐度变化较大，对于平均盐度而言距离河口较近的挂定角站点盐度受影响较大，而对于最高盐度的影响没有明显规律。

表5-7　挂定角、灯笼山、竹排沙站点盐度变化

站点	项　目	工况一	工况二	工况二变化值	工况三	工况三变化值
挂定角	平均盐度/‰	6.76	6.98	0.22	8.6	1.84
	最高盐度/‰	18.59	18.98	0.39	21.46	2.87
灯笼山	平均盐度/‰	2.87	2.98	0.11	3.75	0.88
	最高盐度/‰	12.89	13.11	0.22	16.44	3.55
竹排沙	平均盐度/‰	2.63	2.71	0.08	3.29	0.66
	最高盐度/‰	12.20	12.35	0.15	14.64	2.44

5.3.2.3　拦门沙地形变化对河口区盐水入侵距离的影响

分析拦门沙地形变化对河口区盐水入侵距离变化，如图5-22～图5-24所示。2005年1月21日20时，中潮期工况一盐度0.5‰（含氯度250mg/L）最远上溯至距离河口约29.3km处。工况二拦门沙疏通至4m的最大盐水入侵距离无明显改变，但距离施工范围内的10km内河口地区盐度颜色变深，表明磨刀门水道疏通拦门沙至4m时对盐水入侵影

图5-22　工况一盐度分布图

响范围，限于挂定角站下游；拦门沙疏通至 7m 后，最大盐水入侵距离改变，增加至 32.1km，上溯距离增加 2.8km。

图 5-23 工况二盐度分布图

图 5-24 工况三盐度分布图

5.3.3 径流量对河口盐水入侵的影响

5.3.3.1 径流量对潮量的影响

分析断面二（河口断面）时均潮量变化见表 5-8，中潮—大潮期间由于潮位增高，涨潮量最大，达到 $-61.47\times10^5\mathrm{m}^3$，为磨刀门水道盐水入侵最严重时期，河道内盐度最高值一般在这个时期出现，这与磨刀门水道实测数据相符。流量减少后对中潮—大潮期间时期的涨潮量影响最大，流量减少 2.5%（工况四），涨潮量增加 $0.34\times10^5\mathrm{m}^3$，而小潮—中潮时期涨潮量增加 $0.18\times10^5\mathrm{m}^3$，中潮—大潮时期涨潮量增加 $0.29\times10^5\mathrm{m}^3$。流量减少 5%（工况五）时，对比更为明显，流量减少后对中潮—大潮期间时期的涨潮量、净泄流量影响最大，涨潮量增加 $0.90\times10^5\mathrm{m}^3$，净泄流量减少 $1.24\times10^5\mathrm{m}^3$，小潮—中潮时

期涨潮量增加 $0.48\times10^5\,m^3$，净泄流量减少 $0.92\times10^5\,m^3$，大潮—中潮时期涨潮量增加 $0.41\times10^5\,m^3$，净泄流量减少 $1.06\times10^5\,m^3$。

表 5-8　断面二（河口断面）时均潮量变化　单位：$10^5\,m^3$

工　况	小潮—中潮			中潮—大潮			大潮—中潮		
	落潮量	涨潮量	净泄流量	落潮量	涨潮量	净泄流量	落潮量	涨潮量	净泄流量
工况一	70.66	−48.18	22.49	89.25	−61.47	27.78	87.04	−52.98	34.06
工况四	70.49	−48.36	22.13	89.10	−61.81	27.29	86.70	−53.27	33.43
工况四变化值	−0.18	−0.18	−0.36	−0.15	−0.34	−0.49	−0.34	−0.29	−0.63
工况五	70.22	−48.65	21.57	88.92	−62.38	26.54	86.39	−53.39	33.00
工况五变化值	−0.44	−0.48	−0.92	−0.34	−0.90	−1.24	−0.65	−0.41	−1.06

5.3.3.2　径流量对盐度的影响

分析径流量变化对河口区盐度变化，挂定角潮位与挂定角盐度增加值对比图如图 5-25 所示（相对工况的增加值，当值为负时表示盐度减少）。可以发现，小潮期径流量减少对盐度变化影响较小；由中潮向大潮过渡期，径流量的减少对盐度值影响较大，这个过渡期同样是盐度值最高；由大潮转为中潮期的过渡期中，径流量的减少对盐度值影响再次减小。

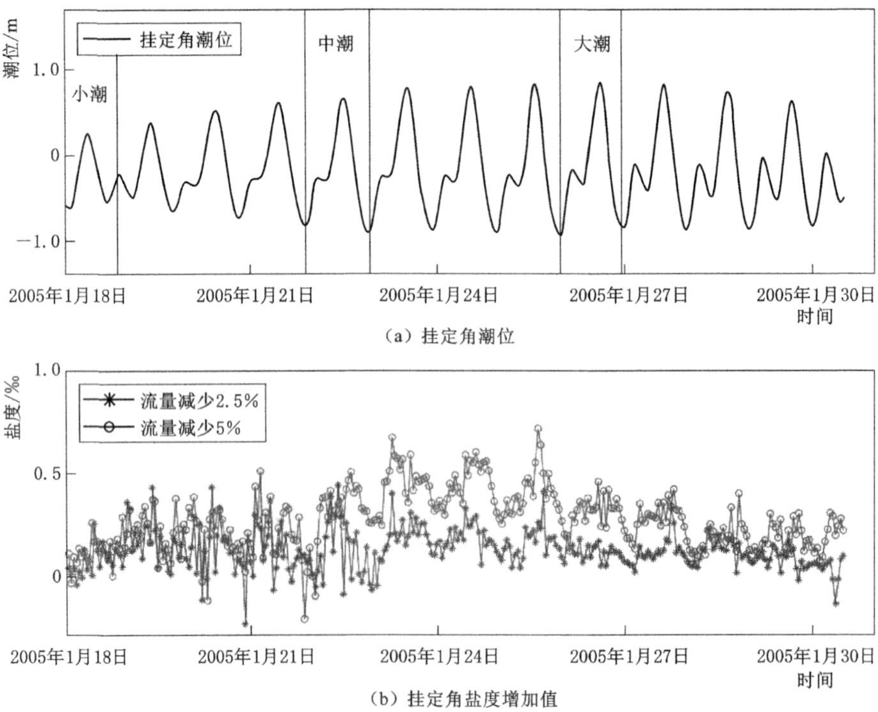

图 5-25　挂定角潮位与挂定角盐度增加值

将挂定角站点盐度增加值分为小潮—中潮，中潮—大潮，大潮—中潮 3 个阶段进行分析，盐度增加数值见表 5-9。研究结果表明流量减少对中潮—大潮过渡期盐度增加值贡献度更大。根据多年磨刀门水道咸潮记录，这个时期是磨刀门水道盐水入侵最严重的时期，也是发生盐水入侵频率最多的时期[17]。这表明流量的减少，不仅会让盐水入侵发生频次增加，而且会更大概率出现极端盐水入侵事件。

表 5-9　　工况四、工况五挂定角盐度增加值

潮　期	工况四盐度时均增加/‰	工况五盐度时均增加/‰
小潮—中潮期	0.093	0.197
中潮—大潮期	0.154	0.380
大潮—中潮期	0.098	0.218

5.3.4　风向对河口盐水入侵的影响

5.3.4.1　北风对河口区水动力过程的影响

无风、北风工况下断面一、断面二、断面三表层、底层流速、潮量变化见表 5-10。分析表层、底层流速与潮量变化：

(1) 无风工况下，河口环流较弱，河流上层为主要的淡水出海口，表层为主要盐水入侵口，断面一表层涨潮平均流速−0.264m/s，落潮流速 0.388m/s，净泄流量为 $69183\times10^5m^3$，底层涨潮平均流速−0.228m/s，落潮流速 0.265m/s，净泄流量为 $-12751\times10^5m^3$；断面二表层涨潮平均流速−0.358m/s，落潮流速 0.541m/s，净泄流量为 $70864\times10^5m^3$，底层涨潮平均流速−0.253m/s，落潮流速 0.319m/s，净泄流量为 $-5901\times10^5m^3$；断面三表层涨潮平均流速−0.146m/s，落潮流速 0.106m/s，净泄流量为 $118\times10^5m^3$，底层涨潮平均流速−0.122m/s，落潮流速 0.136m/s，净泄流量为 $-5258\times10^5m^3$。可见，在河口地区表层净泄流量方向为向下游，是主要的淡水出海口，底层净泄流量方向为向上游，盐水主要通过底层入侵河道，在河口区形成一个环流。

(2) 由于磨刀门水道河道走向大致是由西北向东南入海，北风能增加表面流速，表层落潮流速增快，涨潮流速降低，更多淡水从表层入海，且淡水流出速度加快；相对的，由于淡水缺乏，底层落潮流速减少，涨潮流速增快，更多盐水从底层入侵河道，加强了河口区环流，在北风条件下，底层落潮流量增加量远比表层净泄流量增加的更多，这也是北风增咸的水动力因素。在设置北风的情况下，断面一表层涨潮平均流速−0.250m/s，落潮流速 0.367m/s，净泄流量为 $73758\times10^5m^3$，底层涨潮平均流速−0.233m/s，落潮流速 0.252m/s，净泄流量为 $-19738\times10^5m^3$；断面二表层涨潮平均流速−0.324m/s，落潮流速 0.596m/s，净泄流量为 $77729\times10^5m^3$，底层涨潮平均流速−0.262m/s，落潮流速 0.308m/s，净泄流量为 $-14164\times10^5m^3$；断面三表层涨潮平均流速−0.077m/s，落潮流速 0.078m/s，净泄流量为 $3291\times10^5m^3$，底层涨潮平均流速−0.122m/s，落潮流速 0.136m/s，净泄流量为 $-5258\times10^5m^3$。在北风工况下，断面二表层落潮流速增加 0.055m/s，落潮流速降低 0.034m/s，底层则相反，落潮流速降低 0.011m/s，落潮流速增加 0.009m/s。

表 5-10　无风、北风工况下断面一、断面二、断面三表层、底层流速、潮量变化

分层	工况	断面	涨潮平均流速/(m/s)	落潮平均流速/(m/s)	涨潮量/($10^5 m^3$)	落潮量/($10^5 m^3$)	净泄量/($10^5 m^3$)
表层	无风	断面一	−0.264	0.388	−24854	94036	69183
		断面二	−0.358	0.541	−25538	96402	70864
		断面三	−0.146	0.106	−6424	6542	118
	北风风速5m/s	断面一	−0.250	0.367	−19949	93707	73758
		断面一变化值	0.014	−0.021	4905	−329	4575
		断面二	−0.324	0.596	−25549	103277	77729
		断面二变化值	0.034	0.055	−11	6875	6865
		断面三	−0.077	0.078	−2464	5756	3291
		断面三变化值	0.069	−0.028	3960	−786	3173
底层	无风	断面一	−0.228	0.265	−47900	35149	−12751
		断面二	−0.253	0.319	−37533	31631	−5901
		断面三	−0.096	0.075	−2764	5731	2967
	北风风速5m/s	断面一	−0.233	0.252	−52578	32839	−19738
		断面一变化值	−0.005	−0.013	−4678	−2310	−6987
		断面二	−0.262	0.308	−41746	27582	−14164
		断面二变化值	−0.009	−0.011	−4213	−4049	−8263
		断面三	−0.122	0.136	−9281	4024	−5258
		断面三变化值	−0.026	0.061	−6517	−1707	−8225

5.3.4.2　北风对河口区盐度分布的影响

北风加速了河流表层落潮时的流速，使得淡水更快流出，底层盐水入侵加剧导致了河道内盐度上升。挂定角盐度以及分层系数对比见图 5-26，其中，分层系数 N=底表层盐度差/垂线平均盐度。

通过无风情况下的分层系数变化可以得知，盐度分层现象在涨潮时加强，落潮时减弱，线型接近潮位变化，无风工况下的平均盐度为 6.147‰。挂定角平均时均盐度为 9.331‰，北风会使咸潮增强，盐度增加 3.2‰；由于北风加快表面落潮流速，减弱涨潮流速，北风会增加涨潮时盐度分层系数，减少落潮时分层系数。

5.3.5　海平面上升对河口盐水入侵的影响

5.3.5.1　海平面上升对河口区水动力过程的影响

海平面上升的大横琴潮位过程见图 5-27。海平面上升后，河口区受潮汐作用增大，涨落潮流量与落潮流量同时增大，整体呈现“大起大落”的流量模式，工况一与海平面上升后下断面流速、潮量变化见表 5-11。工况一，原图层断面一涨潮量为$-16420.5\times10^5 m^3$，落潮量 $23881.2\times10^5 m^3$，断面二涨潮量为$-16488.1\times10^5 m^3$，落潮量 $24875.4\times10^5 m^3$，断面三涨潮量为$-783.8\times10^5 m^3$，落潮量 $430.2\times10^5 m^3$；工况二，4m 水深层断面一涨潮量为$-17856.3\times10^5 m^3$，落潮量 $25089.9\times10^5 m^3$，断面二涨潮量为$-17414.3\times$

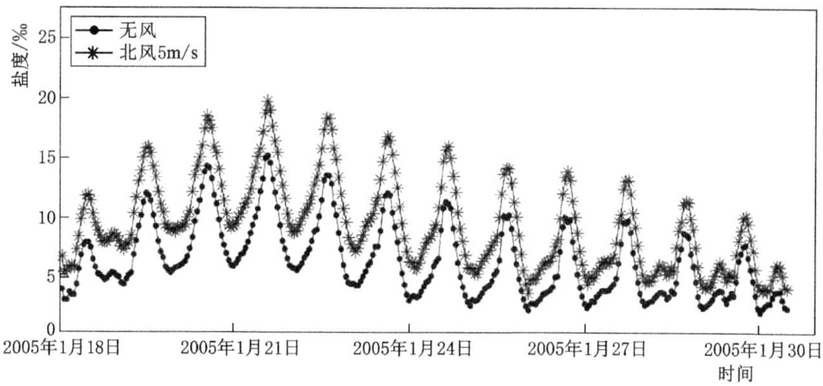

（a）挂定角盐度对比

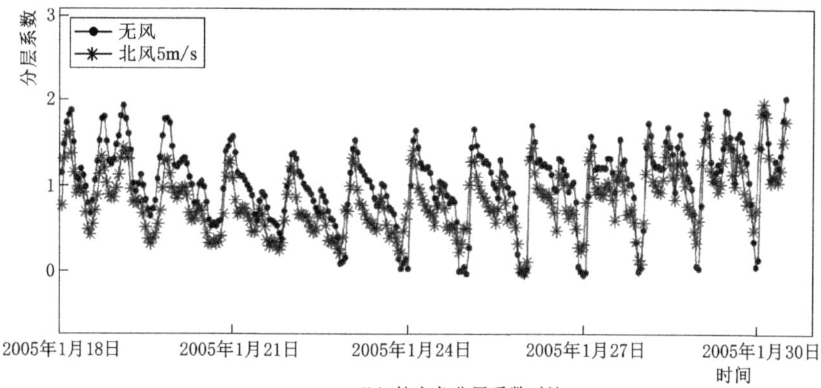

（b）挂定角分层系数对比

图 5－26　无风与北风工况挂定角盐度与分层系数对比

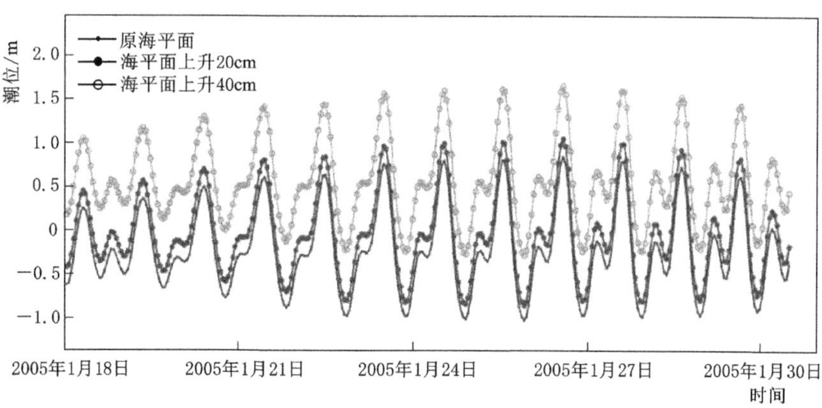

图 5－27　海平面上升后大横琴潮位对比图

$10^5 m^3$，落潮量 25580.5 $\times 10^5 m^3$，断面三涨潮量为－892.1$\times 10^5 m^3$，落潮量 543.1$\times 10^5 m^3$；工况三，7m 水深层断面一涨潮量为－19471.0$\times 10^5 m^3$，落潮量－18384.9$\times 10^5 m^3$，断面二涨潮量为－19471.0$\times 10^5 m^3$，落潮量 26322.2$\times 10^5 m^3$，断面三涨潮量为－1026.7$\times 10^5 m^3$，落潮量 678.6$\times 10^5 m^3$；工况一与海平面上升 20cm 与 40cm 的断面一、

断面二、断面三流速、潮量、净泄流量变化数据见表5-11。从潮量变化可以得知，海平面上升后更多盐水进入磨刀门水道地区，同时下泄流量也增大，但是净泄流量减少，海平面每上升0.1m净泄流量约减少$100\times10^5 m^3$，约占到了模拟时长内总净泄流量的1.34%。推测海平面上升情况下，磨刀门水道河口在西四口的径流优势将会减弱，其他三口分流比会增大。

表5-11 工况一与海平面上升后下断面流速、潮量变化

工 况	断 面	涨潮平均流速/(m/s)	落潮平均流速/(m/s)	涨潮量/$10^5 m^3$	落潮量/$10^5 m^3$	净泄流量/$10^5 m^3$
工况一	断面一	−0.196	0.312	−16420.5	23881.2	7460.7
	断面二	−0.26	0.394	−16488.1	24875.4	8387.3
	断面三	−0.077	0.102	−783.8	430.2	−353.6
海平面上升20cm	断面一	−0.194	0.338	−17856.3	25089.9	7233.6
	断面一变化值	0.002	0.026	−1435.8	1208.7	−227.1
	断面二	−0.243	0.422	−17414.3	25580.5	8166.2
	断面二变化值	0.017	0.028	−926.2	705.1	−221.1
	断面三	−0.09	0.111	−892.1	543.1	−349
	断面三变化值	−0.013	0.009	−108.3	112.9	4.6
海平面上升40cm	断面一	−0.202	0.355	−19471	26357.3	6886.3
	断面一变化值	−0.006	0.043	−3050.5	2476.1	−574.4
	断面二	−0.232	0.45	−18384.9	26322.2	7937.2
	断面二变化值	0.028	0.056	−1896.8	1446.8	−450.1
	断面三	−0.103	0.128	−1026.7	678.6	−348.1
	断面三变化值	−0.026	0.026	−242.9	248.4	5.5

5.3.5.2 海平面上升对河口区盐度分布的影响

分析海平面上升对河口区盐度变化，取工况一的盐度为对照组，海平面上升后挂定角、灯笼山、竹排沙站点盐度变化数据见表5-12。由模拟结果可知，海平面上升会使盐水入侵加剧，上升高度对盐度加重呈现非线性增长趋势。海平面上升20cm，挂定角的平均盐度增加约1.03‰，最高盐度增加1.10‰，平均盐度每10cm增加0.51‰；灯笼山的平均盐度增加约0.60‰，最高盐度增加1.79‰，平均盐度每10cm增加0.30‰；3个站点中竹排沙站点受影响变化最小，平均盐度增加约0.44‰，最高盐度增加1.39‰，平均盐度每10cm增加0.22‰。

海平面上升40cm，挂定角的平均盐度增加约2.42‰，最高盐度增加1.92‰，平均盐度每10cm增加0.60‰；灯笼山平均盐度增加约1.47‰，最高盐度增加4.1‰，平均盐度

每 10cm 增加 0.37‰；竹排沙站点平均盐度增加约 1.08‰，最高盐度增加 3.52‰，平均盐度每 10cm 增加 0.27‰。对于平均盐度而言，越接近河口地区的站点受到影响越大，增加值越多，且随着海平面上升高度增加，上升同等高度对盐度增加效果越强，峰值盐度也随海平面上升而增加，但变化无明显规律。

表 5-12　海平面上升后挂定角、灯笼山、竹排沙站点盐度变化

站点	项　目	工况一	海平面上升 20cm	工况八每 10cm 增值	海平面上升 40cm	工况九每 10cm 增加值
挂定角	平均盐度/‰	6.76	7.79	0.51	9.18	0.60
	最高盐度/‰	18.59	19.68	0.55	20.51	0.48
灯笼山	平均盐度/‰	2.87	3.47	0.30	4.34	0.37
	最高盐度/‰	12.89	14.67	0.89	16.99	1.03
竹排沙	平均盐度/‰	2.63	3.07	0.22	3.72	0.27
	最高盐度/‰	12.20	13.59	0.70	15.73	0.88

注　每 10cm 盐度增加值为相对于工况一增加值。

5.3.5.3　海平面上升对河口区盐水入侵距离的影响

分析海平面上升对河口区盐水入侵距离变化，如图 5-28、图 5-29 所示。对比对照组工况一盐度，0.5‰（含氯度 250mg/L）上溯至距离河口约 29.3km 处。海平面上升 20cm 工况下最大盐水入侵距离约为 30.3km，相比工况一上溯距离增加 1km；海平面上升 40cm 工况下最大盐水入侵距离约为 34.1km，相比工况一上溯距离增加 5km，相比海平面上升 20cm 模拟工况上溯距离增加 4km。分析上述海平面上升对盐度值影响结果，随着海平面上升高度增加，上升同等高度对盐水入侵距离增加效果越强。

图 5-28　海平面上升 20cm 盐度分布图

图 5-29　海平面上升 40cm 盐度分布图

5.4　小结

珠三角地区近年频繁遭受高强度盐水入侵灾害，其人口密集度较高，经济发达，发展迅速，高强度盐水入侵对该地区造成较大的经济损失。由于河口地区的快速发展，河口各项水动力、气象等条件在剧烈人类活动作用下，这些边界要素的改变都会对盐水入侵产生较大影响。本书统计了近年来磨刀门水道拦门沙、径流、北风、以及海平面上升边界因素的演变，结合演变情况，利用 FVCOM 三维数值模型构建了包含珠江西四口的大型模型，分析这些边界改变对磨刀门水道盐水入侵的影响，得出以下结论：

(1) 利用 FVCOM 大型数值模拟软件建立了珠江西四口盐水入侵模型。模型潮位验证纳什系数高于 0.84、底表层流速验证纳什系数均高于 0.67、盐度验证纳什系数 0.73，误差均在符合标准范围内。表明建立的三维数值模型可以较好的反演珠江河口真实水动力与盐分扩散过程。

(2) 磨刀门水道拦门沙对潮汐作用有明显的削弱现象。拦门沙疏通越深，河口区受潮汐作用越大，涨潮流量也越大，落潮量无明显变化，这使得更多盐水进入河道内，倒流现象增加。当疏通河口拦门沙到 4m、1000t 的通航等级时，不会明显增加河道内的盐度和盐水入侵距离，影响范围限于距离河口 10km 内；如疏通拦门沙至 7m、5000t 级通航等级，河道内盐度增加较为明显，并且盐水入侵距离增加明显。

(3) 磨刀门水道在中潮—大潮过渡期会出现最严重的盐水入侵现象，径流量的减少同样对中潮—大潮的过渡期盐度影响最大，盐度普遍增加 0.2‰～0.7‰，平均盐度增加 0.38‰；小潮—中潮期间过渡期盐度增加值减少一半，表明流量减少，不仅增强一般盐水入侵频次，也会增加极端盐水入侵时间的发生概率。

(4) 北风会加强河口环流，增加表面落潮时流速与潮量、增加底层涨潮时流速与流量，导致更多盐水倒灌入河道。河口断面表层落潮流速增加 0.055m/s，涨潮流速降低 0.34m/s；底层则相反，落潮流速降低 0.011m/s，涨潮流速增加 0.09m/s。北风风速 5m/s 使得挂定角盐度增加 3.2‰，增加涨潮时盐度分层现象。

（5）海平面上升使得河口地区涨潮量与落潮量同时增加，入侵河道流量增加，呈现“大起大落”的流量模式。海平面上升 20cm，挂定角的平均盐度增加约 1.02‰，最高盐度增加 1.10‰；海平面上升 40cm，挂定角平均盐度增加约 2.41‰，最高盐度增加 1.92‰，平均盐度每 10cm 增加 0.60‰。

参 考 文 献

[1] Chen C，Beardsley R C，Cowles G. FINITE VOLUME COASTAL OCEAN [J]. Oceanography，2006，19 (1)：78.

[2] 程香菊，詹威. 数值分析磨刀门水道咸潮上溯控制工程措施的效应 [J]. 水动力学研究与进展，2012 (5)：597-604.

[3] 邹华志. 河网、河口及海岸整体联解数值模式及其在珠江口咸潮上溯研究的应用 [D]. 青岛：中国海洋大学，2010.

[4] 陈文龙，邹华志，董延军. 磨刀门水道咸潮上溯动力特性分析 [J]. 水科学进展，2014，25 (5)：713-723.

[5] 刘祖发，施宁宁，关帅，等. 基于 FVCOM 的磨刀门水道盐水入侵三维数值模拟 [J]. 水动力学研究与进展 A 辑，2016 (3)：286-294.

[6] Smagorinsky J. General circulation experiments with the primitive equations：I. The basic experiment [J]. Monthly weather review，1963，91 (3)：99-164.

[7] Galperin B，Kantha L H，Hassid S，et al. A quasi-equilibrium turbulent energy model for geophysical flows [J]. Journal of the atmospheric sciences，1988，45 (1).

[8] Mellor G L，Blumberg A F. Modeling vertical and horizontal diffusivities with the sigma coordinate system [J]. Monthly Weather Review，1985，113 (8)：1379-1383.

[9] Nakanishi M，Niino H. An improved Mellor-Yamada level-3 model with condensation physics：Its design and verification [J]. Boundary-layer meteorology，2004，112 (1)：1-31.

[10] Crowell M，Leatherman S P，Douglas B. Erosion：Historical analysis and forecasting [J]. Encyclopedia of Coastal Science，Encyclopedia of Earth Sciences Series，2005：428-432.

[11] Foreman M G G. Manual for tidal heights analysis and prediction [M]. Institute of Ocean Sciences，Patricia Bay，1979.

[12] 刘祖发，张泳华，陈晓越，等. 数值分析径流变化对磨刀门咸潮上溯的影响 [J]. 亚热带资源与环境学报，2017，12 (4)：30-38.

[13] 邹华志，王琳，董延军. 珠江河口磨刀门水道咸潮动力高分辨率三维数值模拟研究 [J]. 人民珠江，2012，33 (Z1)：56-60.

[14] 孔兰，陈晓宏. 珠江口咸潮影响因素分析 [J]. 水资源保护，2015 (6)：94-97，134.

[15] 林凤标，郑国栋，刘壮添. 磨刀门水道近 50 年河床演变及其冲淤成因分析 [J]. 泥沙研究，2017，42 (3)：48-53.

[16] 何超. 风对冬季磨刀门水道盐水入侵的影响机制研究 [D]. 广州：中山大学，2010.

[17] Gong W，Shen J. The response of salt intrusion to changes in river discharge and tidal mixing during the dry season in the Modaomen Estuary，China [J]. Continental Shelf Research，2011，31 (7-8)：769-788.

第6章　珠江河口区盐水入侵多尺度预报

近年来，受河床下切、人类活动与气候变化等影响，珠江河口区枯水期盐水入侵现象不断加剧，严重危害沿岸城市供水、生态及环境安全，加之河口区盐度序列往往呈高度非线性、非平稳性与多尺度周期性特征，预报难度较大，有效利用一系列手段提升各尺度盐度预报精度迫在眉睫。基于机器学习模型、小波分解方法与实时预报手段，构建珠江河口区盐水入侵短期、中期、长期预报模型，提出“嵌套式实时滚动修正预报”框架，将各尺度盐度预报成果进行层层嵌套，以充分利用短期盐度预报精度较高的优势逐步提升中长期盐度预报效果。

6.1　珠江河口区盐水入侵预报因子筛选

本章首先从物理成因机理出发筛选盐水入侵的主要影响因子，按其与盐度变化的响应关系可划分为自回归项（前期盐度因子）和外源驱动项（径流、潮动力、风速风向和大气环流因子）[1-2]。在此基础上，运用机器学习理论中特征选择方法对上述预报因子与盐度的驱动-响应滞时进行定量分析，最终确定一系列模型最优输入变量，为后续盐水入侵预报提供数据基础。

6.1.1　磨刀门水道盐水入侵影响因素

河口区盐水入侵是一个十分复杂的过程，其受前期盐度、径流、潮汐、风速风向和大气环流等多种因素交互作用，又存在对流、扩散、重力环流和卷吸等多种运动形式[3]。在众多影响因素中，前期盐度、径流与潮汐的作用是影响磨刀门水道盐度变化的关键。

6.1.1.1　盐度及其自相关性

国内外相关研究表明[4-6]，盐度时间序列具有强烈的自相关性特征，外源驱动项对盐度变化的影响也与前期盐度有着较为密切的关系。胡家昱（2019）[7] 在对珠江河口区进行日尺度盐度预报中发现，应同时考虑自回归项与外源驱动项作为盐水入侵预报因子。此外，Zhou 等（2020）[8] 通过计算盐度序列与不同预报因子序列的互信息（MI）发现，前期盐度相比于其他外源驱动项在盐水入侵预报中占据更为主导的作用。因此，在模型输入变量筛选环节优先考虑前期盐度因素，以确定合适的自回归项。

由于盐度自相关性与其周期性存在较为密切的联系，为更全面地考虑前期盐度的驱动滞时，首先应确定磨刀门水道盐度时间序列的周期性特征。运用 Morlet 小波对平岗站 2006—2010 年 7 个枯水时段的日均盐度序列进行连续小波变换（CWT），其中，Morlet

小波周期（T）与尺度因子（s）的换算关系可由下式表示[9]：

$$T=\frac{4\pi}{\Omega_0+\sqrt{2+\Omega_0^2}}\times s \tag{6-1}$$

式中：Ω_0 为中心频率，根据前人经验[10] 取值为 5。因此，$T\approx1.23s$。

所得小波系数结果如图 6-1 所示，各子图中横坐标为时间，纵坐标为尺度因子 s，等值线间的颜色深度由浅到深表示小波系数从小至大。由图 6-1 可知，2006—2007 年枯水期间，平岗站盐度序列呈现明显周期性特征，小波系数等值线中心对应的尺度因子在 10～15 波动。进一步分析小波方差图（图 6-2），除 2008—2009 年枯水期外，其余年份

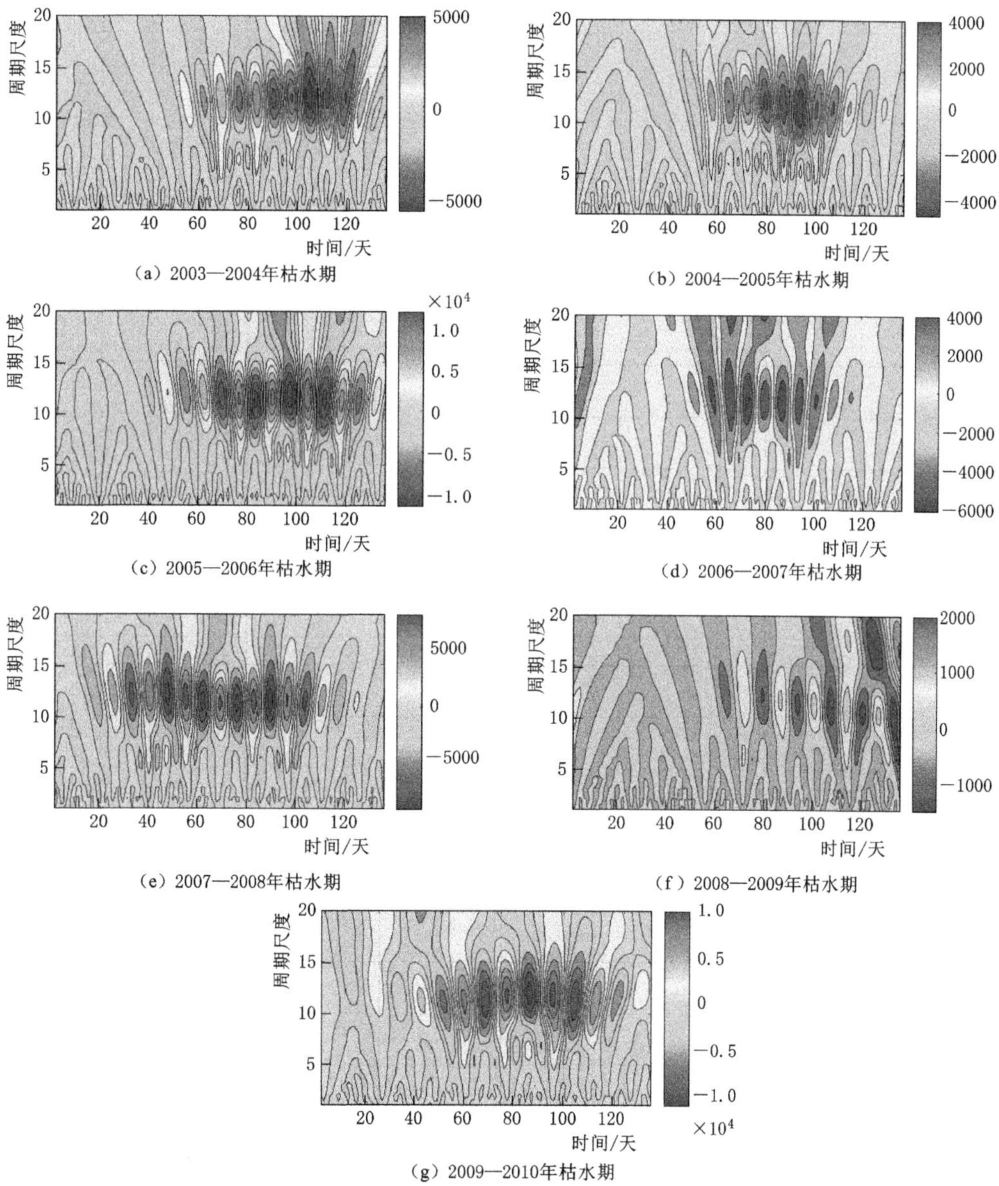

(a) 2003—2004年枯水期

(b) 2004—2005年枯水期

(c) 2005—2006年枯水期

(d) 2006—2007年枯水期

(e) 2007—2008年枯水期

(f) 2008—2009年枯水期

(g) 2009—2010年枯水期

图 6-1　平岗站 2006—2010 年枯水期日均盐度序列 Morlet 小波系数等值线图

盐度序列均在尺度因子为 12 时存在小波方差峰值，说明此处包含日均盐度变化的一个主周期，通过式（6-1）进行换算，$T=14.8$d，这与磨刀门水道不规则半月潮相呼应[11]。可见，在径潮交互作用下，磨刀门水道枯水期盐水入侵现象同样呈现出较为明显的半月周期性特征。

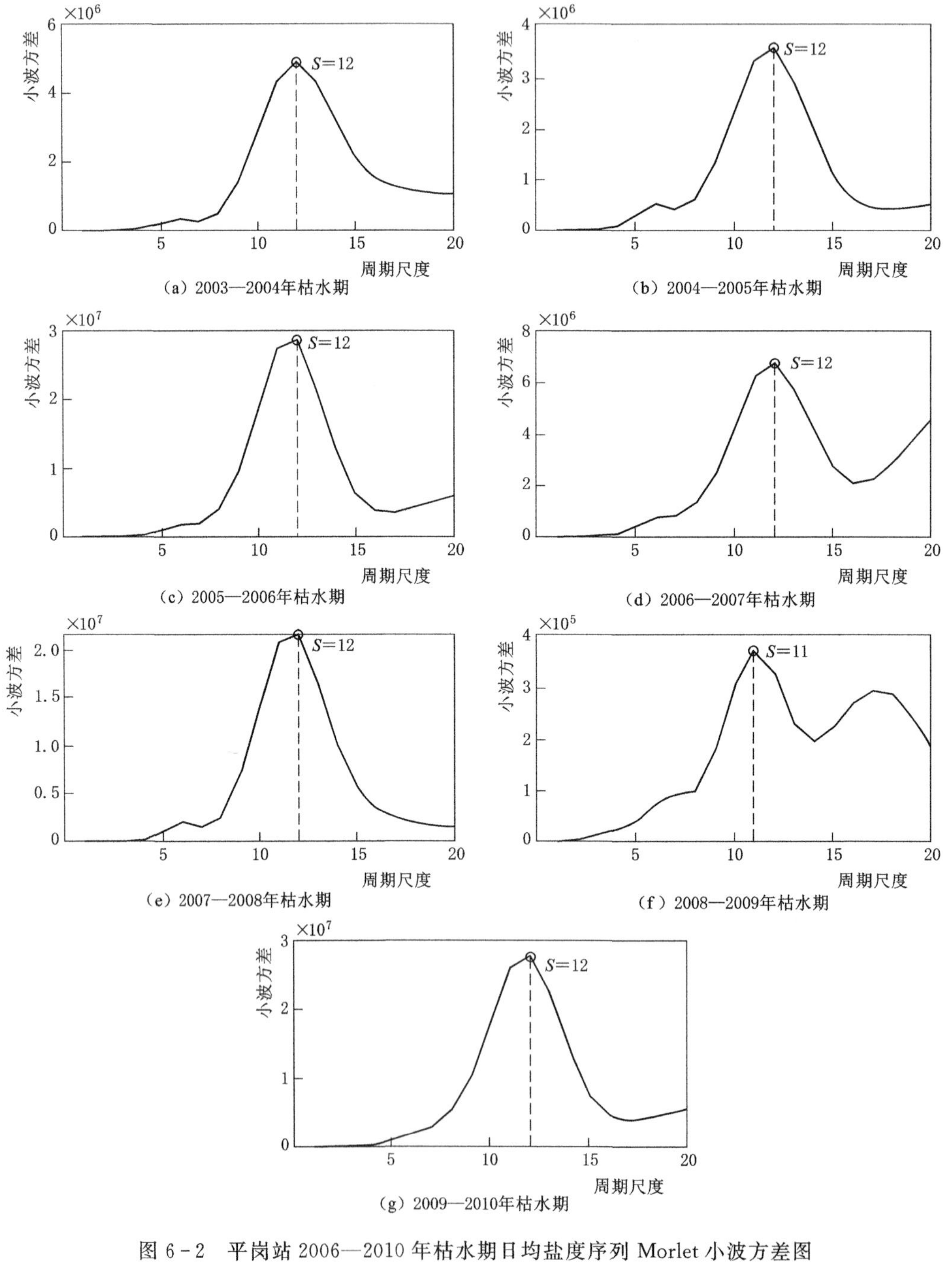

图 6-2　平岗站 2006—2010 年枯水期日均盐度序列 Morlet 小波方差图

磨刀门水道枯水期日均盐度序列具有半月周期性，在确定模型最佳自回归项前，应考虑包含整个盐度周期的驱动滞时。鉴于此，对平岗站日均盐度序列进行自相关性分析，其结果如图6-3所示。由图6-3可知，平岗站日均盐度序列存在较强自相关性，当滞后时间为1d时盐度序列自相关系数最大，此后迅速衰减；而从8d开始，自相关系数又呈上升趋势，并在14d再次达到峰值。虽然盐度序列自相关性分析结果与模型自回归项的选择有着密切联系，但由于在实际预报过程中，各前期盐度因子间可能存在相依关系，因此仅依据自相关性分析结果筛选模型自回归项是不够合理的。为减小变量信息的冗余性，以及避免条件无关性的产生，应对盐度序列进行偏自相关性分析，从而确定更为可靠的模型自回归项。

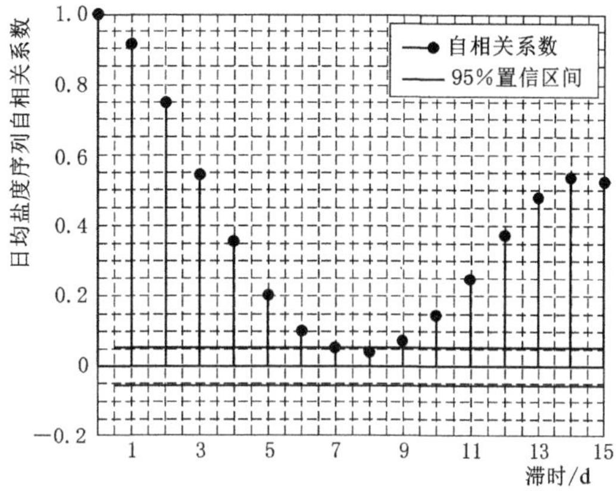

图6-3 平岗站盐度序列自相关性分析图

6.1.1.2 径流因素

径流是影响磨刀门水道盐水入侵的直接因素之一，大量研究[12-14]表明来自上游的淡水能稀释入海口附近的海水，对河口区盐水入侵起抑制作用，河道内盐度与径流量呈反比关系。雨季时，较大的径流量阻碍了潮波向上游传播，使得盐水停留下游，在重力环流的作用下，咸淡水交界面的坡度也随之增大，盐度扩散受到抑制[15]；而在旱季，径流量骤减使得下游盐水在潮动力作用下向上游推移，较小的咸水界坡度也有助于盐度的垂向扩散，从而加剧盐水入侵强度。由此可见，径流因素是盐水入侵发生季节性变化的主导因素。

Monismith等（2002）[16]将盐水入侵距离与径流量的关系用一个幂函数表示，其中指数项部分反映了河道的地形特征。Prandle（1981）[17]认为河道内不同位置的盐度与径流量、河口形状以及河口距离有关；陈水森等（2007）[18]在此基础上根据磨刀门河口地形特征及水动力条件建立一维盐度模拟模型，并推导出了包含径流项的盐水入侵最大距离经验公式，发现径流量越大，盐水入侵距离越小。

如前面研究所述，采用三水站、马口站合流量表示磨刀门水道上游来水情况。由两站点2000—2011年枯水期月均合流量（表6-1）与平岗站同期盐度超标历时的对比分析可知，2002—2003年与2008—2009年枯水期月均流量明显大于其他年份，整个枯水期平均流量超过5600m^3/s，而其余年份均未超过4000m^3/s，这与盐度超标时数情况恰好相反。此外，枯水期流量多集中于10—11月，均值超过4400m^3/s，其余月份除3月外均低于3100m^3/s；而盐度超标时数则多集中于12月至次年2月，均值超过150h。由此可见，上游径流量的减少与磨刀门水道盐水入侵的加剧有着密切联系。

表 6-1 2000—2011 年枯水期三水站、马口站月均合流量 单位：m^3/s

年 份	枯水期月份						平均值
	10 月	11 月	12 月	1 月	2 月	3 月	
2000—2001	7875	4298	2539	2165	2650	3752	3880
2001—2002	4990	5464	3483	2702	3121	3861	3937
2002—2003	7119	6674	5767	5906	4339	4358	5694
2003—2004	3532	3063	2460	2247	2195	2386	2647
2004—2005	2417	2134	2014	2375	2751	2950	2440
2005—2006	3225	2764	2111	1849	1991	3366	2551
2006—2007	3812	3951	3011	2760	2924	3883	3390
2007—2008	3600	2894	2356	2944	4050	3905	3292
2008—2009	7531	12200	4141	3664	3261	4300	5849
2009—2010	2605	2661	2602	4198	3344	2978	3065
2010—2011	5826	3370	3386	3039	2571	3905	3683
平均值	4776	4498	3079	3077	3018	3604	3675

6.1.1.3 潮动力因素

潮汐是促使海水入侵河口的直接动力来源，磨刀门水道外海潮水的顶托作用使高浓度盐水向河道内推移。罗小峰和陈志昌（2005）[19] 认为在径流条件相同的情况下，长江河口区潮差增大会使得进入口门的海水量增大、盐度扩散增强，从而加剧盐水入侵；孔兰和陈晓宏（2015）[20] 研究发现，珠江河口区盐水入侵强度与潮差存在负相关关系，与日最低潮位、日最高潮位存在正相关关系。基于此，赵雪峰等（2017）[15] 通过数值模拟发现：当磨刀门外海潮差较小时，盐水会在斜压作用下向河道内进行补偿流动，此时的入侵距离较远，但盐分主要集中于底层；而当潮差较大时，盐分会在潮汐的混合作用下进行垂向运输，此时入侵距离虽然较小，但等盐线高度却有所增加。

受潮动力因素影响，磨刀门水道盐度与潮位波动存在一定相似性。研究表明[14] 磨刀门水道盐度变化具有与外海潮位相一致的日周期及半月周期特征，且存在一定相位差。径流因素是造成磨刀门水道盐水入侵存在季节性变化的根本原因，潮动力因素则是使盐度发生短时周期性变化的关键。

当前已有大量关于盐水入侵在大潮-小潮期间变化规律的研究[21-25]。对于充分混合的河口，盐水入侵由潮动力因素主导，并在大潮时入侵强度更大，盐水进入河口的主要动力机制是平流运动；对于半混合型河口而言，盐水入侵受径流、潮汐共同驱动，盐通量主要由河口环流引起的稳定剪切输移（steady shear transport）和潮汐扩散（tidal diffusion）主导，往往在小潮时为正值，大潮时为负值[26]。磨刀门枯水期属半混合型河口，其河道内盐度峰值与谷值的出现时间分别为小潮和大潮后的中潮期[27]，潮汐与盐度的周期性规律也为盐水入侵预报提供了可能。

一般而言，潮动力大小可由低潮位、高潮位和潮差表示，为避免模型在预报过程中出现变量信息冗余、结构复杂等问题，仅选用一项潮动力因子作为模型外源驱动项。对研究时段内平岗站日均盐度序列与三灶站日潮位序列（日最低潮位、日最高潮位和日潮差）进行统计分析，从而确定最合适的潮动力因子，并将结果以 2009—2010 年枯水期为例进行展示，如图 6-4 所示。三灶站日最低潮位、日最高潮位、日潮差与平岗站日均盐度序列均呈明显半月周期性特征，且 3 种潮位序列与盐度序列存在不同程度的相位差。其中，低潮位序列起涨下落区间与峰现时间大约提前于盐度序列 2～4d；高潮位、潮差与盐度序列起涨区间基本重合，而前两者下落区间与峰现时间大约滞后于盐度序列 5～6d。计算不同提前、滞后时间下各潮位序列与盐度序列的 Pearson 相关系数，结果见表 6-2。由表 6-2 可知，在一定提前时间下，平岗站盐度序列与三灶站低潮位、高潮位序列呈正相关性，而与三灶站潮差序列呈负相关性，这与孔兰和陈晓宏[20] 的研究结果相一致。此外，还可发现，对于低潮位而言，提前序列相比滞后序列有着更高的盐度相关性，且提前 1～3d 低潮位序列的盐度相关系数均通过 99%显著性检验，最大可达 0.570（提前 3d）；而对于高潮位与潮差而言，滞后序列的盐度相关性更大，且相关系数在滞后 3d 时达到最大值，这也与图 6-4 中潮位、盐度序列的相位差相呼应。由于在实际预报过程中，预报因子的对应时刻往往需提前于预报对象若干个时间步长，这也是预见期产生的原因之一，而在 3 种潮位序列中，只有相位提前于盐度变化的低潮位序列符合这一条件；再者，研究表明[28] 相比潮差与高潮位，平岗站盐度超标时数与下游低潮位相关性更为显著；苏程佳等[29] 也曾将灯笼山站日最低潮位作为预报因子对磨刀门水道大涌口站进行日均盐度预报。因此，最终选取三灶站低潮位序列作为磨刀门水道盐水入侵预报的潮动力因子。

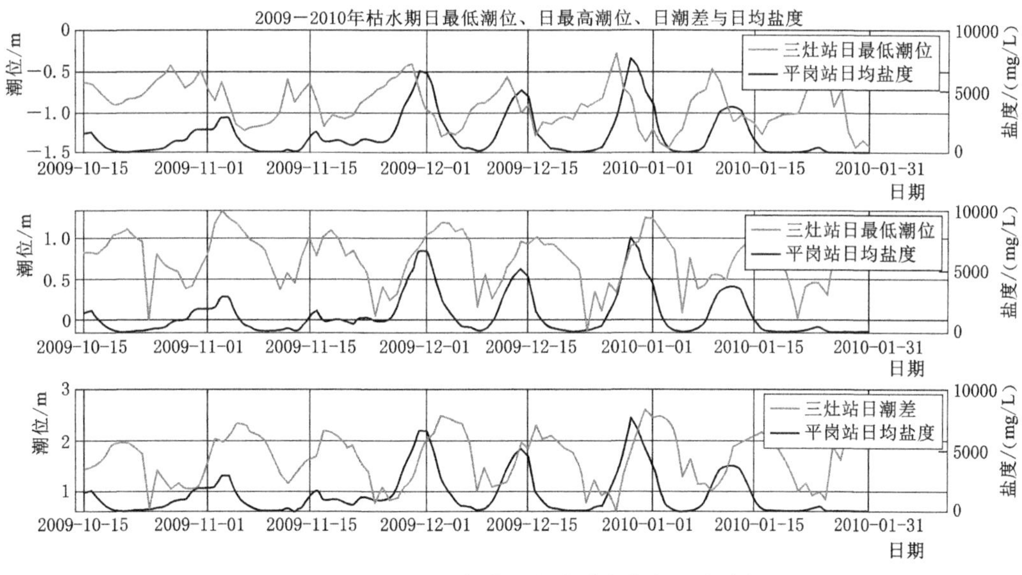

图 6-4 2009—2010 年磨刀门水道潮位与盐度分析图

表 6-2 三灶站低潮位、高潮位、潮差与平岗站盐度的 Pearson 相关系数

三灶站潮位序列	前 3d	前 2d	前 1d	同期	后 1d	后 2d	后 3d
日最低潮位	0.570**	0.523**	0.356**	0.126	−0.164	−0.388**	−0.514**
日最高潮位	−0.453**	−0.242*	0.009	0.233*	0.405**	0.531**	0.552**
日潮差	−0.599**	−0.431**	−0.182	0.081	0.343**	0.547**	0.626**

注 加粗部分表示不同提前或滞后时间下潮位与盐度序列相关性最显著者；“*”表示相关系数通过 95%显著性检验；“**”表示相关系数通过 99%显著性检验。

6.1.1.4　风速风向因素

除盐度自相关性、潮汐、径流等因素外，风速风向对于盐水入侵的影响作用也不容忽视。事实上，磨刀门水道自古以来就有“北风增咸”的说法，早在 1962 年，黄新华等（1962）[30] 就指出偏北风会使得磨刀门水道上游来水在落潮时加速下泄，这相对减少了涨潮时的上游来水量，从而导致盐水在此期间更易向河道内入侵；闻平等（2007）[31] 通过对比分析不同风速风向下的平岗站逐时盐度过程发现北风-东北风对磨刀门水道盐水入侵现象有着明显的增强作用；彭靖（2008）[32] 依据实测资料分析了风对磨刀门水道盐度分层与河口环流作用的影响，发现向外海吹的北风可以在一定程度上加大上游来水量，促进河道内表层水体向下游宣泄，同时增强底层水体的上溯过程，形成典型的河口环流现象；由于密度较大的高浓度盐水一般处于底层水体，因此河口环流也间接加剧了盐水入侵强度。随后，Gan 等（2009）[33] 在其研究中得出相似结论，认为北风能加剧磨刀门水道表层淡水快速入海，而底层高浓度盐水将以补偿流的形式向上游输移，加剧盐水入侵，且此过程在涨潮时更为明显；苏波等（2012）[34] 根据磨刀门水道水体盐度与风资料分析了不同风向对盐水入侵的影响，结果表明该地区在强偏北风下盐通量主要来自洪湾水道，一般风力下横洲水道为盐度主要输移通道；高晨晨等（2019）[35] 在此基础上进一步研究了北风对磨刀门水道盐水入侵的影响机制，并得出与之相一致的结论，认为强北风时洪湾水道为磨刀门盐分主要来源，而弱北风时，洪湾水道主要起排盐作用，横洲水道则成主要输盐通道。

统计 2001—2012 年共 12 年的磨刀门水道枯水期风速风向分布情况，结果如图 6-5 所示。由图 6-5 可知，研究时段内磨刀门水道枯水期偏北风频率有逐年增大趋势；2001—2008 年，磨刀门水道风向以北风（N）及东南风（SE）为主；而自 2009 年开始，风向出现了较为明显的偏移，东北风（NE）频率明显增大，东南风（SE）频率逐渐减小，这与同期磨刀门水道盐水入侵加剧的现象相吻合。结合前人研究认为这可能是由于东北风（NE）与洪湾水道走向（NE－SW）相顺应，外海盐水在其推动下更易由洪湾水道（支流）进入磨刀门水道（主干道）。综上所述，风主要是通过其与河道方向相平行的分量影响着磨刀门水道盐水入侵过程，因此，为了方便模型后续构建与使用，将澳门九澳气象站风速风向数据按平行于河道方向进行投影计算，南风为正值，北风为负值，并计算不同提前时间下投影风速与平岗站盐度序列的 Pearson 相关系数，结果见表 6-3。由表可知，磨刀门水道投影风速与盐度序列呈较弱负相关性，除提前 8d 外，各提前时间下投影风速与盐度序列的相关系数均通过显著性检验，并在提前 2d 达到负相关性最大值（$r=-0.166$）。由于风速向北投影为负值，因此，这说明北风与盐度呈正相关性，与前文“北风增咸”理论相符合。同时，虽然投影风速与盐度序列仅呈较弱线性相关性，但由于两者驱动一响应机制中往往存在多种非线性成分，传统相关系数难以准确量化，风速风向因子仍可能具有一定盐度预报价值，因此 6.3.2 节采用非线性的条件互信息（CMI）方法对其进行进一步筛选。

6.1.1.5　大气环流因素

对于中长期尺度盐水入侵过程，风速、潮位等短时影响因素的作用相对较弱，盐度变化主要受径流过程影响，而气候因素又会通过影响流域内降水、径流间接改变河口区盐水

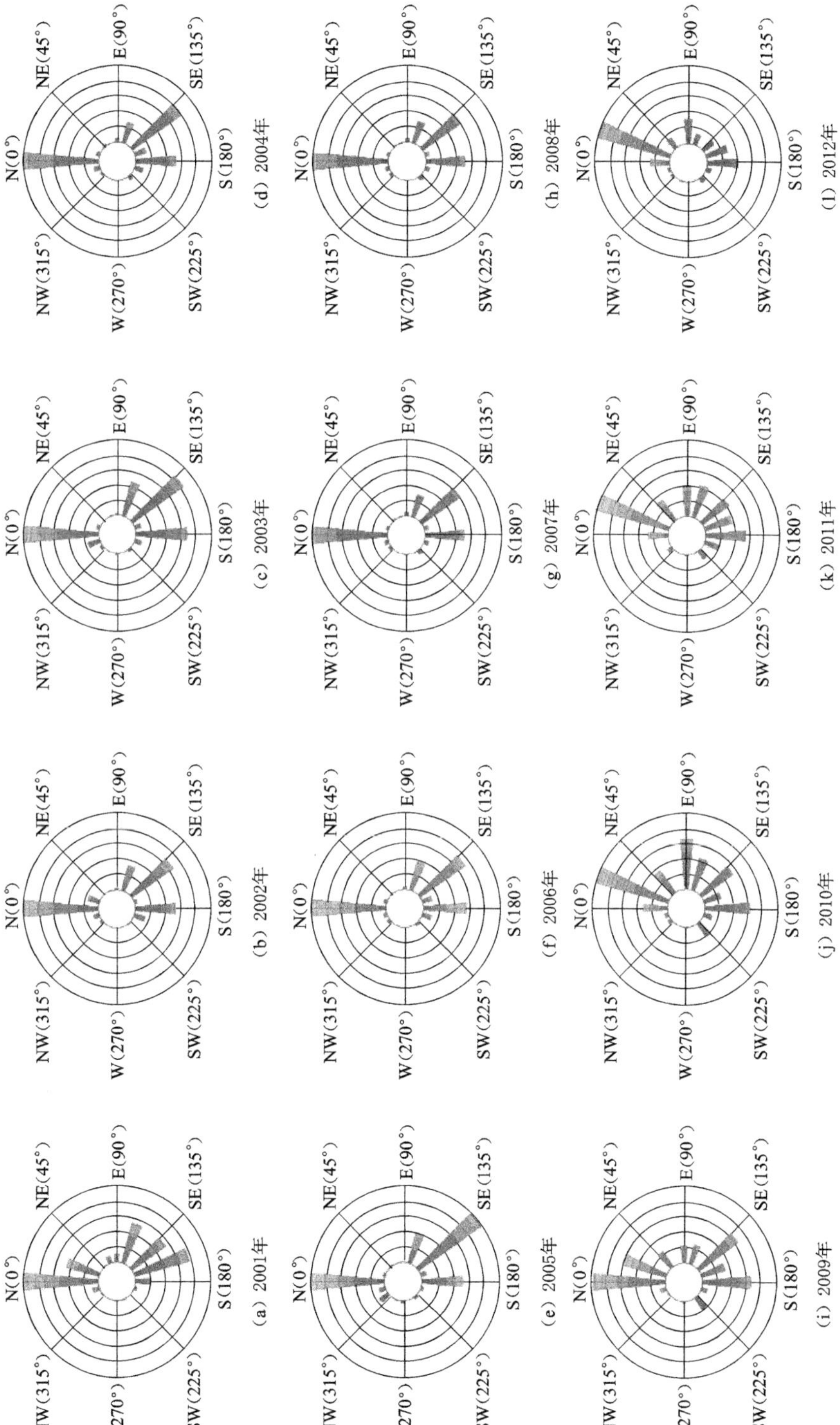

图 6-5 磨刀门水道枯水期风速风向玫瑰图

表 6-3　　磨刀门水道投影风速与盐度序列的 Pearson 相关系数

提前时间	同期	前 1d	前 2d	前 3d	前 4d
相关系数	−0.111**	−0.146**	−0.166**	−0.152**	−0.135**
提前时间	前 5d	前 6d	前 7d	前 8d	前 9d
相关系数	−0.117**	−0.090**	−0.073**	−0.066	−0.070*
提前时间	前 10d	前 11d	前 12d	前 13d	前 14d
相关系数	−0.075**	−0.078**	−0.078**	−0.068**	−0.053*

注　加粗部分表示不同提前或滞后时间下投影风速与盐度序列相关性最显著者；“*”表示相关系数通过 95% 显著性检验；“**”表示相关系数通过 99% 显著性检验。

入侵过程。孔兰等（2011）[36] 基于对磨刀门水道 2009—2010 年枯水期实测数据研究发现，平岗站盐度超标历时的增长趋势主要和全球变暖环境下珠江流域极端干旱事件增多有关；Deng 等（2008）[37] 基于气温降水实测资料对珠江流域 1959—2012 年干旱事件进行时空特征分析，认为珠江流域枯季干旱事件受全球厄尔尼诺效应支配，这同时也间接影响着珠江河口区盐水入侵的发生时间；苗娟和林振山（2004）[38] 从 74 项大气环流特征资料中筛选出 18 项与我国降水量相关的因子，并分析其与九大气象区降水变化的关系，认为北半球副高面积、西太平洋副高脊线、南海副高面积等因子与华南地区降水量相关性较大；随后，赖荣康（2011）[39] 对珠海地区盐水入侵现象进行归因性分析发现，厄尔尼诺-南方涛动（ENSO）事件与西江流域降水量变化密切相关，海洋尼诺指数（ONI）、NINO 3.4 区海温指数也与该地径流量存在显著相关性，由于上游来水减少是导致盐水入侵发生的主要因素，因此上述气候因子同样影响着珠江河口盐度变化过程。鉴于此，在进行盐水入侵中长期预报时，可以结合现有中长期水文预报成果，往预报因子集中加入个别气候因子以提升模型预报精度。当前，气候因子作为输入变量已被广泛应用于中长期水文预报领域：赵铜铁钢等（2012）[40] 采用随机森林模型对长江上游枯季径流进行中长期预报因子筛选，研究表明随着预见期延长，径流自相关性逐渐减弱，而径流与气候因子的遥相关性逐渐增强，最终优选出亚洲区极涡面积指数、北半球副高脊线、大西洋副高北界等气候因子作为模型输入变量；孟二浩等（2017）[41] 在常规中长期径流预报因子中加入北大西洋年代际振荡（AMO）、北极震荡（AO）和 NINO 3.4 区海温因子，发现考虑大气环流因子后，模型对泾河流域中长期水文预报精度有着大幅提升；魏显贵等（2021）[42] 认为，由于海洋表面温度与径流量存在较长驱动滞时，因此可有效利用适宜区域的海温因子延长径流中长期预报预见期并提升预报精度，该方法在黄河上游龙羊峡入库流量预报中得到较好应用；梁浩等（2020）[43] 在对渭河流域进行月尺度径流预报时将大气环流因子作为新增输入项，发现 NINO 3.4 对渭河径流量影响显著，而北极涛动指数（AO）和太阳黑子的影响并不明显。综上所述，在现有关于我国中长期径流预报成果的基础上，对变量进行相关性分析，从国家气候中心公布的 130 项大气环流因子中优选出东亚槽强度指数（EATII）、NINO 3.4 区海表温度距平指数（NINO 3.4）、北大西洋-欧洲区极涡强度指数（AEPV）和南方涛动指数（SOI）作为中长期盐度预报因子。

6.1.2　盐水入侵预报因子优选方法

对于数据驱动模型而言，确定合适的输入变量是模型构建的首要任务，这极大程度地影响着模型输出结果的可靠性。在机器学习理论中，往往称此过程为“特征选择”，它能帮助模型使用者剔除冗余或无关特征，从而提升模型运行效率与输出精度。当前流行的“特征选择”方法可分为 3 类[44]，分别是过滤式（filter）、包裹式（wrapper）和嵌入式（embedded）方法。其中，过滤式方法采用某项指标（如相关系数、互信息、最大信息系数等）量化输入变量与输出变量的相关关系，并以设定阈值的方式“过滤”无效变量，从而筛选最优输入变量。由于此种方法具有较好的独立性以及它易于与任何回归模型进行耦合[45]，因此，选用过滤法进行模型输入变量优选。

基于盐水入侵的物理成因分析，初选前期盐度、径流、低潮位、投影风速、气候因子 5 项盐水入侵预报因子，其中前期盐度因子属模型自回归项，其余因子属外源驱动项。由于不同预报因子与盐度的驱动－响应滞时存在差异，因此需进一步确定各预报因子相对于盐度序列的最佳驱动滞时，以此优选出合适的模型输入变量。鉴于此，利用偏相关系数[46] 与条件互信息（*CMI*）作为过滤器，对上述预报因子进行最佳滞时筛选。

互信息（*MI*）来源于信息论[47]，是一种非参数统计方法，可以量化两变量间的非线性相关程度。由于盐水入侵受多因素共同影响，盐度变化与各外源因子间的数量关系往往是非线性的，因此传统 Pearson 相关系数难以有效衡量变量关联程度，故采用 *MI* 进行输入变量筛选是更为合理的。假设有两变量 X、Y，其 *MI* 的计算过程可由下式表示[48]：

$$MI(X,Y)=\iint f_{X,Y}(x,y)\ln\left[\frac{f_{X,Y}(x,y)}{f_X(x)f_Y(y)}\right]\mathrm{d}x\,\mathrm{d}y \tag{6-2}$$

式中：$f_X(x)$、$f_Y(y)$ 和 $f_{X,Y}(x, y)$ 分别为变量 X、Y 的边缘概率分布函数及联合概率分布函数。然而，*MI* 难以解决输入变量中存在的冗余性以及条件无关性等问题，且盐水入侵各外源驱动项可能也与前期盐度因子存在相依关系，这意味着仅依据 *MI* 对外源驱动项进行驱动滞时分析是不够的，必须同时将自回归项作为已知条件进行综合分析。鉴于此，需进一步使用 *CMI* 以衡量两变量 X、Y 在剔除无关变量 Z 的影响后所包含的共有信息，从而有效减弱输入变量的冗余性与条件无关性，其计算方法可由下式表示[45]：

$$CMI(X;Y|Z)=MI(X;(Y,Z))-MI(X;Z) \tag{6-3}$$

关于 CMI 的细节内容可参考已有文献[49-50]，此处不再赘述。

依据以下步骤对盐度预报模型输入变量进行进一步筛选：

（1）依据成因分析法初选盐水入侵预报外源驱动项（考虑潮动力、径流、风速风向、大气环流等因素），并将不同滞时下的各预报因子作为待选输入变量。

（2）计算盐度时间序列的偏自相关系数，并将具有显著偏自相关性（95%置信度）的自回归项作为前期盐度因子选入最优变量集 S。

（3）将 S 中的已选自回归项作为已知条件，计算其余输入变量与盐度序列的 *CMI*，将 *CMI* 最大者再次选入 S。

（4）重复步骤（3），直到程序遍历完所有外源驱动项；其中，为减小变量冗余性，以及简化模型结构，针对每个外源驱动项最多只选取 1 个输入变量。

对于 *CMI* 的计算采用了基于核函数的方法，可通过直接调用 MATLAB 中的 Kernel-MI 程序包进行实现[51]。

6.1.3　盐水入侵预报因子优选结果

选用平岗站前期盐度、三灶站低潮位、三水站径流量、马口站径流量、澳门九澳气象站风速风向和部分大气环流因子作为盐水入侵初选预报因子，首先对盐度时间序列进行偏自相关性分析，以日均盐度（1d尺度）为例，所得结果如图6-6所示。日均盐度的偏自相关性在滞时为1d最为显著，随后偏自相关系数逐渐降低；而从8d开始，盐度偏自相关性再次升高，且均通过95%置信度检验，并在滞时为11d达到峰值，随后再次降低，认为这主要与盐度时间序列中存在的周期性特征有关。对比前文盐度自相关性分析结果（图6-3）可以发现，两系数达到峰值的时间有所差异（盐度自相关性与偏自相关性达到峰值的滞时分别为14d和11d）。这主要是因为偏自相关性衡量的是前期盐度在剔除其他自回归项影响后与当前盐度的关联程度，由于磨刀门水道盐度序列具有明显的半月周期性特征，滞时为14d与1d的前期盐度序列很可能包含着大量重复信息，这也是为何其Pearson相关系数在此时能达到峰值的原因之一。然而，这部分重复信息在模型预报过程中是无效且多余的，甚至会徒然增加模型结构的复杂性，因此，为有效避免输入变量冗余性及条件无关性问题的产生，选择偏相关性更高的盐度自回归项作为模型输入变量较为合理。

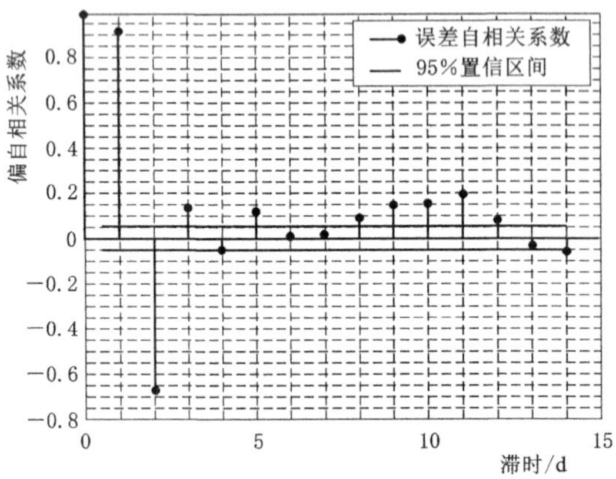

图6-6　平岗站盐度序列偏自相关性分析图

依据盐度偏自相关性分析结果，将通过95%显著性检验的自回归项（前期盐度）作为模型输入变量优先选入最优变量集 S，在此基础上把最优自回归项作为已知条件计算各外源驱动项与盐度序列的 CMI，将结果以短期盐度预报为例进行展示，见表6-4。由表可知，剔除前期盐度影响后，低潮位与盐度序列的 CMI 最大，径流量次之，风速风向最小。此外还可发现，当预见期为1～3d时，3种外源驱动项的 CMI 差距并不大；而当预见期为6～5d时，风速风向 CMI 骤减，且远小于径流量与低潮位的 CMI，说明此时风速的盐度预报价值不高，因此在该预见期下不将其作为模型外源驱动项。经优选后的各尺度、各预见期下模型最优输入变量结果见表6-5。由表6-5可知，对于模型外源输入变量而言，径流与潮动力因子在各时间尺度、各预见期下都应考虑，因为这是盐水入侵的直接影响因素；而风速风向因子只在日尺度下较短预见期（1～3d）时适合作为模型输入变量，当预见期较长、时间尺度较大时，模型输入变量中加入风速风向因子后的预报效果并不好，这主要是因为风速风向属于盐水入侵的短时驱动因素，会对河口区短期盐度变化产生一定影响，而对长期盐度变化影响相对较弱；同时，由于短期盐度变化对风速风向的响应一般较为迅速，故其驱动滞时也相对较短。因此当预见期较长、时间尺度较大时，不宜将风速风向因子作为盐度预报的外源驱动项。此外，对于5d尺度的中期盐度预报而言，模型预报因子只考虑前期盐度、径流与潮动力因素即可；而对于15d尺度和30d尺度的长

表 6-4 盐水入侵短期预报外源驱动项与盐度序列的条件互信息（*CMI*）

外源驱动项	预见期	前 1d	前 2d	前 3d	前 4d	前 5d	前 6d	前 7d	前 8d	前 9d	前 10d	前 11d	前 12d	前 13d	前 14d
径流量（*F*）	1d	**0.443**	0.430	0.416	0.405	0.397	0.387	0.384	0.379	0.367	0.360	0.363	0.361	0.369	0.372
	2d		**0.467**	0.454	0.440	0.427	0.418	0.412	0.406	0.389	0.384	0.389	0.382	0.391	0.395
	3d			**0.479**	0.457	0.439	0.421	0.415	0.411	0.395	0.396	0.399	0.401	0.412	0.421
	4d				**0.469**	0.450	0.432	0.423	0.417	0.400	0.402	0.403	0.403	0.412	0.419
	5d					**0.471**	0.440	0.428	0.422	0.401	0.403	0.404	0.401	0.408	0.410
低潮位（*T*）	1d	0.456	**0.464**	0.454	0.444	0.420	0.413	0.413	0.426	0.433	0.442	0.430	0.423	0.415	0.416
	2d		**0.496**	0.484	0.479	0.450	0.437	0.433	0.445	0.455	0.474	0.466	0.460	0.443	0.439
	3d			**0.523**	0.493	0.470	0.455	0.449	0.470	0.493	0.512	0.508	0.494	0.468	0.450
	4d				**0.494**	0.473	0.456	0.446	0.459	0.482	0.498	0.486	0.496	0.473	0.453
	5d					**0.503**	0.453	0.441	0.448	0.467	0.493	0.494	0.491	0.471	0.454
风速风向（*W*）	1d	**0.416**	0.398	0.408	0.401	0.399	0.407	0.406	0.407	0.411	0.404	0.405	0.404	0.397	0.394
	2d		**0.447**	0.437	0.431	0.429	0.435	0.435	0.435	0.439	0.433	0.434	0.432	0.425	0.420
	3d			**0.473**	0.451	0.450	0.461	0.449	0.451	0.460	0.453	0.455	0.453	0.446	0.442
	4d				0.402	0.393	**0.406**	0.393	0.394	0.403	0.395	0.398	0.395	0.389	0.385
	5d					0.400	**0.411**	0.404	0.402	0.406	0.402	0.406	0.402	0.396	0.391

注 加粗部分表示不同提前时间下各外源驱动项与盐度序列的 *CMI* 最大者；空白部分表示此预见期下该提前时间的外源驱动项不存在。

期盐度预报，除前期盐度、径流与潮位因子外，模型应分别考虑提前 3 个步长的东亚槽强度指数（EATII）、提前 4 个步长的 NINO 3.4 区海表温度距平指数（NINO 3.4）、提前 3 个步长的北大西洋—欧洲区极涡强度指数（AEPV）和提前 1 个步长的南方涛动指数（SOI）作为预报因子。

表 6-5　各尺度盐度预报模型的输入变量优选结果

预报尺度	预见期	模型预报因子
短期预报	1（1d 尺度）	$S(t-1)$，$S(t-2)$，$S(t-3)$，$S(t-9)$，$S(t-10)$，$S(t-11)$，$F(t-1)$，$T(t-2)$，$W(t-1)$
	2（1d 尺度）	$S(t-2)$，$S(t-3)$，$S(t-9)$，$S(t-10)$，$S(t-11)$，$F(t-2)$，$T(t-2)$，$W(t-2)$
	3（1d 尺度）	$S(t-3)$，$S(t-4)$，$S(t-5)$，$S(t-8)$，$S(t-9)$，$S(t-10)$，$S(t-11)$，$S(t-12)$，$F(t-3)$，$T(t-3)$，$W(t-3)$
	4（1d 尺度）	$S(t-4)$，$S(t-5)$，$S(t-8)$，$S(t-9)$，$S(t-10)$，$S(t-11)$，$S(t-12)$，$S(t-14)$，$F(t-4)$，$T(t-4)$
	5（1d 尺度）	$S(t-5)$，$S(t-8)$，$S(t-9)$，$S(t-10)$，$S(t-11)$，$S(t-12)$，$S(t-14)$，$F(t-5)$，$T(t-5)$
中期预报	1（5d 尺度）	$S(t-1)$，$S(t-3)$，$S(t-5)$，$F(t-1)$，$T(t-6)$
	2（5d 尺度）	$S(t-3)$，$S(t-5)$，$F(t-2)$，$T(t-6)$
	3（5d 尺度）	$S(t-3)$，$S(t-5)$，$F(t-3)$，$T(t-6)$
长期预报	1（15d 尺度）	$S(t-1)$，$S(t-2)$，$S(t-3)$，$F(t-1)$，$T(t-1)$，$EATII(t-3)$，$NINO(t-4)$
	2（15d 尺度）	$S(t-2)$，$S(t-3)$，$F(t-2)$，$T(t-2)$，$EATII(t-3)$，$NINO(t-4)$，$AEPV(t-3)$
	3（30d 尺度）	$S(t-1)$，$F(t-1)$，$T(t-1)$，$SOI(t-1)$

注　S 为盐度（mg/L）；F 为径流量（m^3/s）；T 为低潮位（m）；W 为投影风速（m/s）；$EATII$ 为东亚槽强度指数；$NINO$ 为 NINO3.4 区海表温度距平指数；$AEPV$ 为北大西洋-欧洲区极涡强度指数；SOI 为南方涛动指数；$S(t-1)$ 表示提前于盐度预报值 1 个时间步长的盐度，其他变量以此类推。

6.2　河口区盐水入侵短期、中期、长期预报

本章节主要利用 6.1 节所得模型最优输入变量对珠江河口区分别进行短期、中期、长期时间尺度下的盐水入侵预报，将会用到如下 4 种模型，即极限学习机（ELM）、在线序列极限学习机（OSELM）、小波极限学习机（WELM）和小波在线序列极限学习机（WOSELM）模型，其中，WELM 模型与 WOSELM 模型为 ELM 模型与 OSELM 模型分别与小波分解（WD）耦合而成，下文 6.2.1.3 节中解释了该模型的耦合机制对比分析各模型在不同时间尺度、不同预见期下的盐度预报效果，并将表现最优者与误差自回归修正（EC）方法进行耦合，以期进一步提升模型盐度预报精度。

6.2.1　基本原理与方法

主要技术路线如图 6-7 所示，以 ELM 模型为基础模型，通过在线学习算法与 AT 小波分解分别构建 OSELM、WELM 与 WOSELM 模型对珠江河口区磨刀门水道进行 1d 尺

度、5d尺度、15d尺度和30d尺度盐度预报，并判断在线学习与小波分解对模型各尺度盐度预报精度的提升效果，再将各尺度下的最优盐度预报模型与误差自回归修正（EC）方法进行耦合，构建各尺度盐度实时预报模型，并以纳什效率系数（NSE）、均方根误差（RMSE）、平均绝对误差（MAE）、平均绝对百分比误差（MAPE）、相关性系数（R）与Kling-Gupta效率系数（KGE）对各模型预报结果进行评价。

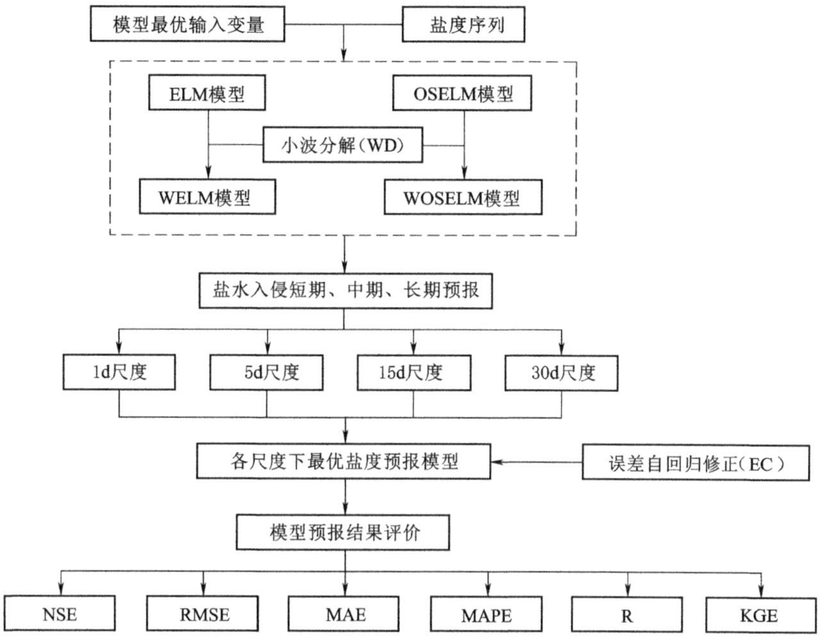

图6-7 盐水入侵短期、中期、长期预报技术路线图

6.2.1.1 极限学习机（ELM）

ELM模型由Huang等（2006）[52] 为解决早期同类机器学习模型所具有的缺陷与局限性而提出，是一种单隐含层前向传播神经网络模型，其相比传统神经网络模型结构更为简单，计算效率更快，泛化能力更强[53]。由于传统神经网络模型通常采取一系列迭代式算法进行训练，如梯度下降法，这往往会使得模型参数陷入局部最优解，而无法达到全局最优，且随着迭代次数增加，模型训练时间将大幅上涨，最终降低整个模型运行效率。Huang等（2006）[54] 通过数学公式推导证明了：对于一个取任意随机输入-隐含层权值、阈值的单隐含层神经网络而言，若想让网络结构无限趋近于某一函数映射关系，其隐含-输出层权值有且仅有一个最小二乘解，且此最优解可通过求Moore-Penrose广义逆得出。一个典型的ELM模型可概括为以下3步：

（1）随机生成隐含层的权值、阈值。

（2）根据输入变量与隐含层权值、阈值计算得到隐含层输出矩阵。

（3）通过隐含层输出矩阵与期望输出矩阵反求输出层权值。

其中，隐含层节点数通常采用“试错法”根据模型在验证集上的表现来确定。此外，为了保证输出层权值可通过最小二乘法求出，必须采用连续概率分布（如：均匀分布、正态分布）对隐含层权值、阈值进行随机初始化[55]。

图 6-8 展示了 ELM 模型的基本结构，假设有 N 对输入、输出样本（x_l，y_l），输入变量维数为 t，则 ELM 模型可由下式表示[52]：

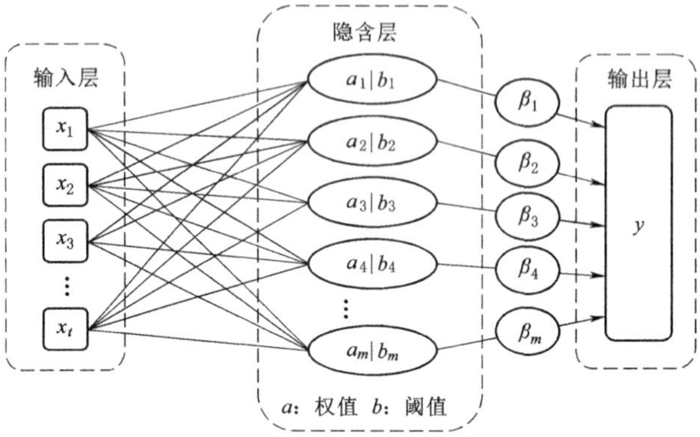

图 6-8　极限学习机的基本结构

$$\hat{y_l}=\sum_{i=1}^{m}\beta_i F(a_i,b_i,x_l)=y_l,\quad l=1,\cdots,N \tag{6-4}$$

式中：x_l、y_l 分别为第 l 个样本的实际输入、输出值；$\hat{y_l}$ 为第 l 个样本的模拟输出值；F 为激活函数；m 为隐含层节点数，是模型唯一的超参数；a_i、b_i 分别为隐含层权值、阈值，通过随机初始化的方式进行取值；β_i 为输出层权值，通过最小二乘损失函数进行求解。

在 ELM 模型中可以选择多种隐含层激活函数，常见如：正切型 sigmoid 函数、对数型 sigmoid 函数、硬限制（hard limit）型函数、三角基函数、径向基（radial basis）函数等；其中，对数型 sigmoid 函数是水文预报领域中应用最为广泛的激活函数[56]，可由如下公式表示：

$$F(a_i,b_i,x_l)=\frac{1}{1+\mathrm{e}^{(-ax_l+b)}},\quad l=1,\cdots,N \tag{6-5}$$

对于一个 ELM 模型而言，一旦隐含层权值 a_i 与阈值 b_i 被随机确定，隐含层输出矩阵 $\boldsymbol{H}$［由 $F(a_i,\ b_i,\ x_l)$ 组成的一个矩阵］就会被唯一确定，则神经网络训练过程可转换为一个求解线性问题 $\boldsymbol{H}\beta^*=\boldsymbol{Y}$ 的过程，并且可通过下式求解 β^*：

$$\beta^*=\boldsymbol{H}^{+}\boldsymbol{Y} \tag{6-6}$$

式中：$\boldsymbol{H}^{+}$ 为矩阵 $\boldsymbol{H}$ 的 Moore-Penrose 广义逆；$\boldsymbol{Y}$ 为输出层矩阵；β^* 为训练后的输出层权值。

6.2.1.2　在线序列极限学习机（OSELM）

传统 ELM 模型一般采用“批量学习”的方式进行训练，仅通过历史数据捕获变量间的非线性映射关系，即一次性地将全部训练集数据用于模型学习，待模型训练完成后便不再更改输出层权值 β，这可能导致模型只在历史数据集上有较好的拟合效果，而难以对新采集到的实时数据做出动态响应[57]。因此，Liang 等（2006）[58] 提出基于“在线学习”算法的 OSELM 模型，在该模型中，样本点（x_l，y_l）将被按顺序地（而不是一次性地）

赋予模型进行训练，这使得模型能不断采用新到来的实时数据更新参数，从而提升模型时效性。

该模型可分为两个阶段：初始化阶段和在线学习阶段。

在初始化阶段，OSELM 模型与 ELM 模型原理相同，通过初始数据集（设初始样本数量为 N_0，N_0 应远大于隐含层节点数 m）进行参数率定，其原理与 6.1 节相同，此处不再赘述。

而在在线学习阶段，模型得到第 N_0+1 组样本，即“新数据”，并通过下式对输出层权值 β 进行更新：

$$\boldsymbol{B}_{N_0+1}=\boldsymbol{B}_{N_0}+\boldsymbol{K}_{N_0+1}^{-1}\boldsymbol{H}_{N_0+1}^{\mathrm{T}}(\boldsymbol{Y}_{N_0+1}-\boldsymbol{H}_{N_0+1}\boldsymbol{B}_{N_0}) \tag{6-7}$$

式中：$\boldsymbol{B}$ 为由 β_i 组成的输出层权值矩阵；$\boldsymbol{H}$ 为由式（6-2）中 $F(a_i,\ b_i,\ x_l)$ 组成的隐含层输出矩阵；$\boldsymbol{E}$ 为单位矩阵；$\boldsymbol{K}$ 为计算 $\boldsymbol{B}$ 所用的过渡矩阵，$\boldsymbol{K}=\boldsymbol{H}^{\mathrm{T}}\boldsymbol{H}$，为避免在递归过程中出现求逆计算，采用 Woodbury 公式对 $\boldsymbol{K}_{N_0+1}^{-1}$ 进行修正：

$$\begin{aligned}\boldsymbol{K}_{N_0+1}^{-1}&=(\boldsymbol{K}_{N_0}+\boldsymbol{H}_{N_0+1}^{\mathrm{T}}\boldsymbol{H}_{N_0+1})^{-1}\\&=\boldsymbol{K}_{N_0}^{-1}-\boldsymbol{K}_{N_0}^{-1}\boldsymbol{H}_{N_0+1}^{\mathrm{T}}(\boldsymbol{E}+\boldsymbol{H}_{N_0+1}\boldsymbol{K}_{N_0}^{-1}\boldsymbol{H}_{N_0+1}^{\mathrm{T}})^{-1}\boldsymbol{K}_{N_0}^{-1}\boldsymbol{H}_{N_0+1}\end{aligned} \tag{6-8}$$

其中，$\boldsymbol{P}_{N_0+1}=\boldsymbol{K}_{N_0+1}^{-1}$，故式（6-5）与式（6-4）经修正后变为：

$$\boldsymbol{P}_{N_0+1}=\boldsymbol{P}_{N_0}-\boldsymbol{P}_{N_0}\boldsymbol{H}_{N_0+1}^{\mathrm{T}}(\boldsymbol{E}+\boldsymbol{H}_{N_0+1}\boldsymbol{P}_{N_0}\boldsymbol{H}_{N_0+1}^{\mathrm{T}})^{-1}\boldsymbol{H}_{N_0+1}\boldsymbol{P}_{N_0} \tag{6-9}$$

$$\boldsymbol{B}_{N_0+1}=\boldsymbol{B}_{N_0}+\boldsymbol{P}_{N_0+1}\boldsymbol{H}_{N_0+1}^{\mathrm{T}}(\boldsymbol{Y}_{N_0+1}-\boldsymbol{H}_{N_0+1}\boldsymbol{B}_{N_0}) \tag{6-10}$$

令 $N_0=N_0+1$，重复上述在线学习步骤，以此类推。

采用“留一法（LOO）”[59] 优选 ELM 模型与 OSELM 模型隐含层节点数，初始寻优范围设定为 [10，50]，由于两模型在训练期原理相同，故所得最优隐含层节点数也应一致；隐含层激活函数选用对数型 sigmoid 函数；由于隐含层权值、阈值初始化过程具有不确定性，利用集合预报的方式减小模型随机误差，即对各样本点重复预报 200 次，以算数平均数作为模型最终预报结果。

6.2.1.3 小波分解（WD）

小波分解指利用某种特定的小波基函数通过缩放和平移的方式将原始信号分解为时域和频域上的分量，从而挖掘原始信号在多时间尺度上的信息[60]。已有实践证明，小波分解相比传统傅里叶变换在处理非平稳水文时间序列中有着更好的表现[61]。常见的小波分解方法有连续小波变换（CWT）和离散小波变换（DWT）两种。CWT 可适用于任何连续平滑的函数，并且能识别信号中各时间尺度信息，同时具有良好的全局性与局部性。然而，由于尺度系数与平移系数的连续性，CWT 计算过程会产生大量冗余数据，这使得计算耗时大幅提升，因此在实际应用中往往采用效率更高的 DWT。

DWT 包含分解与重构两个阶段，为减小数据冗余性，DWT 在每层分解中都使用高通滤波器与低通滤波器对信号进行降采样，即在相邻两点中仅取一点作为采样点，这样一来，每当完成一层分解，小波系数与尺度系数的长度均会减半；而重构阶段则采用升采样的方式对分量进行多分辨率分析（MRA），从而将小波系数与尺度系数转换为与原信号等长的细节系数与近似系数[62]。由于降采样的存在，模型在预报过程中获取到的有效信息可能随分解层数加深而减少，这将不可避免地影响到模型最终预报精度[63]。同时，由于预报模型往往需要建立在对历史数据拟合的基础之上，因此 DWT 的时移可变性（即小波分量末端的值会随原序列中新数据的添加而改变）同样也给实际预报应用带来较大不便。除此之外，DWT 在其分解与重构阶段还存在一系列“边界效应”问题，这使得它在求解原信号中某处近似系数与细节系数时必需用到后方的“未来数据”，而由于预报过程中“未来数据”是无法获取的，因此这也造成了 DWT 在实际预报应用中的不恰当性[62-65]。

基于冗余算法的多孔小波变换（AT）可以有效解决上述“边界效应”问题，并且具有良好的时移不变性，其分解算法可由下式表示：

$$W_{j,t}^{a}=V_{j-1,t}^{a}-V_{j,t}^{a}\quad(j=0,1,\cdots)\tag{6-11}$$

$$V_{j,t}^{a}=\sum_{l=0}^{L-1}g_{l}^{a}V_{j-1,t-2^{j-1}l\,modN}^{a}\quad(j=0,1,\cdots)\tag{6-12}$$

式中：$W_{j,t}^{a}$ 和 $V_{j,t}^{a}$ 分别为第 j 层小波（细节）系数与尺度（近似）系数，其中 j 为小波分解层数，当 $j=0$ 时表示序列未进行分解，此时将该状态下的尺度（近似）系数视为原始序列，即 $V_{0,t}^{a}$ 为原始序列在 t 时刻的取值；g_{l}^{a} 为 AT 的低通滤波器，且 $g_{l}^{a}\equiv g_{l}/\sqrt{2}$，$g_{l}$ 为 DWT 的低通滤波器；mod 为取模运算符。

在 AT 中，由于不存在降采样过程，故每层小波分量都与原信号有着相同长度，且良好的时移不变性也使其更适用于时间序列的分析、回归与预报[66]。再者，由于经 AT 分解后的小波分量无需进行重构便可直接通过叠加的方式得到原始序列，因此其小波（尺度）系数往往也视为细节（近似）系数。此外，从式（6－11）和式（6－12）中还可看出，AT 在分解过程中只需用到左侧已知数据，而无需用到右侧未知数据（即“未来数据”），这意味着其在实际预报过程中并不存在“边界效应”问题，但值得注意的是，AT 在原始序列最左端（即模型训练初期）仍会受边界效应影响，且有学者指出，影响范围可由下式表示[69]：

$$L_{j}=(2^{j}-1)(L-1)+1\tag{6-13}$$

式中：L_j 为小波分量左端受“边界效应”影响的数据量；j 为小波分解层数；L 为滤波器长度。因此，为彻底避免此类“边界效应”产生，现直接将 AT 小波分量的前 L_j 项剔除后再输入模型进行训练。

采用“多组分预报框架（MF）”[70] 对小波分解与机器学习模型进行耦合，其大致过程如图 6－9 所示。在 MF 框架中，首先对输入变量与目标变量进行小波分解，得到一系列子序列（即细节系数 D_i 与近似系数 A_i）；计算各预报因子分量与目标分量的互信息（MI），选取 MI 较大者作为该预报分量的最优输入变量；然后，针对各目标分量建立共 $j+1$ 个机器学习模型，并依次对 D_1 至 A_j 进行预报；最终将各预报分量通过线性叠加的方式进行集成得到盐度预报结果。

6.2.1.4　实时误差校正（EC）

误差自回归修正是指基于模型预报误差的前后相依规律，利用历史误差序列的自相关性对未来误差进行预报，并以此修正模型原始预报结果[71]。在实际应用中，通常根据前几个时段的已知预报误差建立自回归（AR）模型，从而外延出预报时段内的模型误差，并将其与模型原预报值相加，所得即为修正后的预报结果。然而，传统 AR 模型需事先假定变量间的线性关系，这使得预报模型难以把握盐度误差序列的非线性特征；同时，由于盐水入侵受多因素共同影响，盐度变化规律较为复杂，其预报误差序列的自相关性可能随

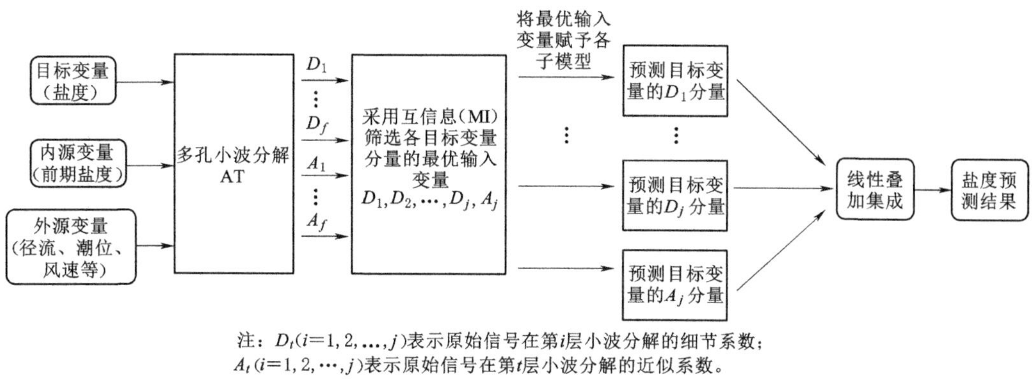

图 6-9　多组分预报框架（MF）流程图

时间推移而改变，若仅依据历史数据进行建模，会使模型缺乏时效性。鉴于此，本章提出基于 OSELM 模型的误差自回归修正方法，模型能在处理非线性特征的同时不断利用实时预报误差更新参数，从而有效提升误差预报精度，该方法大致过程如图 6-10 所示：

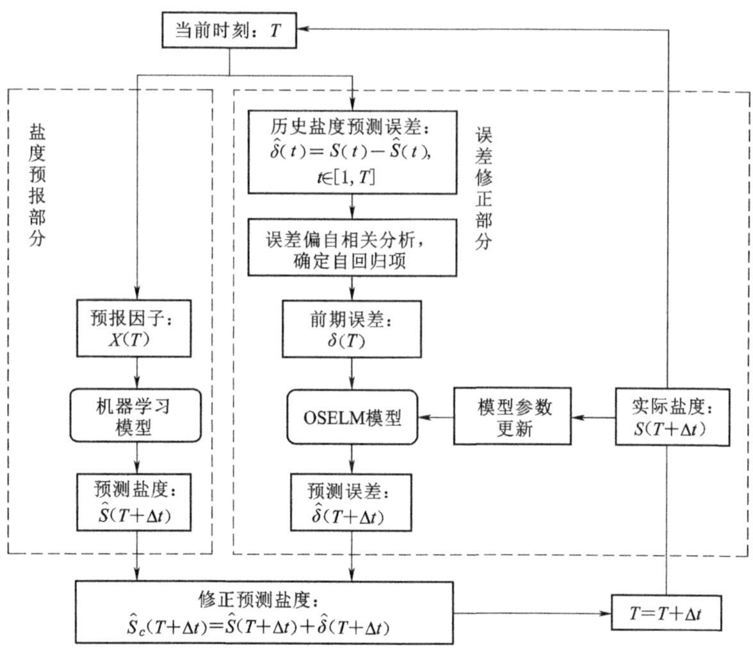

图 6-10　基于 OSELM 模型的误差自回归修正方法流程图

（1）假设当前时刻为 T，计算历史盐度的预报误差序列 $\delta(t)=S(t)-\hat{S}(t)$，其中，$S$ 为实际盐度，$\hat{S}$ 为预报盐度，$t\in[1,T]$。

（2）计算 $\delta(t)$ 的偏自相关系数，选取偏自相关性显著（95%置信度）的自回归项作为误差自回归模型的输入变量。

（3）分别构建 OSELM 模型与盐度预报机器学习模型对下一时刻的误差 $\hat{\delta}(T+\Delta t)$ 与盐度

$\hat{S}(T+\Delta t)$ 进行预报，修正后的盐度预报值即为：$\hat{S}_c(T+\Delta t)=\hat{S}(T+\Delta t)+\hat{\delta}(T+\Delta t)$。

（4）当前时刻推移至 $T=T+\Delta t$，得到 $S(T+\Delta t)$ 与 $\delta(T+\Delta t)$ 的实际值，并以此对 OSELM 模型进行参数更新，重复上述步骤，预报下一时刻的 $\hat{S}(T+\Delta t)$、$\hat{\delta}(T+\Delta t)$ 及 $\hat{S}_c(T+\Delta t)$，以此类推。

6.2.1.5　模型评价方法

选用 5 种传统指标评价各模型盐度预报精度，即纳什效率系数（*NSE*）、均方根误差（*RMSE*）、平均绝对误差（*MAE*）、平均绝对百分比误差（*MAPE*）和相关性系数（*R*），这些指标已被广泛应用于水文模型评价，其可由下式表示[70]：

$$NSE=1-\frac{\sum_{i=1}^{n}(O_i-P_i)^2}{\sum_{i=1}^{n}(O_i-\overline{O})^2} \tag{6-14}$$

$$RMSE=\sqrt{\frac{\sum_{i=1}^{n}(O_i-P_i)^2}{n}} \tag{6-15}$$

$$MAE=\frac{\sum_{i=1}^{n}|O_i-P_i|}{n} \tag{6-16}$$

$$MAPE=\frac{1}{n}\sum_{i=1}^{n}\left|\frac{O_i-P_i}{O_i}\right|\times 100\% \tag{6-17}$$

$$R=\sum_{i=1}^{n}\frac{(O_i-\overline{O})(P_i-\overline{P})}{\sqrt{\sum_{i=1}^{n}(O_i-\overline{O})^2\sum_{i=1}^{n}(P_i-\overline{P})^2}} \tag{6-18}$$

式中：P_i 与 O_i 分别为第 i 天的盐度预报值与观测值；$\overline{P}$ 和 $\overline{O}$ 分别为盐度预报值与观测值的平均值；n 是样本总数。其中，*NSE* 取值范围为（$-\infty$，1]，通常用于量化两时间序列的相似性，$NSE=1$ 时表明模型预报值与观测值完全吻合，$NSE=0$ 时表明模型预报结果具有与观测值均值相同的解释能力，$NSE<0$ 时表明模型预报能力弱于均值预报法[71]；*R* 取值范围为［-1，1］，可衡量变量间的线性相关程度，其值越接近 1 表示预报值与观测值的正相关性越大，拟合度越好；*RMSE* 与 *MAE* 均用于衡量预报值与观测值的差异性，随着观测序列与预报序列差异的增大，两者将从 0 逐渐增加到 $+\infty$，通常 *RMSE* 会略大于 *MAE*；*MAPE* 是一个无量纲指标，取值范围为［0，$+\infty$），其中 $MAPE=0$ 表示模型预报值与观测值完全吻合，$MAPE>100\%$ 表示模型性能较差，值得注意的是，当真实数据中存在 0 值时（即分母为 0），无法使用该评价因子。

为了更全面地对比不同模型盐度预报性能，采用 Kling - Gupta 效率系数（KGE）对各模型预报结果进行评价。KGE 基于分项讨论的思想将传统 NSE 在三个维度上（即：相关性、变异偏差性和平均偏差性）进行分解，从而更全面地量化出序列间的相似程度，其可由下式表示[72]：

$$KGE=1-\sqrt{(r-1)^2+(\alpha-1)^2+(\beta-1)^2} \tag{6-19}$$

式中：r 为观测序列与预报序列的相关性系数；α 衡量两序列的变差性，$\alpha=\frac{\sigma_{sim}}{\sigma_{obs}}$；$\beta$ 为偏置项，$\beta=\frac{\mu_{sim}}{\mu_{obs}}$；$\sigma_{obs}$ 与 σ_{sim} 分别为观测序列与预报序列的标准差；μ_{obs} 与 μ_{sim} 分别为观测序列与预报序列的平均值。与 NSE 类似，$KGE=1$ 时表明模型预报结果与观测结果完全吻合，当 $KGE\approx-0.41$ 时表明模型预报结果具有和观测值均值相同的解释能力，$KGE<-0.41$ 时表明模型预报能力弱于均值预报法[72]。

6.2.2 盐水入侵短期预报

本节主要目的为针对珠江河口区磨刀门水道进行短期盐度预报（即1d尺度预报），所用模型分别为ELM模型、OSELM模型、WELM模型与WOSELM模型，以期判断在线学习与小波分解方法对河口区短期盐度预报效果的提升作用。从4种模型中选取表现最佳者与误差自回归修正（EC）方法进行耦合，进一步构建盐水入侵短期实时预报模型，并对比分析各模型预报性能差异。短期盐度预报数据集划分见表6-6，以2001—2007年6个枯水期时段作为模型训练期，2007—2012年4个枯水期时段（2010—2011年数据缺失）作为模型测试期，训练期与测试期样本容量分别为822和550。

表6-6 短期盐度预报数据集划分

枯水期时段（1日尺度）	样本数量	数据集划分	样本数量
2001-10-16—2002-02-28	137	训练集	822
2002-10-16—2003-02-28	137		
2003-10-16—2004-02-28	137		
2004-10-16—2005-02-28	137		
2005-10-16—2006-02-28	137		
2006-10-16—2007-02-28	137		
2007-10-16—2008-02-28	137	测试集	550
2008-10-16—2009-02-28	137		
2009-10-16—2010-01-31	109		
2011-09-16—2012-02-28	167		

6.2.2.1 模型结果对比分析

1. ELM模型与OSELM模型预报结果

ELM模型与OSELM模型日尺度盐度预报结果如图6-11所示。由图6-11可知，随着预见期延长，实际盐度曲线与预报盐度曲线的偏差逐渐增大，两模型预报精度随之降低。总体而言，基于在线学习算法的OSELM模型略优于传统ELM模型，其预报散点图更集中分布于1∶1标准线两侧，尤其是当预见期为3d时，ELM模型 NSE 仅为0.582，而OSELM模型可达0.646，提升幅度达11.0%，这说明基于在线学习算法的机器学习模型能有效提升河口区短期盐度预报精度。

表6-7展示了两模型预见期1～5d时的盐度预报评价结果，由于OSELM模型与ELM模型在训练期原理相同，故未展示OSELM模型训练集评价结果。由表可知，在测试集阶段，OSELM模型相比ELM模型有着更高的 NSE、KGE 和 R，以及更低的

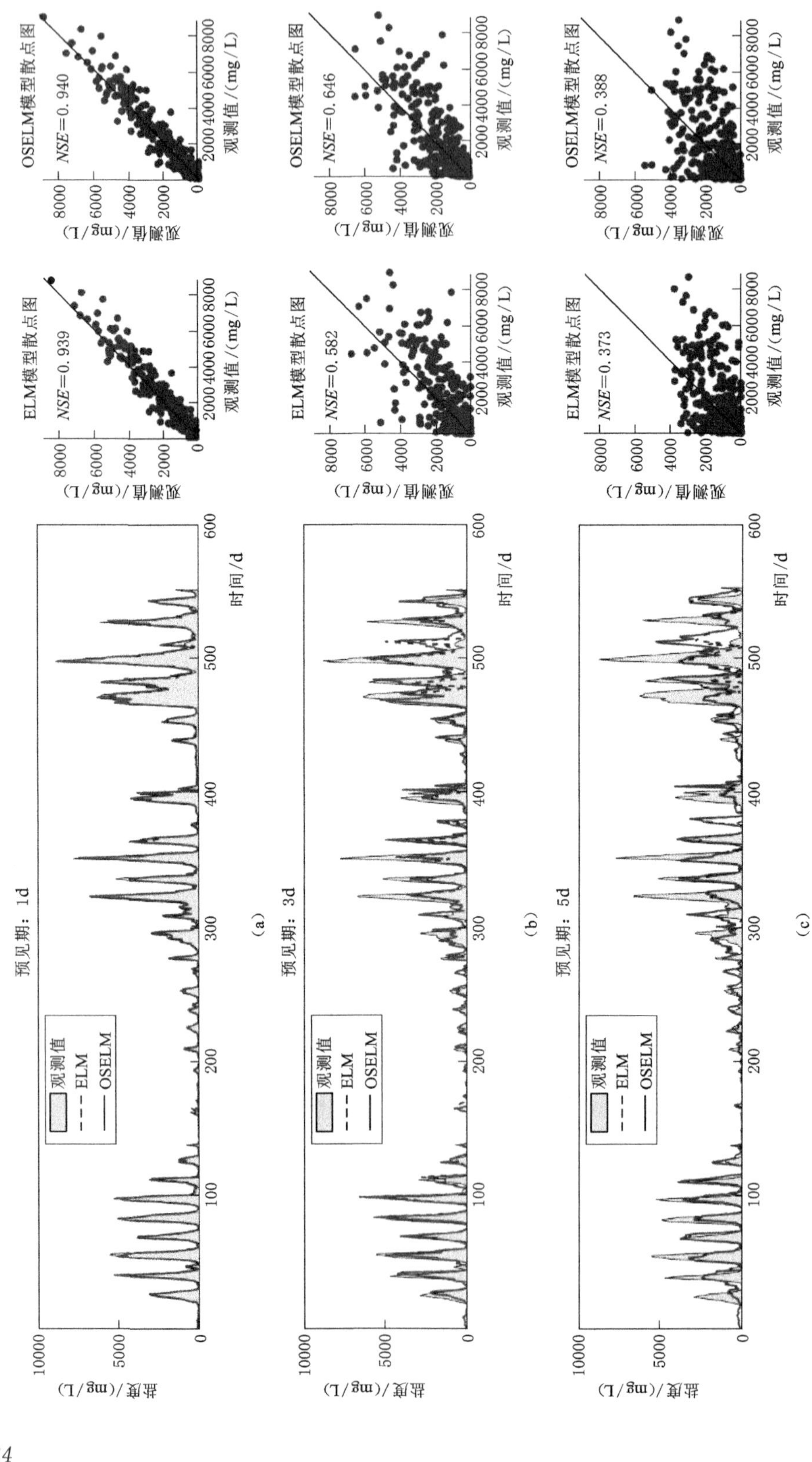

图 6-11 ELM 模型与 OSELM 模型盐度预报结果及散点图

RMSE 和 *MAE*。在预见期为 3d 时，OSELM 模型对于 ELM 模型盐度预报精度的提升效果最为明显，可将 *KGE* 从 0.565 提升至 0.675，并同时将 *MAE* 从 596.290 降低至 561.256；而在其他预见期下，OSELM 模型相比 ELM 模型在预报精度上的优势并不显著。

表 6-7　　ELM 模型与 OSELM 模型盐度预报评价结果

模　型		评价因子	预　见　期				
			1d	2d	3d	4d	5d
ELM 模型	模型网络结构		9-42-1	8-46-1	11-48-1	10-41-1	9-46-1
	训练集	*NSE*	0.955	0.865	0.776	0.629	0.569
		KGE	0.958	0.881	0.805	0.677	0.623
		RMSE	226.163	392.360	505.470	650.307	701.286
		MAE	113.926	195.850	253.103	320.851	352.408
		R	0.977	0.930	0.882	0.795	0.756
	测试集	*NSE*	0.939	0.784	0.582	0.447	0.373
		KGE	0.881	0.724	0.565	0.450	0.386
		RMSE	406.883	766.554	1066.172	1225.963	1305.348
		MAE	231.157	426.469	596.290	714.257	**754.306**
		R	**0.972**	**0.897**	0.781	0.690	**0.633**
OSELM 模型	模型网络结构		9-42-1	8-46-1	11-48-1	10-41-1	9-46-1
	测试集	*NSE*	**0.940**	**0.793**	**0.646**	**0.484**	**0.388**
		KGE	**0.920**	**0.802**	**0.675**	**0.554**	**0.482**
		RMSE	**403.349**	**750.079**	**980.808**	**1183.939**	**1289.504**
		MAE	**226.944**	**418.695**	**561.256**	**697.845**	755.303
		R	0.971	0.893	**0.808**	**0.698**	0.628

注　加粗部分表示两模型中测试集评价结果较优者，其中，*NSE*、*KGE*、*R* 取较大值，*RMSE*、*MAE* 取较小值；模型网络结构表示"输入层节点数—隐含层节点数—输出层节点数"。

同时，从预报曲线图中还可以发现，随着时间推移，两模型盐度预报值的差异逐渐增大，OSELM 模型预报结果与实际盐度曲线的拟合性更好，鉴于此，进一步统计了两模型在测试集不同枯水时段预报精度的差异，结果见表 6-8。由表可知，在测试集整个枯水期（2007—2012 年），OSELM 模型相比于 ELM 模型分别能使 *NSE* 和 *KGE* 平均提升 4.94%和 16.75%，使 *RMSE* 平均降低 3.13%。其中，在第一个枯水期（2007—2008 年），OSELM 模型对于预报精度的提升幅度并不明显，仅使 *NSE* 与 *KGE* 分别平均提升 1.88%和 3.16%，而在最后一个枯水期（2011—2012 年），*NSE* 与 *KGE* 的平均提升幅度分别达到了 17.74%和 25.55%，这说明预报时段与训练时段相隔越远，OSELM 模型对于 ELM 模型的提升幅度越显著。分析原因可能如下：盐水入侵过程处于一个动态变化的系统中，各预报因子与盐度变化的映射关系可能随时间推移而发生一定程度的变化，ELM 模型仅采用训练集数据进行参数率定，难以及时捕获到最新的变量间潜在信息；而 OSELM 模型在训练期进行模型初始化后，不断利用测试集数据实时更新模型参数，能对变化的变量关系做出较好的动态响应，这也是为何两模型预报结果在测试集初期差异不大，而在后期差异较大的原因之一。

表 6-8　　不同枯水期 OSELM 模型相比于 ELM 模型盐度预报精度变化情况

评价因子	预见期	测试集枯水时段		
		2007—2012 年	2007—2008 年	2011—2012 年
NSE	1d	0.11%	−0.19%	**0.34%**
	2d	1.17%	0.88%	**1.72%**
	3d	11.05%	5.09%	**18.49%**
	4d	8.34%	2.94%	**29.72%**
	5d	4.05%	0.68%	**38.41%**
	平均值	4.94%	1.88%	**17.74%**
KGE	1 天	4.40%	0.33%	**6.16%**
	2 天	10.71%	1.25%	**14.91%**
	3 天	19.53%	2.60%	**28.21%**
	4 天	23.19%	4.29%	**35.45%**
	5 天	25.01%	7.31%	**43.02%**
	平均值	16.57%	3.16%	**25.55%**
RMSE	1d	−0.87%	0.53%	**−1.92%**
	2d	−2.15%	−2.83%	**−2.59%**
	3d	−8.01%	−5.80%	**−9.78%**
	4d	−3.43%	−2.14%	**−5.23%**
	5d	−1.21%	−0.46%	**−2.86%**
	平均值	−3.13%	−2.14%	**−4.48%**

注　加粗部分表示各枯水时段中 OSELM 模型相对于 ELM 模型盐度预报精度提升幅度最大者。

2. WELM 与 WOSELM 模型预报结果

WELM 模型与 WOSELM 模型日尺度盐度预报结果如图 6-12 所示。与上文结果相同，基于在线学习算法的 WOSELM 模型相比传统 WELM 模型同样有着更优的盐度预报精度，前者盐度预报曲线与实际盐度曲线的拟合效果更好，预报散点更集中分布于 1：1 标准线两侧，其中预见期为 3d 时 WOSELM 模型优势最为明显，预见期为 1d 时 WOSELM 模型与 WELM 模型盐度预报结果基本没有差异。两模型盐度预报评价结果见表 6-9，由于日尺度盐度序列存在大量短时波动特征，因此选用具有紧支撑性与良好局部化特性的 Haar 小波[73] 作为小波基函数，以便更好捕获盐度序列中的多尺度信息。以预见期 3d 为例，WELM（WOSELM）模型测试集预报结果的 *NSE*、*KGE* 和 *R* 分别为 0.619（0.657）、0.549（0.624）和 0.817（0.826）；*RMSE* 和 *MAE* 分别为 1017.570（965.823）和 580.003（552.907）。由此可见，在线学习算法对于耦合小波-机器学习模型的短期盐度预报精度同样有着较为明显的提升作用。表 6-10 展示了两模型在测试集不同枯水期下盐度预报精度的变化情况，从表 6-10 中可以发现与前文相同的规律，WOSELM

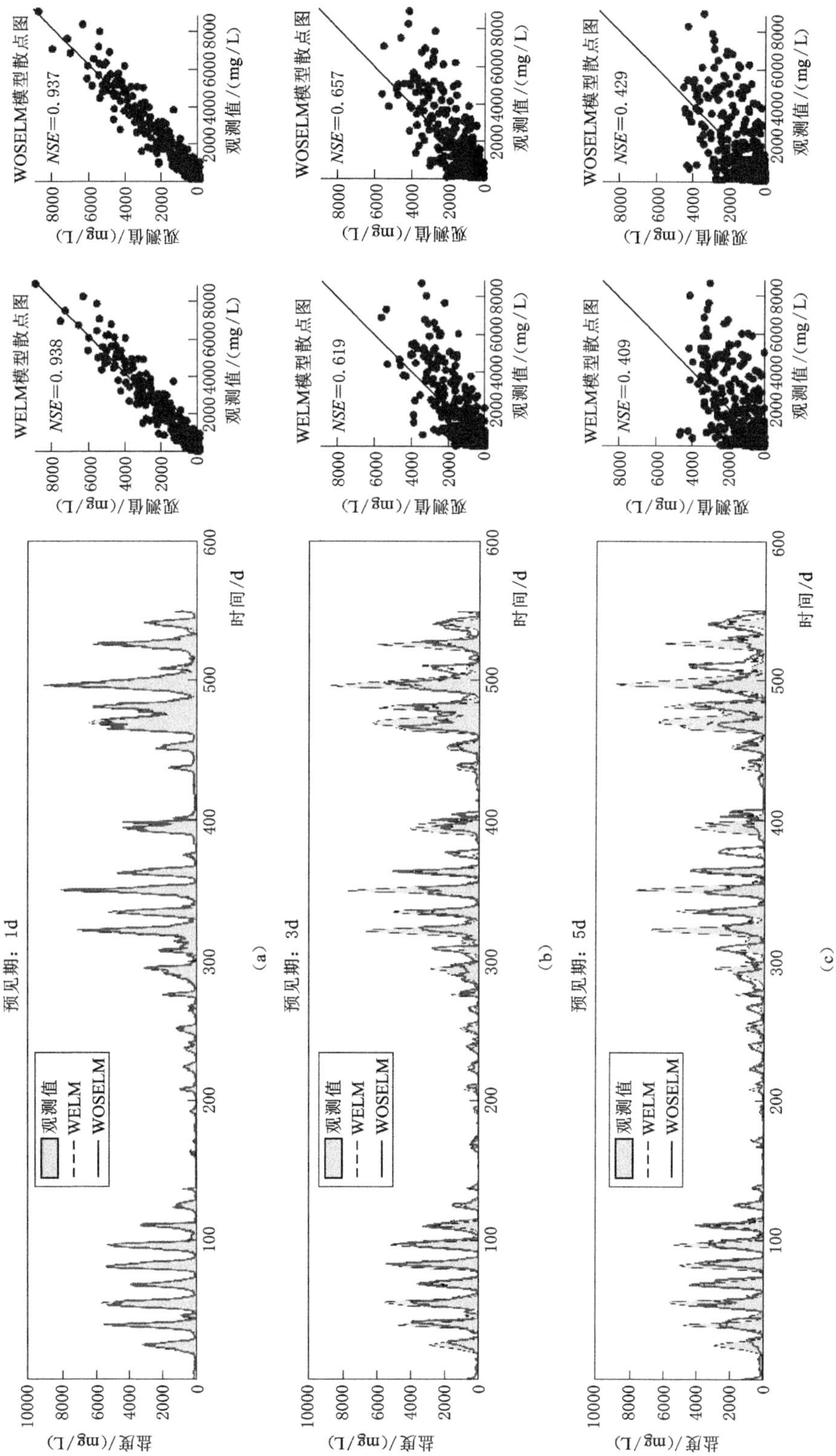

图 6-12 WELM 模型与 WOSELM 模型盐度预报结果及散点图

表 6-9　　WELM 模型与 WOSELM 模型盐度预报评价结果

模型		评价因子	预见期 1d	2d	3d	4d	5d
WELM 模型	小波基-分解层数		haar-1	haar-1	haar-3	haar-4	haar-3
	训练集	*NSE*	0.951	0.856	0.750	0.641	0.599
		KGE	0.956	0.873	0.779	0.685	0.654
		RMSE	235.546	405.113	536.257	645.693	678.889
		MAE	120.269	202.687	273.387	318.318	333.854
		R	0.975	0.926	0.867	0.802	0.775
	测试集	*NSE*	**0.938**	0.793	0.619	0.486	0.409
		KGE	0.905	0.761	0.549	0.488	0.446
		RMSE	**411.964**	750.182	1017.570	1182.102	1267.652
		MAE	**230.923**	430.439	580.003	690.918	**731.952**
		R	**0.970**	**0.897**	0.817	0.715	0.656
WOSELM 模型	小波基-分解层数		haar-1	haar-1	haar-4	haar-4	haar-4
	测试集	*NSE*	0.937	**0.797**	**0.657**	**0.519**	**0.429**
		KGE	**0.929**	**0.804**	**0.624**	**0.548**	**0.484**
		RMSE	414.248	**742.195**	**965.823**	**1142.892**	**1245.522**
		MAE	230.960	**422.305**	**552.907**	**664.774**	732.910
		R	0.968	0.895	**0.826**	**0.729**	**0.664**

注　加粗部分表示两模型中测试集评价结果较优者，其中，*NSE*、*KGE*、*R* 取较大值，*RMSE*、*MAE* 取较小值；“haar-1”表示采用 haar 小波基进行 1 层 AT 小波分解，其他以此类推。

表 6-10　　不同枯水期 WOSELM 模型相比于 WELM 模型盐度预报精度变化情况

评价因子	预见期	测试集枯水期时段 2007—2012 年	2007—2008 年	2011—2012 年
NSE	1d	−0.07%	−0.17%	**0.32%**
	2d	0.55%	0.40%	**1.34%**
	3d	6.10%	2.25%	**10.72%**
	4d	6.90%	5.44%	**17.52%**
	5d	5.01%	4.63%	**27.81%**
	平均值	3.70%	2.51%	**11.54%**
KGE	1d	2.67%	−0.02%	**4.06%**
	d 天	5.70%	0.28%	**8.81%**
	3d	13.77%	3.00%	**24.32%**
	4d	12.31%	4.54%	**28.05%**
	5d	8.43%	8.60%	**13.84%**
	平均值	8.58%	3.28%	**15.82%**

续表

评价因子	预见期	测试集枯水期时段		
		2007—2012 年	2007—2008 年	2011—2012 年
RMSE	1d	0.55%	0.81%	**−1.24%**
	2d	−1.06%	−0.12%	**−4.66%**
	3d	−5.09%	−2.95%	**−6.25%**
	4d	−3.32%	−2.05%	**−4.49%**
	5d	−1.75%	−2.80%	**−3.69%**
	平均值	−2.13%	−1.42%	**−4.07%**

注 加粗部分表示各枯水时段中 OSELM 模型相对于 ELM 模型盐度预报精度提升幅度最大者。

模型相比 WELM 模型在测试集最后一个枯水期的预报精度提升幅度最为显著，这再次说明了预报时段与模型训练期相隔时间越长，在线学习算法优势越明显。

3. 各模型预报结果对比分析

为更好地横向对比各模型短期盐度预报精度差异，以 ELM 模型为基准，表 6-11 分别展示了 OSELM 模型、WELM 模型与 WOSELM 模型相比于传统 ELM 模型在短期盐度预报精度上的变化情况。

对比 WELM 模型与 ELM 模型测试集评价结果可知，WELM 模型相比 ELM 模型有着更高的短期盐度预报精度，在不同预见期下能使 *NSE* 与 *KGE* 分别平均提升 5.13%和 5.85%。其中，随着预见期延长，小波分解对于模型预报精度的提升幅度也逐渐明显，当预见期为 1d 时，*KGE* 提升幅度仅为 2.70%；而当预见期为 5d 时，*KGE* 提升幅度达到了 15.76%。然而，反观两模型训练集评价结果，WELM 模型相比 ELM 模型并没有显著优势，甚至在预见期 1～3d 时，WELM 模型的表现要略差于 ELM 模型，这说明小波分解并未增强 ELM 模型对训练集数据的拟合能力；而之所以 WELM 模型比 ELM 模型有着更好的短期盐度预报精度，主要是因为将原始非平稳盐度序列分解后，模型受噪声信号影响减小，泛化能力得以增强，从而有效避免了传统机器学习模型中易产生的“过拟合”问题（即模型在训练集上有较好的拟合精度，而在测试集上预报效果不好），这与前人研究结果相一致：Zhou 等（2020）[8] 对珠江河口区进行日尺度盐度预报发现小波-神经网络（WT-ANN）模型相比传统神经网络（ANN）模型在测试集上具有更为明显的预报精度提升幅度，且预见期越长，提升幅度越大，并认为这主要与预见期较长时变量间的非线性关系更为复杂有关；Kasiviswanathan 等（2016）[74] 在进行多预见期径流预报中也发现 WT-ANN 模型对于径流预报精度的提升效果在预见期较长时更为显著。

同时，对比 WOSELM 模型与 OSELM 模型相对 ELM 模型预报精度的提升幅度可知，总体而言，WOSELM 模型相比于 OSELM 模型有着更好的短期盐度预报效果。当预见期较短时（1～2d），两者对于盐度预报精度的提升幅度均不显著，其中 OSELM 模型甚至略优于 WOSELM 模型；当预见期为 3d 时，两模型预报精度相比 ELM 模型均有较为明显的提升，*NSE* 提升幅度分别达到 11.05%（OSELM 模型）和 12.90%（WOSELM 模型）；而随着预见期进一步延长，OSELM 模型预报精度增幅明显降低，而

WOSELM 模型预报精度增幅仍能保持一个较高水平，这也再次说明小波分解能有效提升模型在较长预见期下的短期盐度预报精度，同上文 WELM 模型与 ELM 模型的对比分析结果相一致。

总体而言，4 种模型中 WOSELM 模型短期盐度预报效果最佳，在各预见期下，其相比于传统 ELM 模型预报精度的平均提升幅度最大，分别使 *NSE*、*KGE* 和 *R* 提升 9.13%、14.89%和 3.15%，使 *RMSE* 和 *MAE* 降低 4.43%和 3.62%。这说明 WOSELM 模型能充分耦合在线学习算法与小波分解技术在实时预报以及序列非平稳性响应上的优势，有效增强模型时效性与泛化能力，从而大幅提升河口区短期盐度预报精度。

表 6-11　　各模型相比于 ELM 模型盐度预报精度变化情况

模　型		评价因子	预　见　期					平均值
			1d	2d	3d	4d	5d	
OSELM vs ELM	测试集	*NSE*	**0.11%**	1.17%	11.05%	8.34%	4.05%	4.94%
		KGE	4.40%	10.71%	**19.53%**	**23.19%**	25.01%	**16.57%**
		RMSE	**−0.87%**	−2.15%	−8.01%	−3.43%	−1.21%	−3.13%
		MAE	**−1.82%**	**−1.82%**	−5.88%	−2.30%	0.13%	−2.34%
		R	**−0.18%**	−0.45%	3.46%	1.25%	−0.71%	0.67%
WELM vs ELM	训练集	*NSE*	−0.39%	−1.00%	−3.36%	1.75%	5.32%	0.47%
		KGE	−0.16%	−0.91%	−3.29%	1.16%	5.06%	0.37%
		RMSE	4.15%	3.25%	6.09%	−0.71%	−3.19%	1.92%
		MAE	5.57%	3.49%	8.01%	−0.79%	−5.26%	2.20%
		R	−0.19%	−0.49%	−1.65%	0.89%	2.58%	0.23%
	测试集	*NSE*	−0.16%	1.17%	6.40%	8.69%	9.56%	5.13%
		KGE	2.70%	5.10%	−2.88%	8.56%	15.76%	5.85%
		RMSE	1.25%	−2.14%	−4.56%	−3.58%	−2.89%	−2.38%
		MAE	−0.10%	0.93%	−2.73%	−3.27%	−2.96%	−1.63%
		R	−0.25%	**0.05%**	4.59%	3.63%	3.73%	2.35%
WOSELM vs ELM	测试集	*NSE*	−0.24%	**1.73%**	**12.90%**	**16.20%**	**15.05%**	**9.13%**
		KGE	**5.44%**	**11.09%**	10.50%	21.92%	**25.51%**	14.89%
		RMSE	1.81%	**−3.18%**	**−9.41%**	**−6.78%**	**−4.58%**	**−4.43%**
		MAE	−0.09%	−0.98%	**−7.28%**	**−6.93%**	**−2.84%**	**−3.62%**
		R	−0.40%	−0.19%	**5.69%**	**5.72%**	**4.90%**	**3.15%**

注　加粗部分表示各模型相对于 ELM 模型测试集盐度预报精度提升幅度最大者。

6.2.2.2　模型误差修正

在 ELM、OSELM、WELM 和 WOSELM 4 种模型中，WOSELM 模型的短期盐度预报效果最佳。为利用盐度预报误差中残留的有效信息提升模型预报精度，进一步构建耦合 WOSELM-EC 模型，并选用与 WOSELM 模型相同的小波基函数与分解层数，两模型测试集盐度预报结果如图 6-13 所示，由图 6-13 可知，WOSELM-EC 模型相比

WOSELM 模型有着更好的短期盐度预报效果，且从预报散点图中可以发现，随着预见期延长，尤其是在预见期为 5d 时，WOSELM 模型逐渐出现对低盐度区（盐度低于 2000mg/L）高估和对高盐度区（盐度高估 2000mg/L）低估的预报偏差，而在 WOSELM - EC 模型中，此现象得到一定程度地改善。

表 6 - 12 展示了两模型测试集盐度预报评价结果，一般而言，*NSE* 与 *KGE* 没有明显的对应关系，Knoben 等（2019）[72] 认为当预报结果同时满足 *NSE*＞0.5 与 *KGE*＞0.3 时，模型具有较好的可靠性。由表 6 - 12 可知，除预见期 5d 外，WOSELM 与 WOSELM - EC 模型均满足此评价标准，说明两模型短期盐度预报效果较佳。此外，由表中加粗部分可知，在各预见期下，WOSELM - EC 模型相比 WOSELM 模型均有着更高的 *NSE*、*KGE* 和 *R*，以及更小的 *RMSE* 和 *MAE*，且预见期越长，WOSELM - EC 模型优势越明显。Hu 等（2019）[1] 曾使用随机森林（RF）模型对珠江河口区进行不同预见期的盐水入侵预报，其预见期 3d 和 5d 的 *NSE* 分别仅为 0.489 和 0.182；Zhou 等（2020）[8] 则采用神经网络模型进行相似研究发现预见期 3d 的 *NSE* 可达到 0.592；而 WOSELM - EC 模型在预见期 3d 和 5d 时，*NSE* 分别能达到 0.672 和 0.467，这说明基于误差自回归修正算法的 WOSELM - EC 模型相比其他传统机器学习模型仍然有着较好的短期盐度预报效果。

表 6 - 12　WOSELM 模型与 WOSELM - EC 模型测试集盐度预报评价结果

模型及评价因子		预见期				
		1d	2d	3d	4d	5d
小波基-分解层数		haar - 1	haar - 1	haar - 4	haar - 4	haar - 4
WOSELM 模型	*NSE*	0.937	0.797	0.657	0.519	0.429
	KGE	0.929	0.804	0.624	0.548	0.484
	RMSE	414.248	742.195	965.823	1142.892	1245.522
	MAE	230.960	422.305	552.907	664.774	732.910
	R	0.968	0.895	0.826	0.729	0.664
误差自回归项		3，9，11，13	2，3，4，5，10，12	3，5，8，10，11，12	5，6，10，14，15	5，7，9，16
WOSELM - EC 模型	*NSE*	**0.941**	**0.807**	**0.672**	**0.549**	**0.467**
	KGE	**0.941**	**0.824**	**0.661**	**0.570**	**0.503**
	RMSE	**399.962**	**724.992**	**944.825**	**1106.704**	**1203.820**
	MAE	**225.081**	**412.378**	**543.567**	**640.491**	**706.213**
	R	**0.970**	**0.899**	**0.829**	**0.750**	**0.692**

注　加粗部分表示两模型中评价结果较优者，其中，*NSE*、*KGE*、*R* 取较大值，*RMSE*、*MAE* 取较小值；误差自回归项“3，9，11，13”表示采用提前 3d，9d，11d，13d 的预报误差进行自回归修正，其他以此类推。

为了更好地将 WOSELM - EC 模型与前文 4 种模型进行对比分析，表 6 - 13 展示了 WOSELM - EC 模型相比于其他 4 种模型的测试集盐度报精度变化情况。由表 6 - 13 可知，相比其他 4 种模型，WOSELM - EC 模型的盐度预报结果有着更高的 *NSE*、*KGE* 和 *R*，以及更低的 *RMSE* 和 *MAE*。其中，在 *NSE*（*KGE*）方面，WOSELM - EC 模型相对 ELM 模型、OSELM 模型、WELM 模型和 WOSELM 模型的平均增幅分别达到 13.32%

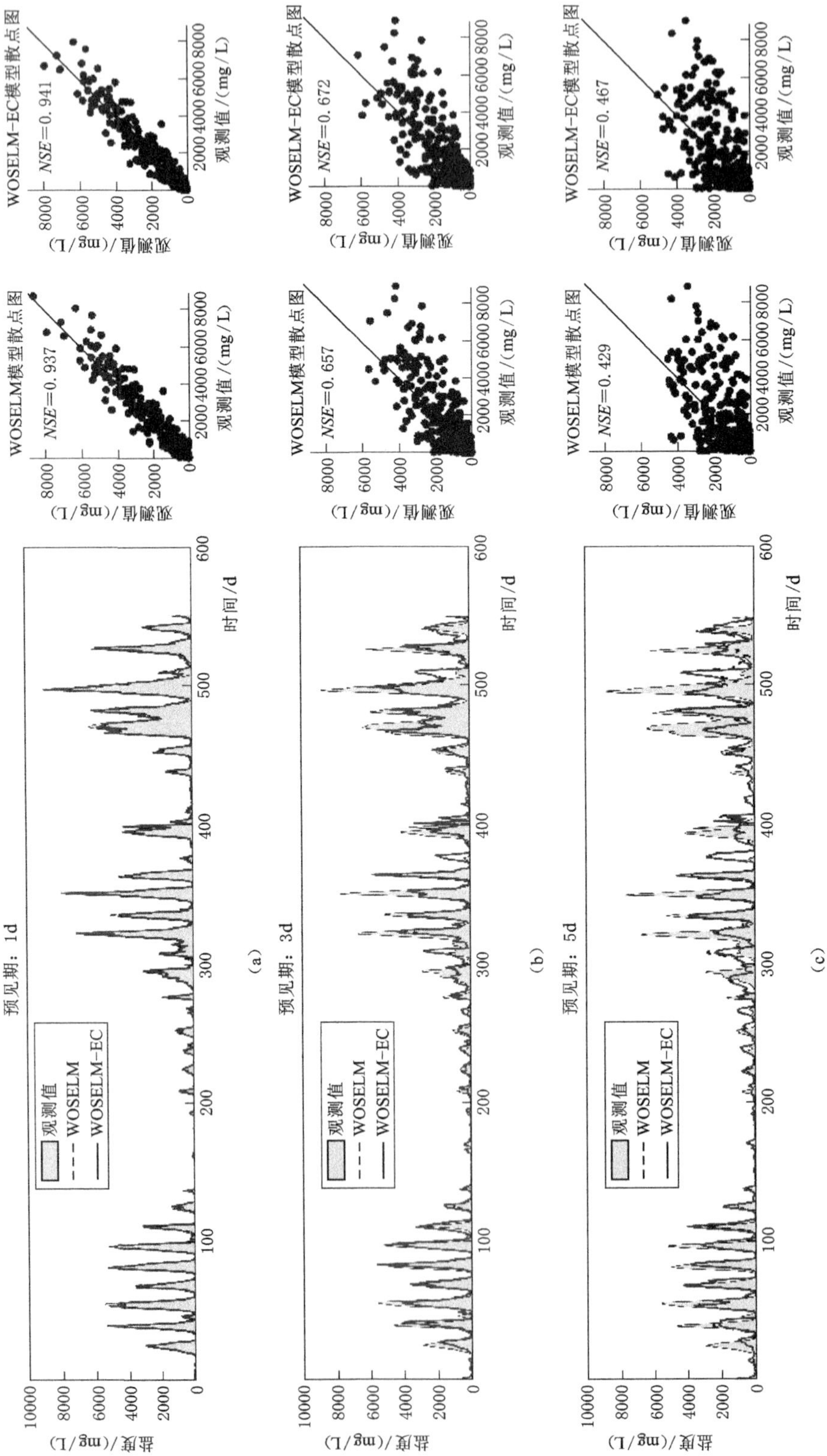

图 6-13　WOSELM 模型与 WOESLM-EC 模型盐度预报结果及散点图

(18.96%)、7.89%(2.05%)、7.57%(12.44%)和3.68%(3.50%);而在*RMSE*(*MAE*)方面,WOSELM-EC模型相比于ELM模型、OSELM模型、WELM模型和WOSELM模型平均减少了7.20%(6.30%)、4.20%(4.04%)、4.97%(4.76%)和2.89%(2.78%)。此外,对比WOSELM模型与WOSELM-EC模型可以发现,当预见期为1d时,两模型评价结果差异并不明显,*NSE*变化幅度仅为0.46%;而随着预见期延长,WOSELM-EC模型在预报精度上的优势逐渐显现,当预见期为5d时,*NSE*增幅达到8.75%。鉴于此,将各预见期下WOSELM模型与WOSELM-EC模型的盐度预报误差序列进行自相关性分析,结果见图6-14及表6-14,以此判断WOSELM-EC模型对于预报误差残留信息利用的有效性。

表6-13　WOSELM-EC模型相比于其他模型测试集盐度预报精度变化情况

模型及评价因子		预见期					平均值
		1d	2d	3d	4d	5d	
WOSELM-EC vs ELM	*NSE*	0.22%	2.91%	15.43%	22.90%	25.12%	13.32%
	KGE	6.82%	13.77%	16.95%	26.83%	30.45%	18.96%
	RMSE	−1.70%	−5.42%	−11.38%	−9.73%	−7.78%	−7.20%
	MAE	−2.63%	−3.30%	−8.84%	−10.33%	−6.38%	−6.30%
	R	−0.20%	0.29%	6.11%	8.65%	9.33%	4.84%
WOSELM-EC vs OSELM	*NSE*	0.11%	1.72%	3.95%	13.44%	20.25%	7.89%
	KGE	2.31%	2.77%	−2.16%	2.96%	4.35%	2.05%
	RMSE	−0.84%	−3.34%	−3.67%	−6.52%	−6.64%	−4.20%
	MAE	−0.82%	−1.51%	−3.15%	−8.22%	−6.50%	−4.04%
	R	−0.02%	0.74%	2.57%	7.31%	10.12%	4.14%
WOSELM-EC vs WELM	*NSE*	0.38%	1.72%	8.48%	13.07%	14.20%	7.57%
	KGE	4.01%	8.25%	20.41%	16.83%	12.69%	12.44%
	RMSE	−2.91%	−3.36%	−7.15%	−6.38%	−5.04%	−4.97%
	MAE	−2.53%	−4.20%	−6.28%	−7.30%	−3.52%	−4.76%
	R	0.05%	0.24%	1.45%	4.85%	5.41%	2.40%
WOSELM-EC vs WOSELM	*NSE*	0.46%	1.16%	2.25%	5.77%	8.75%	3.68%
	KGE	1.31%	2.41%	5.84%	4.03%	3.93%	3.50%
	RMSE	−3.45%	−2.32%	−2.17%	−3.17%	−3.35%	−2.89%
	MAE	−2.55%	−2.35%	−1.69%	−3.65%	−3.64%	−2.78%
	R	0.20%	0.48%	0.40%	2.78%	4.22%	1.62%

表 6-14　WOSELM 模型与 WOSELM-EC 模型盐度预报误差绝对自相关系数平均值

模　型	预　见　期					平均值
	1d	2d	3d	4d	5d	
WOSELM	0.099	0.096	0.117	0.125	0.142	0.116
WOSELM-EC	**0.075**	**0.066**	**0.074**	**0.076**	**0.082**	**0.075**
减小幅度	23.88%	31.55%	36.66%	39.20%	42.08%	35.52%

注　预报误差的绝对自相关系数平均值即为将不同滞时下的误差自相关系数取绝对值后再求其平均值，加粗部分表示两模型中该值较小者；加粗部分表示绝对自相关系数平均值较小者。

图 6-14 中各子图表示模型在不同预见期下预报误差的自相关性分析结果，自相关系数绝对值越大表示其预报误差的自相关性越强，误差中残留的可利用信息也就越多。由图可知，WOSELM 模型预报误差存在较强自相关性，且程度随预见期延长而增大，这说明尽管 WOSELM 模型能达到较高的盐度预报精度，但由于盐水入侵过程的动态变化性及复杂性，其预报产生的实时误差中仍残留了大量有效信息，这也为基于误差自回归修正算法的 WOESLM-EC 模型提供了可行性。反观 WOSELM-EC 模型，可以发现修正后的盐度预报误差自相关性大幅降低，由表 6-14 可知，当预见期为 1d 时，WOSELM-EC 模型相比 WOSELM 模型能使预报误差的绝对自相关系数平均值减小 23.88%，且减小幅度随预见期延长而增大，当预见期为 5d 时，减小幅度达到 42.08%，即预见期越长，WOSELM-EC 模型相对 WOSELM 模型预报精度提升幅度越大，说明 WOSELM-EC 模型能充分挖掘盐度预报误差中残留的有效信息，并以此对模型预报结果进行实时校正，从而提升模型各预见期盐度预报精度。

泰勒图是一种可用于横向比较不同模型输出结果与观测结果拟合程度的数学统计图，其可在 3 个维度上量化出模拟值与观测值的一致性，即皮尔逊相关系数、均方根误差和标准差[75]。各模型测试集预报结果泰勒图如图 6-15 所示，图中各模型预报散点到原点的距离表示其相对于观测值的标准差（设观测值标准差为 1）；蓝色射线方位角的大小与预报值、观测值的相关系数有关，方位角越大，相关系数越小；红色虚线则表示预报值与观测值的归一化均方根误差。由图 6-15 可知，各预见期下 WOSELM-EC 模型相比其他 4 种模型的预报散点更接近于观测点，且归一化标准差更接近于 1，与极坐标轴形成的方位角也更小，这说明其盐度预报值与实际盐度最为符合，预报效果在 5 种模型中是最佳的。此外，还可发现当预见期较长时，不同模型的预报散点更为分散，这再次说明了 5 种模型盐度预报性能差异随预见期延长而增大，体现出 WOSELM-EC 模型在进行较长预见期盐度预报时的优越性，与上文分析结果相一致。

图 6-16 为各模型盐度预报结果的相对误差绝对值箱型统计图，由图 6-16 可知，尽管 WOSELM-EC 模型相对误差绝对值的中位数并未显著低于其余 4 种模型，但其误差箱型图的宽度较其他模型有明显减小，这意味着 WOSELM-EC 模型在整体上能给出更低的预报误差。此外，5 种模型预报误差的离群值分布也有着较大差异。一般而言，预报误差离群值越少，模型可靠性越高，因为其具有更大的预报稳定性。从图中可以看出，WOSELM-EC 模型相对误差绝对值的离群值较其他 4 种模型明显更少，且预见期越长差

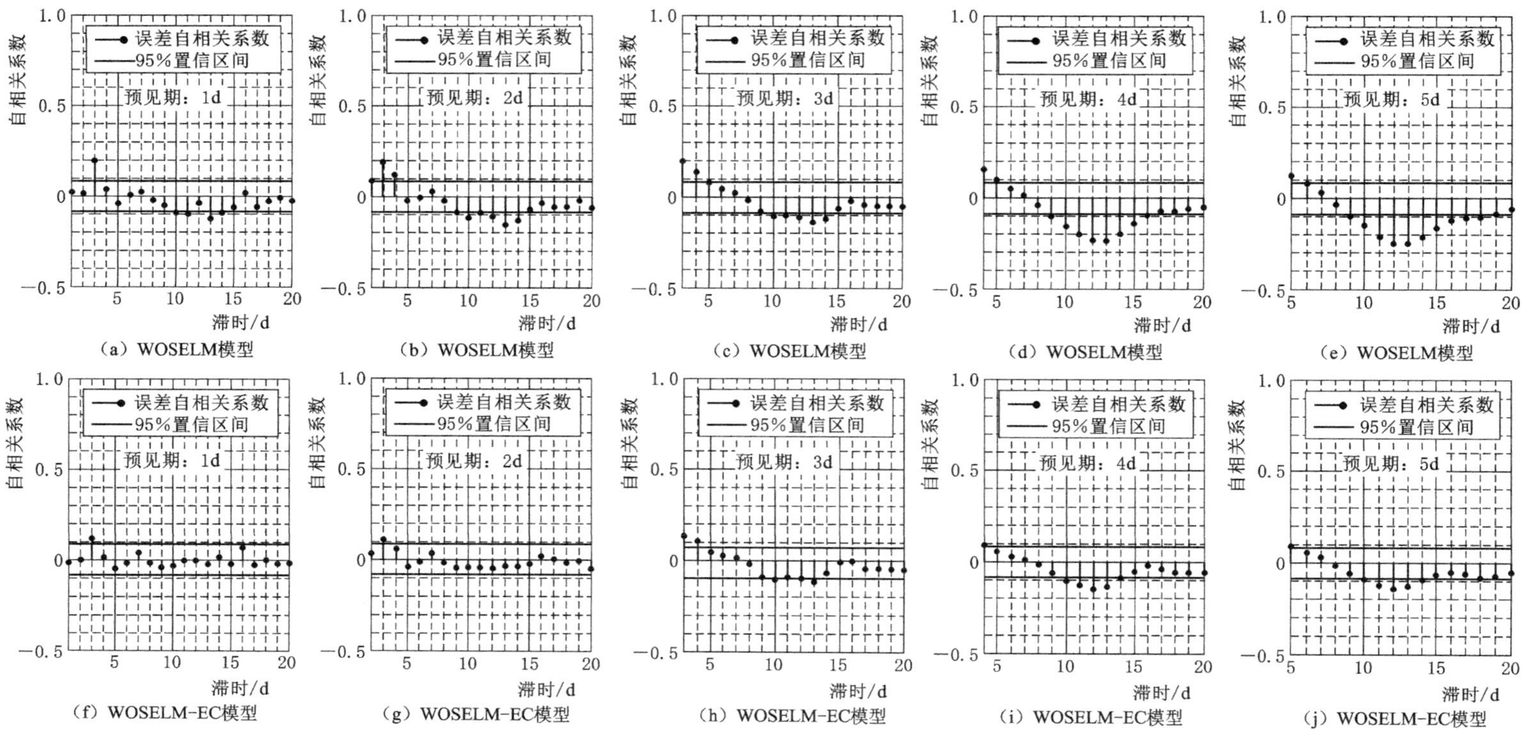

注：各子图为预见期 1～5d 时两模型预报误差的自相关性分析结果图；其中，自相关系数的绝对值越高表示模型预报误差的自相关性越强，预报误差中残留的有效信息也就越多。

图 6－14　WOSELM 模型与 WOSELM－EC 模型盐度预报误差自相关性分析图

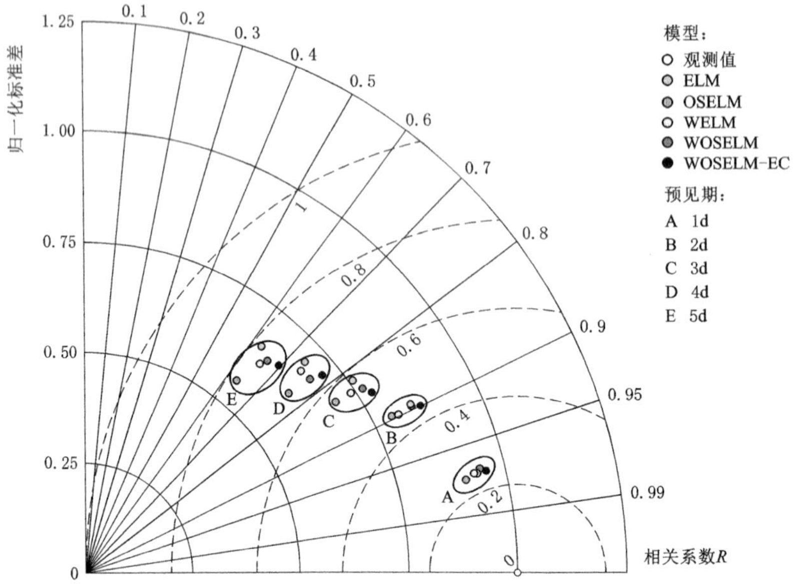

图 6 - 15　各模型盐度预报结果泰勒图

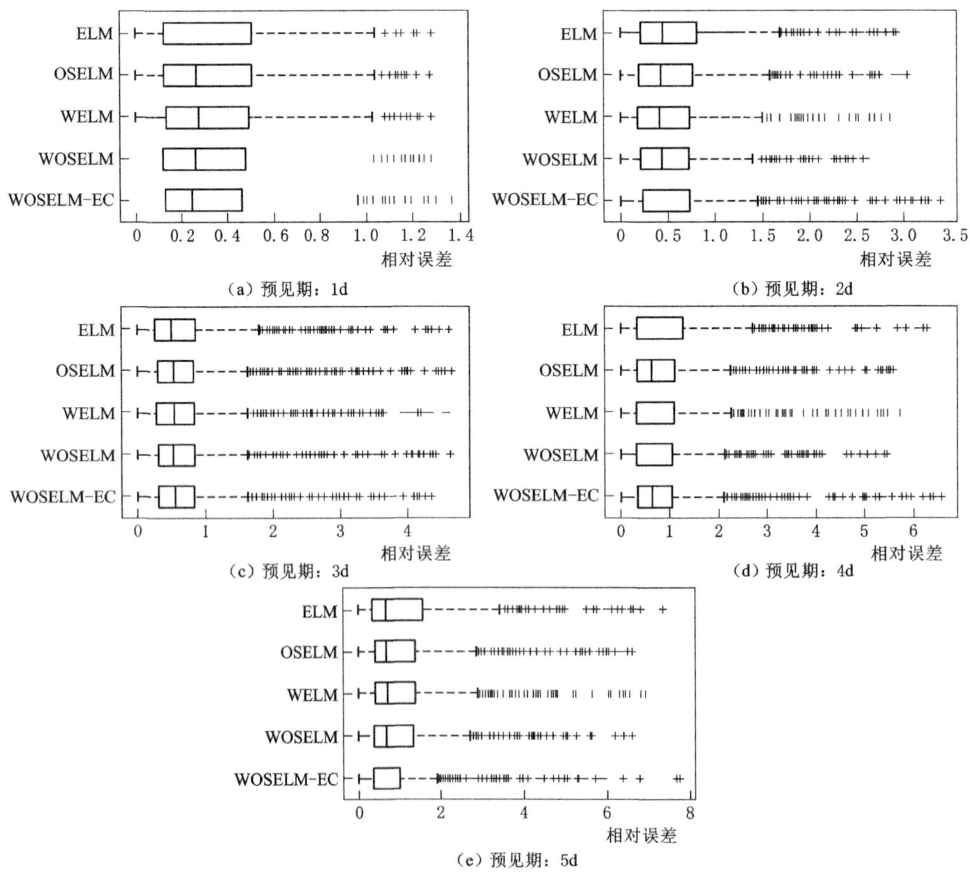

图 6 - 16　各模型盐度预报相对误差绝对值箱型图

异越明显，这表明其预报稳定性在5种模型中是最大的。由此可见，耦合小波分解、在线学习算法与误差自回归修正的WOSELM-EC模型相比其他4种模型（ELM模型、OS-ELM模型、WELM模型和WOSELM模型）有着更好的河口区短期盐度预报效果，因此下文第6.3节选用WOSELM-EC模型进行盐水入侵短期预报。

6.2.3 盐水入侵中长期预报

本节主要目的为针对珠江河口区磨刀门水道进行中长期盐度预报（中期：5d尺度，长期：15d尺度与30d尺度），所用模型分别为ELM模型、OSELM模型、WELM模型与WOSELM模型。通过各模型预报结果判断在线学习与小波分解方法对河口区中长期盐度预报效果的提升作用。从4种模型中选取表现最佳者与误差自回归修正（EC）方法进行耦合，进一步构建盐水入侵中长期实时预报模型，并对比分析各模型预报性能差异。中期与长期盐度预报数据集划分见表6-15及表6-16，其中，以2001—2007年6个枯水期时段作为模型训练期，2007—2012年4个枯水期时段（2010—2011年数据缺失）作为模型测试期。对于5d尺度，训练集与测试集样本容量分别为144和96；对于15d尺度，训练集与测试集样本容量分别为36和24；对于30d尺度，训练集与测试集样本容量分别为18和13。

表6-15 中期盐度预报数据集划分

枯水期时段（5d尺度）	样本数量	数据集划分	样本数量
2001-11-01—2002-02-26	24	训练集	144
2002-11-01—2003-02-26	24		
2003-11-01—2004-02-26	24		
2004-11-01—2005-02-26	24		
2005-11-01—2006-02-26	24		
2006-11-01—2007-02-26	24		
2007-11-01—2008-02-26	24	测试集	96
2008-11-01—2009-02-26	24		
2009-11-01—2010-01-26	18		
2011-10-01—2012-02-26	30		

表6-16 长期盐度预报数据集划分

枯水期时段（15d尺度）	样本数量	数据集划分	样本数量	枯水期时段（30d尺度）	样本数量	数据集划分	样本数量
2001-12-01—2002-02-16	6	训练集	36	2001-12-01—2002-02-01	3	训练集	18
2002-12-01—2003-02-16	6			2002-12-01—2003-02-01	3		
2003-12-01—2004-02-16	6			2003-12-01—2004-02-01	3		
2004-12-01—2005-02-16	6			2004-12-01—2005-02-01	3		
2005-12-01—2006-02-16	6			2005-12-01—2006-02-01	3		
2006-12-01—2007-02-16	6			2006-12-01—2007-02-01	3		

续表

枯水期时段（15d尺度）	样本数量	数据集划分	样本数量	枯水期时段（30d尺度）	样本数量	数据集划分	样本数量
2007-12-01—2008-02-16	6	测试集	24	2007-12-01—2008-02-01	3	测试集	13
2008-12-01—2009-02-16	6			2008-12-01—2009-02-01	3		
2009-12-01—2010-01-16	4			2009-11-01—2010-01-01	3		
2011-11-01—2012-02-26	8			2011-11-01—2012-02-01	4		

6.2.3.1 模型结果对比分析

ELM模型、OSELM模型与WELM模型5d尺度盐度预报结果如图6-17所示，15d尺度及30d尺度盐度预报结果如图6-18所示。由图可知，OSELM模型相比其他2种模型有着更高的*NSE*，预报盐度曲线与实际盐度曲线拟合性较好，预报散点也相对更为集中，说明其中长期盐度预报效果最佳。总体而言，各模型中长期盐度预报精度远低于短期盐度预报精度，全部*NSE*均未超过0.6，且相比短期盐度预报，中长期盐度预报结果存在更大的相位差，预报散点也更为分散，并出现多处盐度峰值被低估、谷值被高估的现象。与短期盐度预报相同，中长期盐度预报精度随预见期延长呈减小趋势，例如对于5d尺度预报，OSELM模型*NSE*分别为0.571、0.441和0.415。此外，还可发现模型盐度预报精度随预报时间尺度延伸而降低，例如当预见期为1个单位时间步长时，OSELM模型对于5d尺度、15d尺度和30d尺度盐度预报的*NSE*分别为0.571、0.534和0.453。认为这可能存在以下两方面原因：首先，由模型输入变量优选结果可知，当预报时间尺度为15d和30d时，盐水入侵预报需考虑多种气候因子影响，例如对于15日尺度盐度预报采用东亚槽强度指数（EATII）、NINO 3.4区海表温度距平指数（NINO 3.4）和北大西洋—欧洲区极涡强度指数（AEPV）作为预报因子。然而，目前学界对于中长期盐水入侵直接影响因子的研究仍较为匮乏，暂时还只能粗略地从气候因子对中长期径流过程的影响中探索盐度变化的间接驱动因素，且其具体物理成因及预报因子驱动-响应滞后时间也有待研究。其次，由数据集划分结果可知，在相同枯水时段下，模型可用数据量随预报时间尺度延伸而大幅减小，例如1d尺度预报的训练集样本总量为822，而对于30d尺度预报，仅有18组样本可用于训练，样本数量不足可能会使得模型在训练过程中产生“欠拟合”问题，难以充分挖掘变量间的潜在信息，从而导致模型盐度预报精度大幅降低。因此，这也为下一节“盐水入侵嵌套式实时滚动修正预报”提供了可行性，以期充分利用短期盐度预报精度较高的优势提升月尺度盐度预报效果。

表6-17展示了3种模型测试集中长期盐度预报评价结果，表6-18则展示了OSELM模型与WELM模型相比于ELM模型的盐度预报精度变化情况。与短期盐度预报不同，由于中长期尺度盐度变化过程相对平缓，盐度序列中的高频信息较少，因此选用支撑长度较长的Db2和Db3小波作为小波基函数。总体而言，3种模型中OSELM模型中长期盐度预报效果最好，除个别评价因子外，其各预见期下评价结果均是最优的；而3种模型中WELM模型盐度预报精度最低，这说明AT小波分解并不能使ELM模型中长期盐度预报效果有所提升。由表可知，OSELM模型相比ELM模型使*NSE*、*KGE*和*R*分别平均提升10.36%、4.52%和4.94%，使*RMSE*和*MAE*分别平均减小3.99%和3.87%；

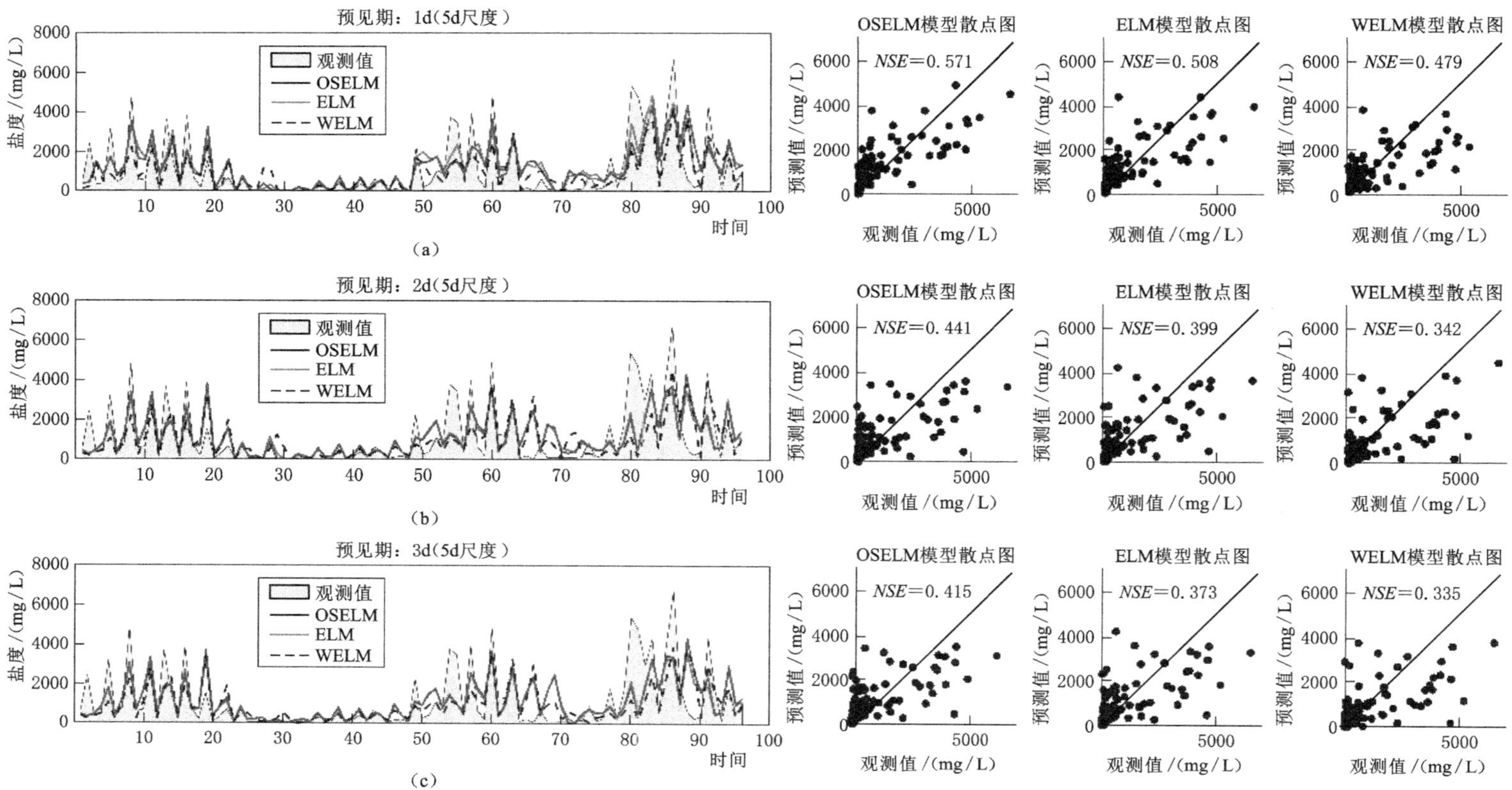

图 6-17　OSELM 模型、ELM 模型和 WELM 模型 5d 尺度盐度预报结果及散点图

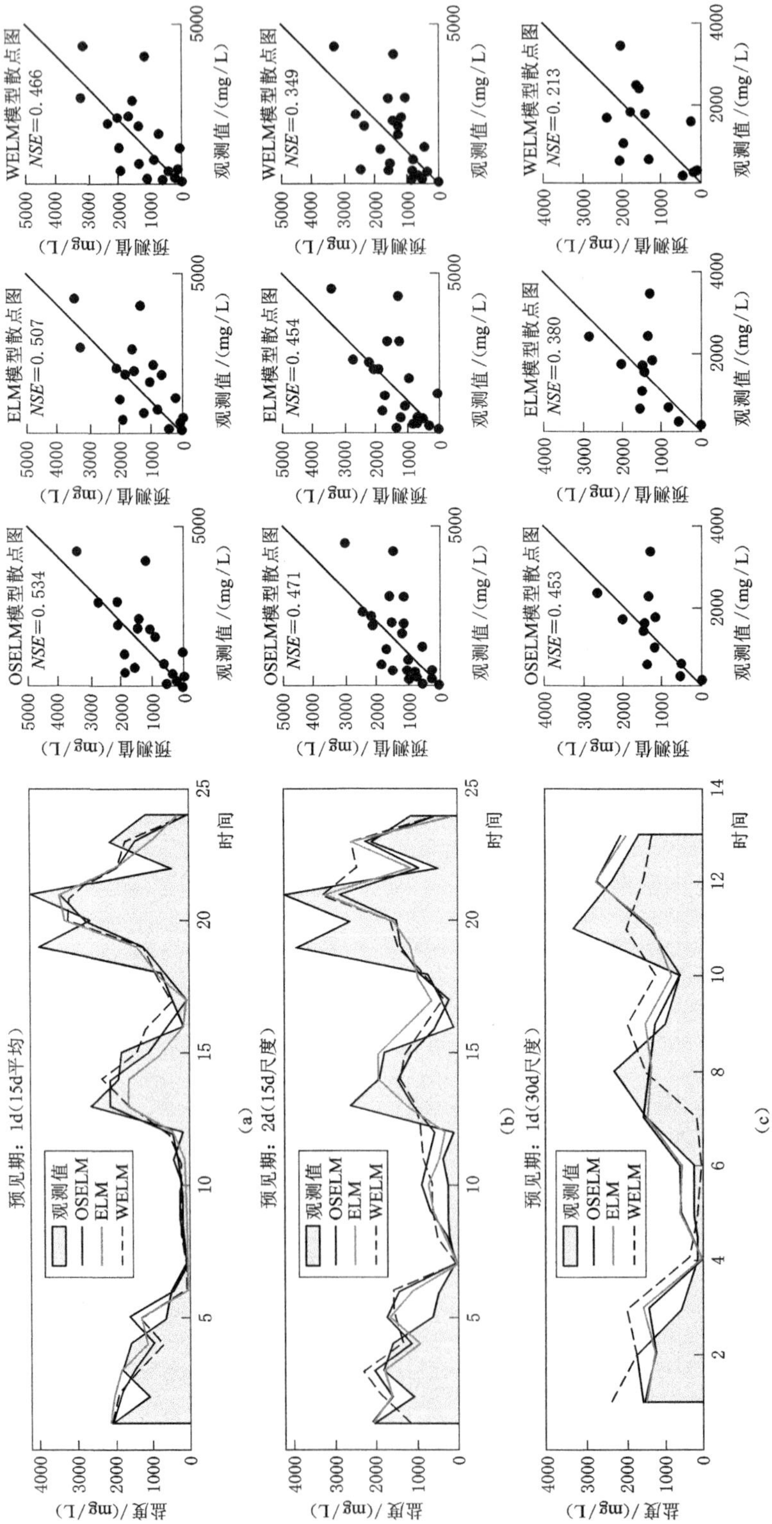

图 6-18　OSELM 模型、ELM 模型和 WELM 模型 15d 尺度与 30d 尺度盐度预报结果及散点图

而 WELM 模型相比 ELM 模型却使 *NSE*、*KGE* 和 *R* 分别平均降低 17.54%、8.32%和 6.61%，使 *RMSE* 和 *MAE* 分别平均增加 6.07%和 7.56%。综上所述，对于中长期盐度预报，基于在线学习算法的 OSELM 模型预报效果最好，ELM 模型次之，而 WELM 模型表现最差。分析原因可能如下：由于中长期尺度盐水入侵现象受短时因素影响较小，盐度变化过程相对缓和，其时间序列更为平滑且非平稳性较弱，所呈现出的多尺度周期性也相对较弱，此时小波分解对于盐度预报效果的增益作用有限，且随着分解层数加深，预报误差反而会不断累积，致使模型整体预报精度下降，这也是为何表 6－18 中 WELM 模型中长期盐度预报最优小波分解层数仅为 1 层的原因之一。再者，尽管基于"多组分预报框架"的 AT 小波分解能有效避免模型预报过程中产生的"边界效应"问题，但这需要模型在训练期开始前剔除左端若干个受影响样本点，而由于中长期盐度序列长度本身较短，这一做法很可能使模型训练效果大打折扣，致使模型难以在训练阶段达到全局最优，甚至引发"欠拟合"问题，若此时继续使用小波-机器学习模型将会大幅降低模型运行效率，徒然增大计算冗余性与模型不确定性，反而不利于实时预报的需求。由此可见，在盐水入侵中长期预报中，AT 小波分解并不能使模型预报精度得到提升，反而会降低计算效率，引入更大的预报误差，因此，无需进一步构建耦合 AT 小波分解与在线学习算法的 WOSELM 模型进行中长期盐度预报。

表 6－17　OSELM 模型、ELM 模型和 WELM 模型中长期盐度预报评价结果

模型及评价因子		预见期（尺度）					
		1d（5d）	2d（5d）	3d（5d）	1d（15d）	2d（15d）	1d（30d）
模型网络结构		6－16d1	6－11－1	6－10－1	7－16－1	7－11－1	6－10－1
OSELM 模型	*NSE*	**0.571**	**0.441**	**0.415**	**0.534**	**0.471**	**0.453**
	KGE	**0.608**	**0.517**	**0.496**	**0.660**	**0.532**	**0.571**
	RMSE	**988.638**	**1129.444**	**1155.324**	**796.962**	**848.987**	**680.271**
	MAE	710.371	**760.314**	**756.186**	**529.755**	629.667	**469.816**
	R	**0.762**	**0.664**	**0.646**	**0.746**	**0.704**	**0.677**
模型网络结构		6－16－1	6－11－1	6－10－1	7－16－1	7－11－1	6－10－1
ELM 模型	*NSE*	0.508	0.399	0.373	0.507	0.454	0.380
	KGE	0.585	0.510	0.491	0.656	0.484	0.518
	RMSE	1058.814	1171.067	1195.378	819.911	862.643	723.879
	MAE	724.853	784.590	785.386	582.057	**607.585**	516.681
	R	0.715	0.634	0.615	0.744	0.676	0.623
小波基-分解层数		db2－1	db2－1	db2－1	db6－1	db6－1	db6－1
WELM 模型	*NSE*	0.479	0.342	0.335	0.466	0.349	0.213
	KGE	0.490	0.457	0.420	0.626	0.471	0.511
	RMSE	1090.062	1224.886	1231.520	852.648	941.504	815.761
	MAE	**696.463**	763.025	757.944	597.646	741.347	675.942
	R	0.710	0.598	0.598	0.699	0.595	0.545

注　加粗部分表示 3 种模型中评价结果最优者，其中，*NSE*、*KGE*、*R* 取较大值，*RMSE*、*MAE* 取较小值；模型网络结构表示"输入层节点数-隐含层节点数-输出层节点数"；"db2－1"表示采用 db2 小波基进行 1 层 AT 小波分解，其他以此类推。

表 6-18 OSELM 与 WELM 模型相比于 ELM 模型中长期盐度预报精度变化情况

模型及评价因子		预见期（尺度）						平均值
		1d（5d）	2d（5d）	3d（5d）	1d（15d）	2d（15d）	1d（30d）	
OSELM vs ELM	*NSE*	**12.39%**	**10.53%**	**11.05%**	**5.38%**	**3.78%**	**19.05%**	**10.36%**
	KGE	**4.00%**	**1.32%**	**1.08%**	**0.60%**	**9.92%**	**10.21%**	**4.52%**
	RMSE	**−6.63%**	**−3.55%**	**−3.35%**	**−2.80%**	**−1.58%**	**−6.02%**	**−3.99%**
	MAE	**−2.00%**	**−3.09%**	**−3.72%**	**−8.99%**	3.63%	**−9.07%**	**−3.87%**
	R	**6.60%**	**4.87%**	**5.03%**	**0.30%**	**4.14%**	**8.68%**	**4.94%**
WELM vs ELM	*NSE*	−5.79%	−14.18%	−10.30%	−7.94%	−23.02%	−44.01%	−17.54%
	KGE	−16.22%	−10.38%	−14.46%	−4.65%	−2.72%	−1.48%	−8.32%
	RMSE	2.95%	4.60%	3.02%	3.99%	9.14%	12.69%	6.07%
	MAE	**−3.92%**	**−2.75%**	**−3.49%**	2.68%	22.02%	30.82%	7.56%
	R	−0.62%	−5.55%	−2.80%	−6.10%	−12.03%	−12.58%	−6.61%

注 加粗部分表示 OSELM 模型或 WELM 模型相比于 ELM 模型中长期盐度预报精度在此评价因子上有所提升；其中，*NSE*、*KGE*、*R* 变幅为正表示预报精度提升，*RMSE*、*MAE* 变幅为负表示预报精度提升。

6.2.3.2 模型误差修正

在 OSELM 模型、ELM 模型和 WELM 模型 3 种模型中，OSELM 模型中长期盐度预报效果最佳，因此本节基于 OSELM 模型与误差自回归修正（EC）方法构建 OSELM-EC 模型，进一步通过预报误差中残留的有效信息提升中长期盐度预报精度，OSELM 模型与 OSELM-EC 模型中长期盐度预报结果如图 6-19 所示，模型评价结果见表 6-19，两模型预报精度对比情况见表 6-20。由图表可知，EC 对于中长期盐度预报精度仍有较为明显的提升效果，从表 6-19 中加粗部分可以看出，OSELM-EC 模型在各预见期、各评价因子上均显著优于 OSELM 模型，例如当预见期为 1 个单位时间步长时，OSELM-EC 模型 5d 尺度、15d 尺度和 30d 尺度盐度预报 *NSE* 分别达到 0.600、0.602 和 0.526，而 OSELM 模型的 *NSE* 分别仅为 0.571、0.534 和 0.453。由表 6-20 可知，总体而言，OSELM-EC 模型相比 OSELM 模型能使 *NSE*、*KGE* 和 *R* 分别平均提升 11.49%、9.12%和 5.41%，而使 *RMSE* 和 *MAE* 分别平均降低 5.50%和 5.73%。此外，图 6-19 中两模型盐度预报过程中也可发现，OSELM 模型对于盐度峰值预报存在多处低估现象，而 OSELM-EC 模型能相对较好地缓解峰值处的低估偏差，这说明其在实际工程应用中也具有更高的安全性与可靠性。由此可见，耦合了误差自回归修正与在线学习算法的 OSELM-EC 模型相比传统的单一 ELM 模型、OSELM 模型与 WELM 模型有着更好的中长期盐度预报效果，因此下文第 6.3 节选用 OSELM-EC 模型作为珠江河口区盐水入侵中长期预报模型，并配合短期盐度预报模型与“嵌套式实时滚动修正预报”框架对该区域进行进一步的盐度实时预报。

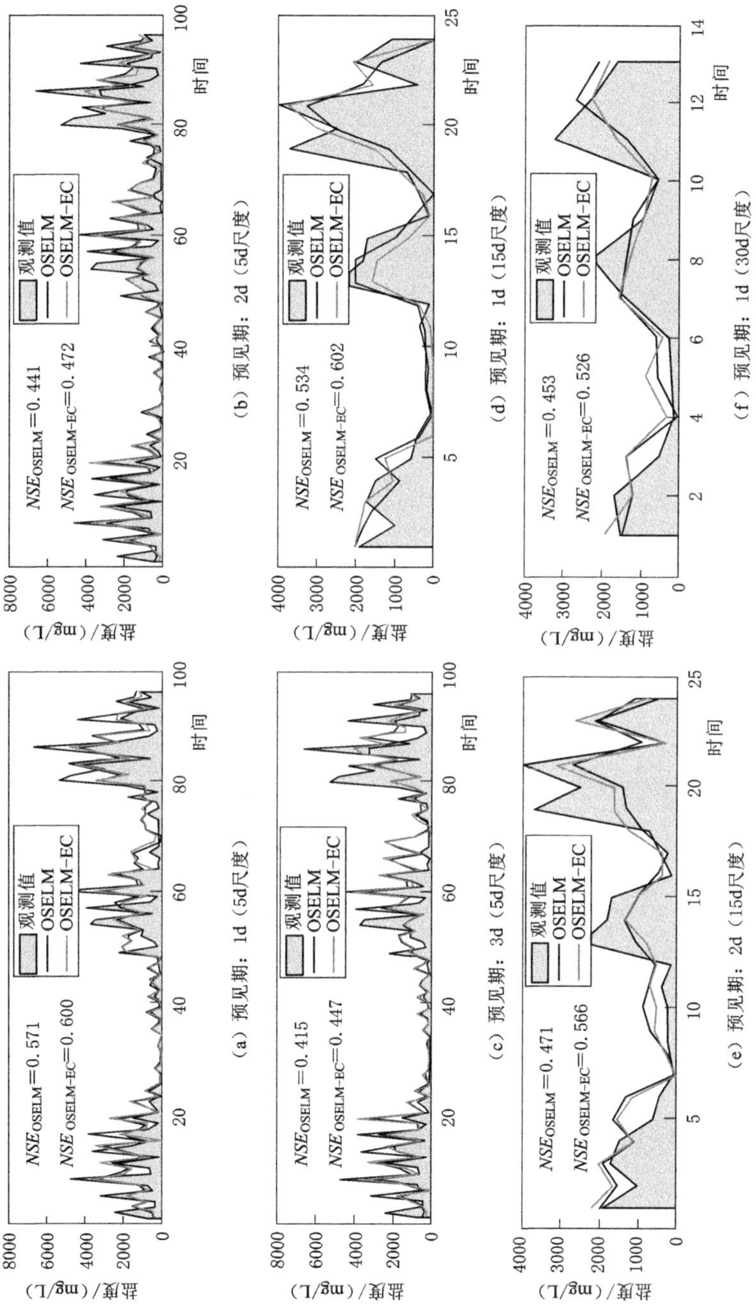

图 6-19 OSELM 模型与 OSELM-EC 模型中长期盐度预报结果

表 6-19　　OSELM 模型与 OSELM-EC 模型中长期盐度预报评价结果

模型及评价因子		预见期（尺度）					
		1d（5d）	2d（5d）	3d（5d）	1d（15d）	2d（15d）	1d（30d）
模型网络结构		6-16-1	6-11-1	6-10-1	7-16-1	7-11-1	6-10-1
OSELM 模型	*NSE*	0.571	0.441	0.415	0.534	0.471	0.453
	KGE	0.608	0.517	0.496	0.660	0.532	0.571
	RMSE	988.638	1129.444	1155.324	796.962	848.987	680.271
	MAE	710.371	760.314	756.186	529.755	629.667	469.816
	R	0.762	0.664	0.646	0.746	0.704	0.677
误差自回归项		2，4，6	5，6，8	5，6，8	1，2，3，4	4，5，6，9	1，2，3，5
OSELM-EC 模型	*NSE*	**0.600**	**0.472**	**0.447**	**0.602**	**0.566**	**0.526**
	KGE	**0.641**	**0.560**	**0.544**	**0.745**	**0.611**	**0.591**
	RMSE	**954.567**	**1097.600**	**1123.147**	**736.432**	**768.938**	**633.290**
	MAE	**665.835**	**717.152**	**717.490**	**504.899**	**580.710**	**447.050**
	R	**0.779**	**0.687**	**0.669**	**0.797**	**0.758**	**0.736**

注　加粗部分表示 3 种模型中评价结果最优者，其中，*NSE*、*KGE*、*R* 取较大值，*RMSE*、*MAE* 取较小值；模型网络结构表示“输入层节点数—隐含层节点数—输出层节点数”；误差自回归项“2，4，6”表示采用提前 2，4，6 个单位时间步长的预报误差进行自回归修正，其他以此类推。

表 6-20　　OSELM-EC 模型相比于 OSELM 模型中长期盐度预报精度变化情况

模型及评价因子		预见期（尺度）						平均值
		1d（5d）	2d（5d）	3d（5d）	1d（15d）	2d（15d）	1d（30d）	
OSELM-EC vs OSELM	*NSE*	**5.08%**	**7.06%**	**7.75%**	**12.77%**	**20.19%**	**16.13%**	**11.49%**
	KGE	**5.41%**	**8.39%**	**9.64%**	**12.89%**	**14.91%**	**3.47%**	**9.12%**
	RMSE	**−3.45%**	**−2.82%**	**−2.79%**	**−7.60%**	**−9.43%**	**−6.91%**	**−5.50%**
	MAE	**−6.27%**	**−5.68%**	**−5.12%**	**−4.69%**	**−7.78%**	**−4.85%**	**−5.73%**
	R	**2.23%**	**3.40%**	**3.66%**	**6.75%**	**7.67%**	**8.72%**	**5.41%**

注　加粗部分表示 OSELM-EC 模型相比于 OSELM 模型中长期盐度预报精度在此评价因子上有所提升；其中，*NSE*、*KGE*、*R* 变幅为正表示预报精度提升，*RMSE*、*MAE* 变幅为负表示预报精度提升。

6.3　河口区盐水入侵嵌套式实时滚动修正预报

本节主要目的为利用上文第 6.2 节所得盐水入侵短期、中期、长期最优预报模型构建“嵌套式实时滚动修正预报”（以下简称“滚动预报”），通过层层嵌套的方式将各尺度盐度预报模型进行耦合，从而充分利用短期盐度预报精度较高的优势提升中长期盐度预报效果，以 2008—2011 年枯水期共 11 个时段为例进行演算，并对比基于 WOSELM-EC、OSELM-EC 模型的“滚动预报”与仅采用 ELM 模型的传统单次预报（以下简称“单次预报”）的月尺度盐度预报效果。

6.3.1 模型构建方法

为解决传统机器学习模型与“单次预报”方法对中长期盐水入侵预报精度较低、不确定较大等问题，提出“嵌套式实时滚动修正预报”框架，将精度较高的短期盐度预报与中长期盐度预报以层层嵌套的方式进行耦合，随着时间推移不断利用实时数据更新模型可调参数并进行误差自回归修正，从而逐日提升月尺度盐度预报效果，以期更好地满足实际应用需求。“滚动预报”基本原理与构建方法如图 6-20 所示，假定当前时刻为 T，需预报未来 1 个月的盐度，由第 6.2 节可知应使用 WOSELM-EC 模型进行 1d 尺度盐度预报，使用 OSELM-EC 模型进行 5d 尺度、15d 尺度和 30d 尺度盐度预报，“滚动预报”具体操作流程如下：

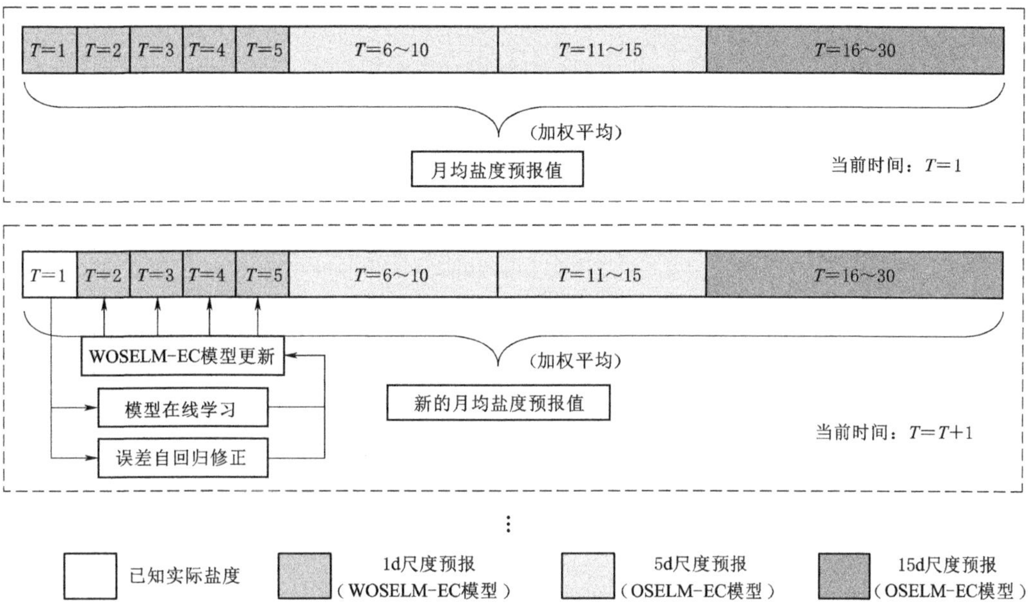

图 6-20 嵌套式实时滚动修正预报流程图

(1) 设初始时间 $T=1$，首先利用 WOSELM-EC 模型对未来 1～5d 盐度进行 1 日尺度预报；利用 OSELM-EC 模型对未来 6～10d、11～15d 盐度进行 5d 尺度预报，对未来 16～30d 盐度进行 15d 尺度预报。

(2) 将上述各尺度盐度预报结果进行加权平均计算，得到未来 1 个月的月均盐度，即为月尺度盐度预报值。

(3) 时间推移至 $T=T+1$，利用最新获得的前 1d 盐度实际观测值替换上一步该日盐度预报值，以此进行模型在线学习，更新 WOSELM-EC 模型可调参数，并对原始预报结果进行误差自回归修正；待模型更新完成后，重复步骤 (1) 与步骤 (2) 中的预报过程，并根据各尺度盐度预报结果与已知实际盐度得到新的月均盐度预报值。

(4) 以此类推，随着时间逐日推移，重复上述步骤，不断对当月各尺度盐度进行实时滚动修正预报。

6.3.2　模型预报结果分析

以 2008—2011 年枯水期共 11 个月为例进行实例计算，并对比分析嵌套式“滚动预报”与传统“单次预报”的月尺度盐度预报效果。由于磨刀门水道枯水期盐水入侵现象具有一定周期性，且历年盐度峰值最早出现于 12 月，因此，为更好进行同期对比分析以及使预报结果更具代表性，本节以研究时段内各年 12 月盐度预报结果为例进行展示。其中，2008 年、2009 年与 2011 年（2010 年数据缺失）12 月月尺度盐度预报结果如图 6-21～图 6-23 所示，2011 年 12 月各尺度盐度滚动预报结果如图 6-24 所示。

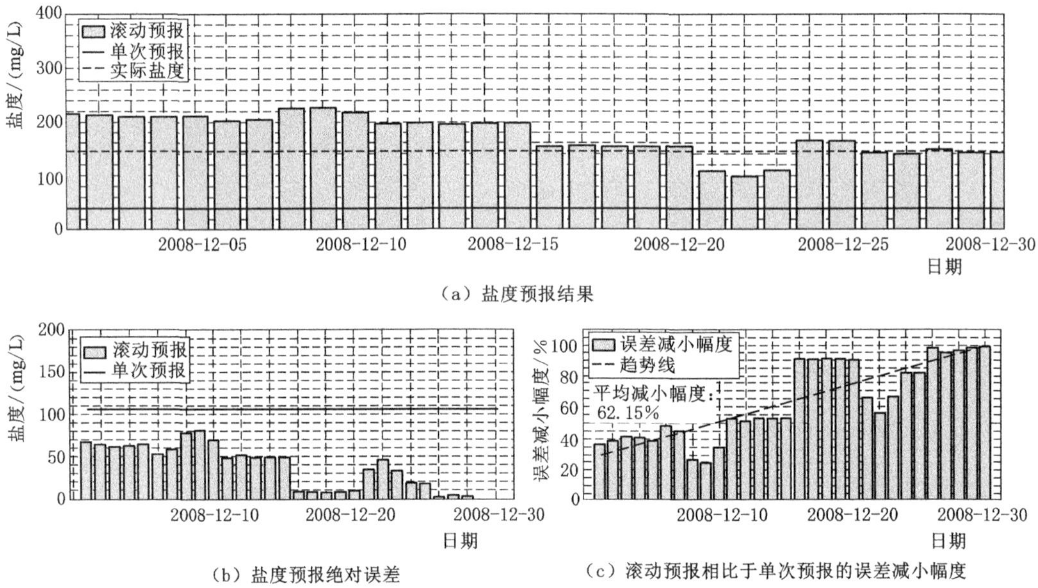

（a）盐度预报结果

（b）盐度预报绝对误差

（c）滚动预报相比于单次预报的误差减小幅度

图 6-21　2008 年 12 月盐度实时滚动修正预报结果

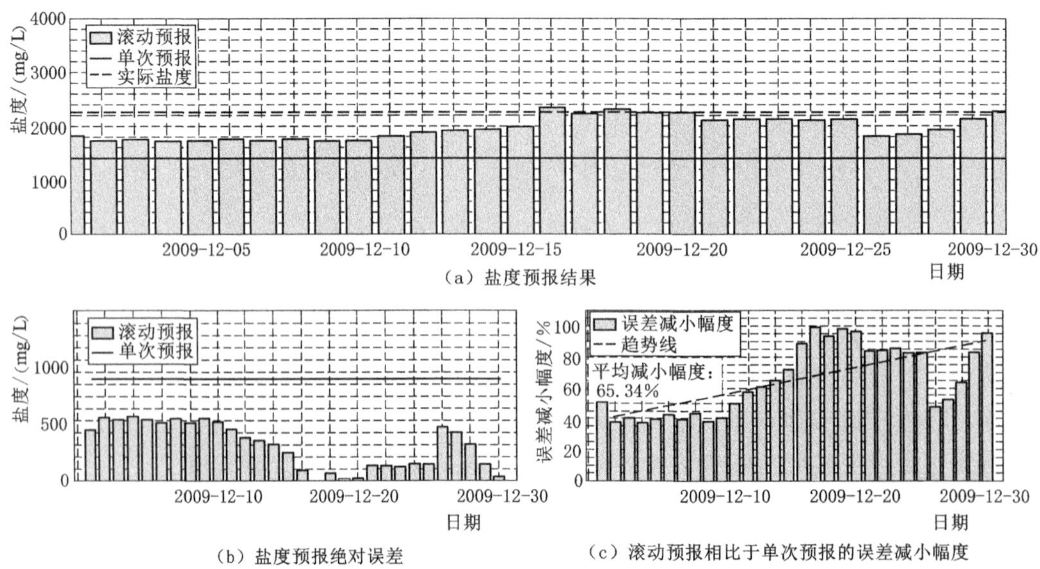

（a）盐度预报结果

（b）盐度预报绝对误差

（c）滚动预报相比于单次预报的误差减小幅度

图 6-22　2009 年 12 月盐度实时滚动修正预报结果

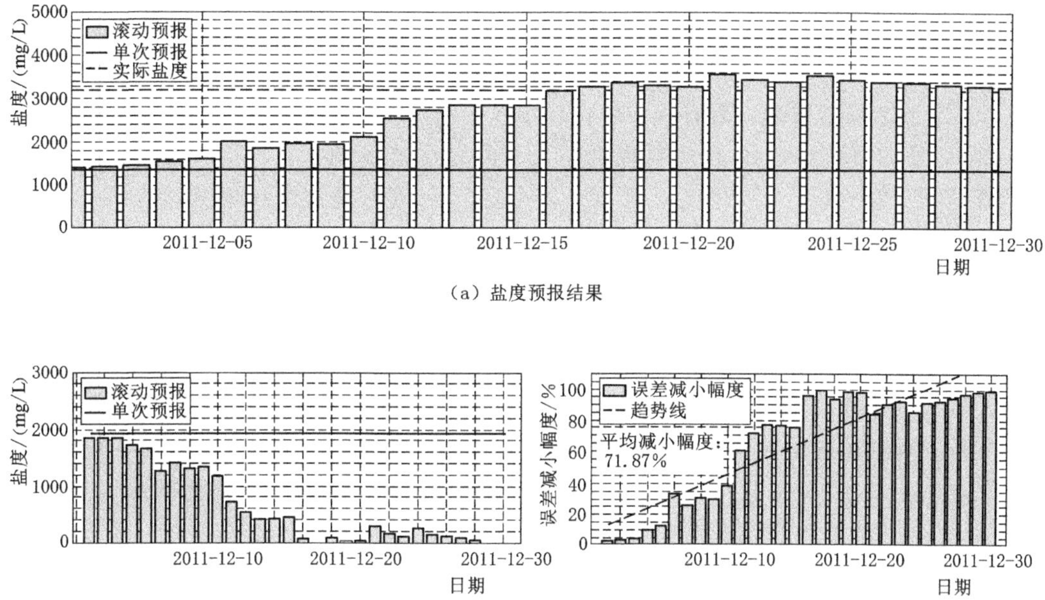

(a) 盐度预报结果

(b) 盐度预报绝对误差

(c) 滚动预报相比于单次预报的误差减小幅度

图 6-23　2011 年 12 月盐度实时滚动修正预报结果

由图 6-24 可知，总体而言，“滚动预报”相比“单次预报”有着更好的月尺度盐度预报效果，其盐度预报值更接近实际观测值，预报绝对误差也更小；此外，随着模型滚动时间延长，盐度滚动预报误差逐渐降低，盐度预报值也逐步趋近于实际观测值，尽管期间出现小幅波动，但整体呈预报精度不断升高的趋势。以图 6-23 为例，平岗站 2011 年 12 月实际月均盐度值为 3278.21mg/L，盐度单次预报值为 1359.64mg/L，低于实际盐度 1918.57mg/L，预报绝对误差较大，相对误差达 58.52%；“滚动预报”在 12 月 1 日的盐度预报值为 1413.09mg/L，低于实际盐度 1865.12mg/L，相对误差达 56.89%，略优于“单次预报”结果，但两者差距并不大；而随着时间推移，盐度滚动预报值不断提升，在 12 月 16 日达到 3210.24mg/L，预报绝对误差与相对误差减小到分别仅有 67.97mg/L 和 2.07%，且在后续“滚动预报”中稳定趋于较低水平，说明相比直接使用 ELM 模型进行单次盐度预报，嵌套式“滚动预报”能使模型盐度预报精度随滚动步数延长而显著提升。

除此之外，相比 2008 年 12 月与 2009 年 12 月，“滚动预报”在 2011 年 12 月的优势更为明显；事实上，“滚动预报”在 2008 年与 2009 年 12 月能使预报绝对误差分别平均减小 62.15%与 65.34%，而在 2011 年 12 月减小幅度达 71.87%，说明模型预报时段与训练时段（“在线学习”初始化阶段）相隔越长，“滚动预报”越优于“单次预报”，这同前文 6.2 节中“WOSELM-EC 模型相比 ELM 模型对测试集后期预报精度提升幅度更大”相一致，分析其原因认为主要与在线学习算法的优势随模型更新时段延长而越发明显有关，预报时间越向后推移，变量间映射关系变化的可能性越强，参数更新对于模型盐度预报精度的增益作用也就更大。

另一方面，由图 6 - 24 可知，“滚动预报”不单只能对未来 1 个月的整体月均盐度做出预报，还能给出当月不同时间尺度的盐度预报值，且距离当前时刻越近，预报时间分辨率越高，预报结果越精确，更有利于体现盐水入侵的月内分布特征。如图 6 - 23 所示，在 2011 年 12 月的算例中，12 月 1 日模型做出当月首次盐度预报，可以分别给出未来 1～5d（1d 尺度）、6～15d（5d 尺度）和 16～30d（15d 尺度）的盐度预报值，其中模型预报未来 16～30d 的平均盐度为 1723.88mg/L，而实际盐度为 2617.06mg/L，相差 893.18mg/L，相对误差达 51.88%；随着时间推移，模型不断利用前一日实测盐度进行参数更新与误差修正，并重复预报当月剩余盐度值，以此逐日提升整体盐度预报精度，模型在 12 月 16 日预报同期盐度为 2482.57mg/L，与实际盐度相差 134.49mg/L，相对误差仅为 5.14%，相比 12 月 1 日减少 46.74%。

为更好地对比分析月尺度盐度“滚动预报”结果随时间推移的变化过程，绘制了研究时段内各月（共 11 个月）从第 1 日滚动至第 30 日的月均盐度预报结果图（见图 6 - 25），以及盐度预报相对误差的逐日概率分布图（见图 6 - 26）。由图 6 - 25 可知，随着时间逐日推移，模型对于各月盐度的“滚动预报”值不断趋近于实际观测值；当模型滚动至第 16 日时，“滚动预报”盐度曲线与真实盐度散点基本重合，预报效果明显优于传统“单次预报”，且随后的“滚动预报”结果均未出现较大波动，与真实盐度始终保持着较强拟合性，说明其后续稳定性良好。由图 6 - 26 可知，在“滚动预报”初期，两预报方法的相对误差概率分布差距并不大，“滚动预报”略优于“单次预报”，其相对误差更集中分布于 0 附近，例如第 1 日“滚动预报”与“单次预报”相对误差的期望分别是 20.03%和 24.90%，方差分别为 47.56%和 82.18%；随着时间向后推移，滚动预报误差由第一步至最后一步不断改善，在第 16 日，“滚动预报”相对误差的期望和方差分别是 12.93%和 23.07%，而月内最后 1 日，期望和方差分别仅为−0.62%和 5.53%。

为了更定量地评估“滚动预报”在月尺度盐度预报中的可靠性，通过计算得到两预报方法随时间逐日推移的均方根误差（*RMSE*）、平均绝对百分比误差（*MAPE*），以及互信息（*MI*），见表 6 - 21、表 6 - 22 和表 6 - 23。由表 6 - 21 和表 6 - 22 可知，在各滚动时间下，“滚动预报”相比“单次预报”均有着更小的 *RMSE* 与 *MAPE*，且各日预报误差随滚动步数延长而逐渐降低，例如：*RMSE* 减小幅度从第 1 日的 11.97%提升至第 30 日的 94.25%，*MAPE* 减小幅度从第 1 日的 33.11%提升至第 30 日的 91.13%。由表 6 - 23 可知，月尺度盐度逐日滚动预报结果与真实盐度的互信息（*MI*）均显著高于“单次预报”，且其 *MI* 增大幅度随滚动步长延伸呈波动上升趋势，“滚动预报”在第 1 日能使 *MI* 相对“单次预报”提升 29.75%，而从第 23 日开始，*MI* 增幅达到最大，并稳定趋于 76.50%。这充分说明了基于多尺度嵌套框架的“滚动预报”比传统“单次预报”更能充分挖掘变量间的潜在信息，且模型随新数据的到来可通过在线学习与误差修正的方式实时增加预报结果中的有效信息量，从而提升盐度预报值与实际观测值之间的相关性，以此达到更高的盐度预报精度。

2011年12月	预报日期	1日	2日	3日	4日	5日	6日	7日	8日	9日	10日	11日	12日	13日	14日	15日	16日	17日	18日	19日	20日	21日	22日	23日	24日	25日	26日	27日	28日	29日	30日
实际日期	盐度/(mg/L)																														
1日		102	183	340	559	1149			2409					432										1724							
2日		135	171	401	786	1131			2409					432										1724							
3日		135	223	416	976	1447			2409					432										1724							
4日		135	223	1182	1992	2757			2409					432										1724							
5日		135	223	1182	2650	3710			2409					432										1724							
6日		135	223	1182	2650	4399	5390	5931	5028	4071	2879			449										1724							
7日		135	223	1182	2650	4399	4625	4424	4319	3189	2409			449										1724							
8日		135	223	1182	2650	4399	4625	5023	5206	4145	3012			449										1724							
9日		135	223	1182	2650	4399	4625	5023	4726	4052	2809			449										1724							
10日		135	223	1182	2650	4399	4625	5023	4726	5995	5844			449										1724							
11日		135	223	1182	2650	4399	4625	5023	4726	5995	6376	5460	5012	2890	1030	437								1724							
12日		135	223	1182	2650	4399	4625	5023	4726	5995	6376	6129	5524	4707	3065	1803								1724							
13日		135	223	1182	2650	4399	4625	5023	4726	5995	6376	6129	6028	5172	4124	2908								1724							
14日		135	223	1182	2650	4399	4625	5023	4726	5995	6376	6129	6028	5146	3895	3103								1724							
15日		135	223	1182	2650	4399	4625	5023	4726	5995	6376	6129	6028	5146	3853	2806								1724							
16日		135	223	1182	2650	4399	4625	5023	4726	5995	6376	6129	6028	5146	3853	2578	1909	1511	2240	2226	2627			3609					1736		
17日		135	223	1182	2650	4399	4625	5023	4726	5995	6376	6129	6028	5146	3853	2578	2014	2012	2540	3184	2908			3609					1736		
18日		135	223	1182	2650	4399	4625	5023	4726	5995	6376	6129	6028	5146	3853	2578	2014	2612	3306	3785	3971			3609					1736		
19日		135	223	1182	2650	4399	4625	5023	4726	5995	6376	6129	6028	5146	3853	2578	2014	2612	2480	2899	3305			3609					1736		
20日		135	223	1182	2650	4399	4625	5023	4726	5995	6376	6129	6028	5146	3853	2578	2014	2612	2480	2869	3433			3609					1736		
21日		135	223	1182	2650	4399	4625	5023	4726	5995	6376	6129	6028	5146	3853	2578	2014	2612	2480	2869	4901	5842	6462	4843	5154	3152			1605		
22日		135	223	1182	2650	4399	4625	5023	4726	5995	6376	6129	6028	5146	3853	2578	2014	2612	2480	2869	4901	6005	6186	4867	2849	1496			1605		
23日		135	223	1182	2650	4399	4625	5023	4726	5995	6376	6129	6028	5146	3853	2578	2014	2612	2480	2869	4901	6005	5335	4500	3251	1147			1605		
24日		135	223	1182	2650	4399	4625	5023	4726	5995	6376	6129	6028	5146	3853	2578	2014	2612	2480	2869	4901	6005	5335	4976	4591	3435			1605		
25日		135	223	1182	2650	4399	4625	5023	4726	5995	6376	6129	6028	5146	3853	2578	2014	2612	2480	2869	4901	6005	5335	4976	3157	1703			1605		
26日		135	223	1182	2650	4399	4625	5023	4726	5995	6376	6129	6028	5146	3853	2578	2014	2612	2480	2869	4901	6005	5335	4976	3157	2085	1617	1410	1161	1669	1114
27日		135	223	1182	2650	4399	4625	5023	4726	5995	6376	6129	6028	5146	3853	2578	2014	2612	2480	2869	4901	6005	5335	4976	3157	2085	1390	1043	1140	874	1271
28日		135	223	1182	2650	4399	4625	5023	4726	5995	6376	6129	6028	5146	3853	2578	2014	2612	2480	2869	4901	6005	5335	4976	3157	2085	1390	732	628	905	741
29日		135	223	1182	2650	4399	4625	5023	4726	5995	6376	6129	6028	5146	3853	2578	2014	2612	2480	2869	4901	6005	5335	4976	3157	2085	1390	732	325	420	444
30日		135	223	1182	2650	4399	4625	5023	4726	5995	6376	6129	6028	5146	3853	2578	2014	2612	2480	2869	4901	6005	5335	4976	3157	2085	1390	732	325	156	218

已知实际盐度　1d尺度预测值　5d尺度预测值　15d尺度预测值

图 6-24　2011 年 12 月各尺度盐度滚动预报结果

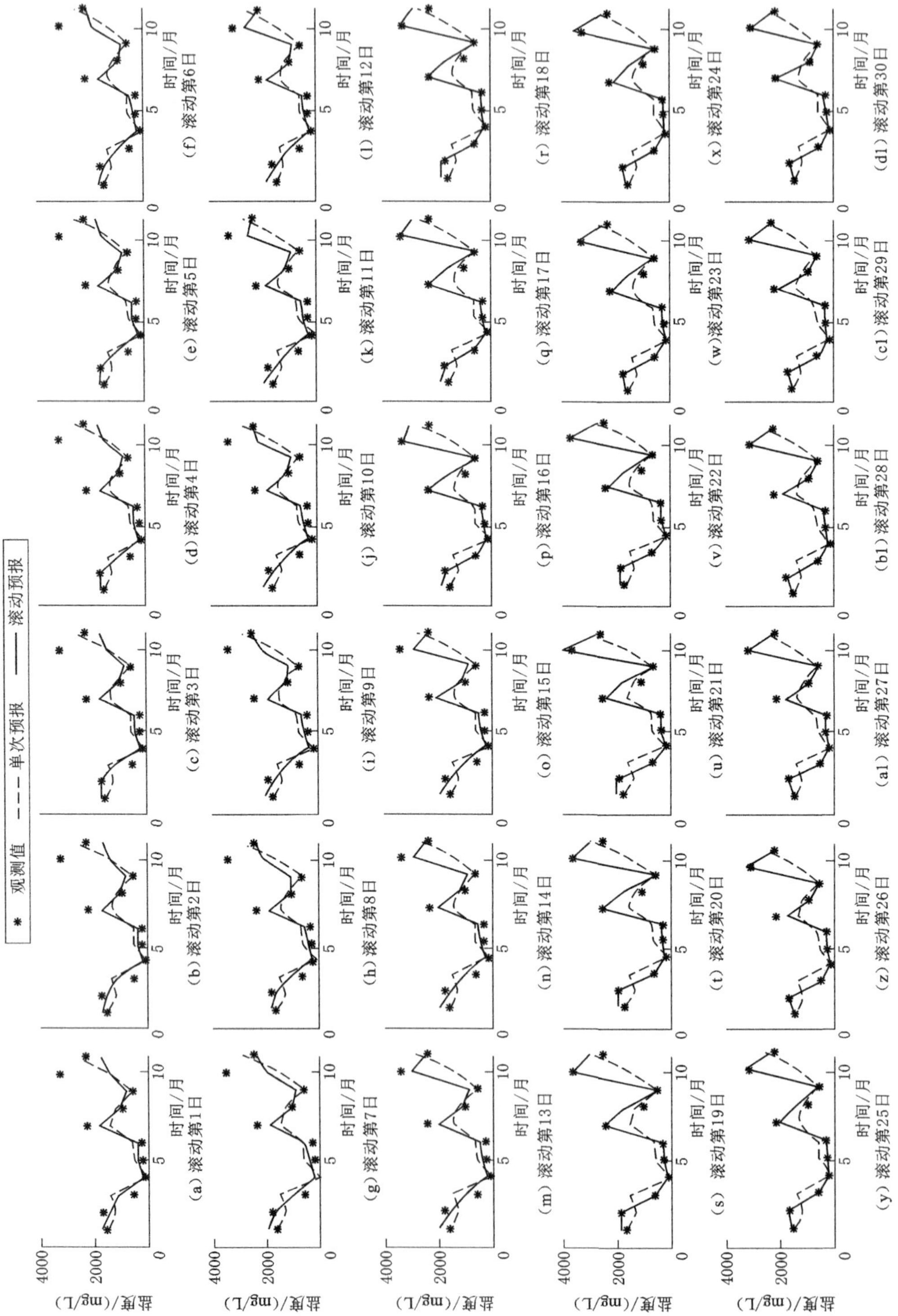

图 6－25　月尺度盐度逐日滚动预报结果

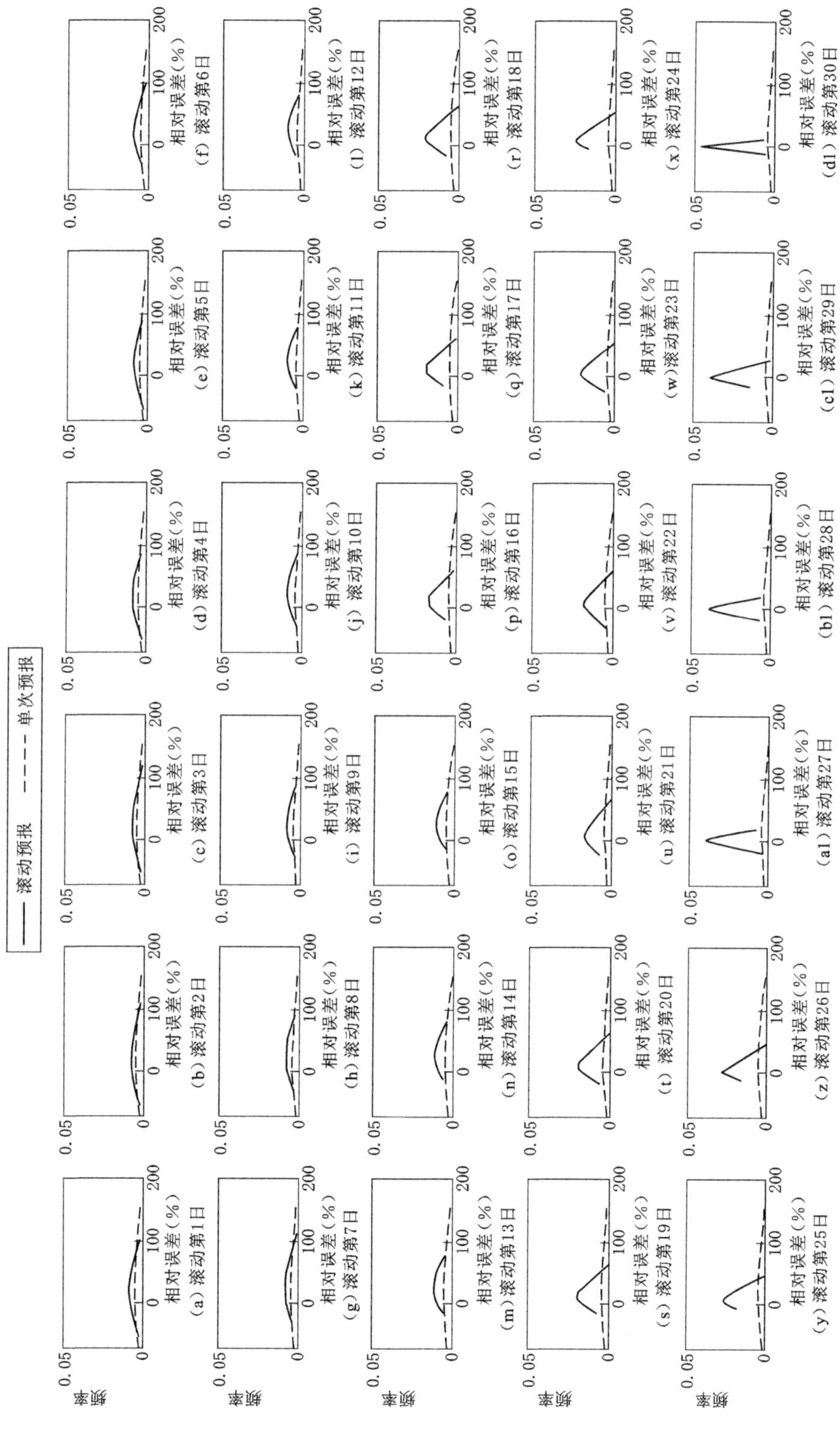

图6-26 月尺度盐度逐日滚动预报相对误差概率分布图

表 6-21　　月尺度盐度逐日滚动预报的均方根误差（*RMSE*）

预报方式	滚动时间									
	第 1 日	第 2 日	第 3 日	第 4 日	第 5 日	第 6 日	第 7 日	第 8 日	第 9 日	第 10 日
单次预报	727.542	727.542	727.542	727.542	727.542	727.542	727.542	727.542	727.542	727.542
滚动预报	**640.472**	**652.857**	**641.085**	**596.615**	**578.372**	**454.872**	**502.431**	**473.257**	**489.416**	**446.689**
减小幅度	11.97%	10.27%	11.88%	18.00%	20.50%	37.48%	30.94%	34.95%	32.73%	38.60%
预报方式	滚动时间									
	第 11 日	第 12 日	第 13 日	第 14 日	第 15 日	第 16 日	第 17 日	第 18 日	第 19 日	第 20 日
单次预报	727.542	727.542	727.542	727.542	727.542	727.542	727.542	727.542	727.542	727.542
滚动预报	**339.565**	**286.982**	**266.771**	**262.132**	**254.964**	**292.547**	**259.330**	**264.769**	**236.018**	**227.565**
减小幅度	53.33%	60.55%	63.33%	63.97%	64.96%	59.79%	64.36%	63.61%	67.56%	68.72%
预报方式	滚动时间									
	第 21 日	第 22 日	第 23 日	第 24 日	第 25 日	第 26 日	第 27 日	第 28 日	第 29 日	第 30 日
单次预报	727.542	727.542	727.542	727.542	727.542	727.542	727.542	727.542	727.542	727.542
滚动预报	**239.327**	**202.032**	**180.108**	**189.757**	**163.223**	**144.379**	**127.758**	**99.401**	**49.485**	**41.815**
减小幅度	67.10%	72.23%	75.24%	73.92%	77.57%	80.16%	82.44%	86.34%	93.20%	94.25%

注　加粗部分表示两预报方法中 *RMSE* 较小者。

表 6-22　　月尺度盐度逐日滚动预报的平均绝对百分比误差（*MAPE*）

预报方式	滚动时间									
	第 1 日	第 2 日	第 3 日	第 4 日	第 5 日	第 6 日	第 7 日	第 8 日	第 9 日	第 10 日
单次预报	0.616	0.616	0.616	0.616	0.616	0.616	0.616	0.616	0.616	0.616
滚动预报	**0.412**	**0.435**	**0.426**	**0.390**	**0.397**	**0.351**	**0.396**	**0.396**	**0.410**	**0.394**
减小幅度	33.11%	29.44%	30.80%	36.72%	35.54%	43.04%	35.76%	35.73%	33.40%	36.13%
预报方式	滚动时间									
	第 11 日	第 12 日	第 13 日	第 14 日	第 15 日	第 16 日	第 17 日	第 18 日	第 19 日	第 20 日
单次预报	0.616	0.616	0.616	0.616	0.616	0.616	0.616	0.616	0.616	0.616
滚动预报	**0.368**	**0.348**	**0.343**	**0.345**	**0.339**	**0.188**	**0.165**	**0.160**	**0.146**	**0.137**
减小幅度	40.26%	43.47%	44.27%	44.07%	44.96%	69.55%	73.28%	74.11%	76.24%	77.82%
预报方式	滚动时间									
	第 21 日	第 22 日	第 23 日	第 24 日	第 25 日	第 26 日	第 27 日	第 28 日	第 29 日	第 30 日
单次预报	0.616	0.616	0.616	0.616	0.616	0.616	0.616	0.616	0.616	0.616
滚动预报	**0.166**	**0.148**	**0.115**	**0.102**	**0.091**	**0.067**	**0.067**	**0.056**	**0.032**	**0.055**
减小幅度	73.01%	76.00%	81.39%	83.44%	85.19%	89.10%	89.10%	90.88%	94.78%	91.13%

注　加粗部分表示两预报方法中 *MAPE* 较小者。

表 6-23 月尺度盐度逐日滚动预报值与实际观测值的互信息（*MI*）

预报方式	滚动时间									
	第1日	第2日	第3日	第4日	第5日	第6日	第7日	第8日	第9日	第10日
单次预报	0.608	0.608	0.608	0.608	0.608	0.608	0.608	0.608	0.608	0.608
滚动预报	**0.789**	**0.847**	**0.888**	**0.889**	**0.864**	**0.923**	**0.888**	**0.966**	**0.921**	**0.921**
增大幅度	29.75%	39.24%	46.03%	46.17%	42.13%	51.80%	46.08%	58.93%	51.51%	51.51%
预报方式	滚动时间									
	第11日	第12日	第13日	第14日	第15日	第16日	第17日	第18日	第19日	第20日
单次预报	0.608	0.608	0.608	0.608	0.608	0.608	0.608	0.608	0.608	0.608
滚动预报	**0.932**	**0.932**	**0.985**	**0.985**	**0.985**	**0.985**	**0.985**	**0.985**	**1.028**	**0.985**
增大幅度	53.24%	53.24%	61.96%	61.96%	61.96%	61.96%	61.96%	61.96%	69.13%	61.96%
预报方式	滚动时间									
	第21日	第22日	第23日	第24日	第25日	第26日	第27日	第28日	第29日	第30日
单次预报	0.608	0.608	0.608	0.608	0.608	0.608	0.608	0.608	0.608	0.608
滚动预报	**0.985**	**1.028**	**1.073**	**1.073**	**1.073**	**1.073**	**1.073**	**1.073**	**1.073**	**1.073**
增大幅度	62.07%	69.13%	76.50%	76.50%	76.50%	76.50%	76.50%	76.50%	76.50%	76.50%

注 加粗部分表示两预报方法中 *MI* 较大者。

6.4 小结

基于机器学习模型、小波分解方法与实时预报手段，本章构建了珠江河口区盐水入侵短、中、长期预报模型，并提出“嵌套式实时滚动修正预报”框架，以充分利用短期盐度预报精度较高的优势逐步提升中、长期盐度预报效果。

(1) 选取前期盐度、径流量、低潮位和风速风向作为短期盐度预报因子；选取前期盐度、径流量、低潮位和部分大气环流指数作为中长期盐度预报因子，研究发现：对于模型外源输入变量而言，径流与潮动力因子在各时间尺度、各预见期下都应考虑；风速风向因子只在日尺度下较短预见期（1～3d）时适合作为模型输入变量。此外，对于15d尺度盐度预报，应采用东亚槽强度指数（提前3个时间步长）、NINO 3.4区海表温度距平指数（提前4个时间步长）和北大西洋—欧洲区极涡强度指数（提前3个时间步长）作为预报因子；而对于30d尺度盐度预报，应采用南方涛动指数（提前1个时间步长）作为预报因子。

(2) 基于在线学习算法的OSELM模型相比传统ELM模型有着更好的短期盐度预报效果，在预见期1～5d预报中，其能使 *NSE* 与 *KGE* 分别平均提升4.94%和16.57%，使 *RMSE* 平均降低3.13%。

(3) 基于冗余算法的多孔小波分解（AT）与“多组分预报框架”能有效提升ELM模型的短期盐度预报精度，并避免预报过程中“边界效应”问题的产生。在预见期1～5d预报中，耦合WELM模型相比传统ELM模型能使 *NSE* 与 *KGE* 分别平均提升5.13%和

5.85%，且提升幅度随预见期延长而明显，当预见期为 5d 时，*NSE* 与 *KGE* 的提升幅度可达 9.56%和 15.76%。

（4）WOSELM 模型能有效耦合在线学习算法与小波分解在增强模型时效性与处理非线性、非平稳性问题上的优势，充分提升模型短期盐度预报精度，在预见期 1～5d 预报中，其相比 ELM 模型使 *NSE* 和 *KGE* 分别平均提升 9.13%和 14.89%，使 *RMSE* 和 *MAE* 分别平均降低 4.43%和 3.62%，且各预见期的短期盐度预报精度均高于 WELM 模型与 OSELM 模型。

（5）基于在线学习算法的 OSELM 模型相比传统 ELM 模型同样有着更好的中长期盐度预报效果，其在各预见期下使 *NSE*、*KGE* 和 *R* 分别平均提升 10.36%、4.52%和 4.94%，使 *RMSE* 和 *MAE* 分别平均降低 3.99%和 3.87%；而 AT 小波分解并不能有效改善 ELM 模型的中长期盐度预报效果，WELM 模型相比 ELM 模型反而使 *NSE*、*KGE* 和 *R* 分别平均降低 17.54%、8.32%和 6.61%，使 *RMSE* 和 *MAE* 分别平均增加 6.07%和 7.56%。

（6）误差自回归修正（EC）能使模型充分利用预报误差中残留的有效信息，实时提升各尺度盐度预报精度。对于短期盐度预报而言，WOSELM－EC 模型预报效果在各模型中是最佳的；对于中长期盐度预报而言，OSELM－EC 模型预报效果在各模型中是最佳。

（7）“滚动预报”相比传统“单次预报”能有效提升河口区月尺度盐度预报精度，在 2008 年 12 月、2009 年 12 月与 2011 年 12 月的 3 个算例中，其使预报绝对误差分别平均减小 62.15%、65.34%和 71.87%；且“滚动预报”不仅能对未来 1 个月的月均盐度做出预报，还能给出当月不同时间尺度的盐度预报值，距离当前时刻越近，预报时间分辨率越高，更有利于体现盐水入侵的月内分布特征。

参 考 文 献

［1］ HU J，LIU B，PENG S. Forecasting salinity time series using RF and ELM approaches coupled with decomposition techniques ［J］. Stochastic Environmental Research and Risk Assessment，2019，33：1117－1135.

［2］ 周凡涵，刘丙军，胡家昱，等. 基于人工神经网络的河口区盐水入侵预报研究 ［J］. 水文，2020，40 (6)：57－64.

［3］ 陈文龙，邹华志，董延军. 磨刀门水道咸潮上溯动力特性分析 ［J］. 水科学进展，2014，25 (5)：716－723.

［4］ QIU C，WAN Y. Time series modeling and prediction of salinity in the Caloosahatchee River Estuary ［J］. Water Resources Research，2013，49 (9)：5806－5816.

［5］ 路剑飞，陈子燊. 珠江口磨刀门水道盐度多步预测研究 ［J］. 水文，2010，30 (5)：69－74.

［6］ 刘德地，陈晓宏. 基于偏最小二乘回归与支持向量机耦合的咸潮预报模型 ［J］. 中山大学学报 (自然科学版)，2007，46 (4)：89－92.

［7］ 胡家昱. 基于小波神经网络模型的河口区盐水入侵预测研究 ［D］. 广州：中山大学，2019.

［8］ Zhou F，Liu B，Duan K. Coupling wavelet transform and artificial neural network for forecasting estuarine salinity ［J］. Journal of Hydrology，2020，125127.

［9］ Torrence C，Compo G P. A practical guide to wavelet analysis ［J］. Bulletin of the American Meteorological society，1998，79 (1)：61－78.

[10] 章文，刘丙军，辛彦博，等. 珠江河口区盐度变化周期特征分析——以磨刀门水道为例 [J]. 热带地理，2013，33 (1)：28 - 33.

[11] 黄舒琴，尹小玲，曾莹，等. 基于观测的磨刀门咸界影响因素相关性探究 [J]. 水力发电学报，2020，39 (8)：112 - 120.

[12] 黄锐贞，陈晓宏，何艳虎，等. 上游来水与下游潮位对河口含氯度的影响——以磨刀门河口为例 [J]. 中国农村水利水电，2017 (4)：101 - 105.

[13] 张朋. 径流和潮汐作用下的河口盐水入侵机理实验研究 [D]. 广州：华南理工大学，2017.

[14] Liu B, Peng S, Liao Y, et al. The characteristics and causes of increasingly severe saltwater intrusion in Pearl River Estuary [J]. Estuarine, Coastal and Shelf Science, 2019, 220: 56 - 63.

[15] 赵雪峰，尹小玲. 潮汐强度对河口盐水入侵影响的数值模型研究 [J]. 水动力学研究与进展：A辑，2017 (6)：756 - 763.

[16] Monismith S G, Kimmerer W, Burau J R, et al. Structure and flow - induced variability of the subtidal salinity field in northern San Francisco Bay [J]. Journal of Physical Oceanography, 2002, 32 (11): 3006 - 3019.

[17] Prandle D. Salinity intrusion in estuaries [J]. Journal of Physical Oceanography, 1981, 11 (10): 1311 - 1324.

[18] 陈水森，方立刚，李宏丽，等. 珠江口盐水入侵分析与经验模型 [J]. 水科学进展，2007，18 (5)：751 - 755.

[19] 罗小峰，陈志昌. 径流和潮汐对长江口盐水入侵影响数值模拟研究 [J]. 海岸工程，2005，24 (3)：1 - 6.

[20] 孔兰，陈晓宏. 珠江口咸潮影响因素分析 [J]. 水资源保护，2015，134：96 - 97.

[21] 章文，刘丙军，陈晓宏，等. 珠江口磨刀门水道盐度变化与潮汐过程的相关性分析 [J]. 中山大学学报（自然科学版），2013，52 (6)：11 - 16.

[22] Lerczak J A, Geyer W R, Ralston D K. The temporal response of the length of a partially stratified estuary to changes in river flow and tidal amplitude [J]. Journal of Physical Oceanography, 2009, 39 (4): 916 - 933.

[23] Xue P, Chen C, Ding P, et al. Saltwater intrusion into the Changjiang River: A model - guided mechanism study [J]. Journal of Geophysical Research: Oceans, 2009, 114 (C2).

[24] Ralston D K, Geyer W R, Lerczak J A. Structure, variability, and salt flux in a strongly forced salt wedge estuary [J]. Journal of Geophysical Research: Oceans, 2010, 115 (C6).

[25] Gong W, Shen J. The response of salt intrusion to changes in river discharge and tidal mixing during the dry season in the Modaomen Estuary, China [J]. Continental Shelf Research, 2011, 31 (7 - 8): 769 - 788.

[26] Gong W, Shen J, Jia L. Salt intrusion during the dry season in the Huangmaohai Estuary, Pearl River Delta, China [J]. Journal of Marine Systems, 2013, 111: 236 - 252.

[27] 胡溪，毛献忠. 珠江口磨刀门水道盐水入侵规律研究 [J]. 水利学报，2012，43 (5)：529 - 536.

[28] 王艺霖，苏程佳，陈晓宏，等. 磨刀门水道枯水期咸潮变化趋势及成因 [J]. 水资源保护，2019，35 (2)：37 - 43.

[29] 苏程佳，陈莎，陈晓宏. 基于随机森林模型的咸潮预报 [J]. 热带地理，2018，38 (3)：432 - 439.

[30] 黄新华，曾水泉，易绍桢. 西江三角洲的咸害问题 [J]. 地理学报，1962 (2)：137 - 1348.

[31] 闻平，陈晓宏，刘斌，等. 磨刀门水道盐水入侵及其变异分析 [J]. 水文，2007，27 (3)：66 - 67.

[32] 彭靖. 风对磨刀门水道盐度分布影响的分析 [J]. 广东水利水电，2008，4：16 - 18.

[33] Gan J, Li L, Wang D, et al. Interaction of a river plume with coastal upwelling in the northeastern South China Sea [J]. Continental Shelf Research, 2009, 29 (4): 728 - 40.

[34]　苏波，刘吉，冯业荣，等．磨刀门咸潮中的风效应初探［J］．人民珠江，2012，33（A01）：21－25.

[35]　高晨晨，才多．北风对磨刀门咸潮上溯的影响机制［J］．上海水务，2019，2：12－20.

[36]　孔兰，陈晓宏，闻平，等．2009/2010 年枯水期珠江口磨刀门水道强咸潮分析［J］．自然资源学报，2011（11）：40－47.

[37]　Deng S，Chen T，Yang N，et al. Spatial and temporal distribution of rainfall and drought characteristics across the Pearl River basin［J］．Science of the Total Environment，2018（619－620）：28－41.

[38]　苗娟，林振山．我国九大气候区降水特性及其物理成因的研究Ⅱ——我国各区降水与环流因子的关系［J］．热带气象学报，2004，20（1）：66－72.

[39]　赖荣康．珠海地区咸潮影响因子统计与分析［D］．青岛：中国海洋大学，2011.

[40]　赵铜铁钢，杨大文，蔡喜明，等．基于随机森林模型的长江上游枯水期径流预报研究［J］．水力发电学报，2012，(3)：20－26，40.

[41]　孟二浩，黄生志，黄强，等．融合大气环流异常因子的径流预报研究［J］．水力发电学报，2017，36（8）：36－42.

[42]　魏显贵，潘红忠，王现勋，等．基于海洋表面温度的龙羊峡入库径流中长期预报［J］．人民黄河，2021，43（1）：29－34.

[43]　梁浩，黄生志，孟二浩，等．基于多种混合模型的径流预测研究［J］．水利学报，2020，51（1）：112－125.

[44]　May R，Dandy G，Maier H. Review of input variable selection methods for artificial neural networks［J］．Artificial neural networks－methodological advances and biomedical applications，2011，10（16004）.

[45]　Quilty J，Adamowski J，Khalil B，et al. Bootstrap rank－ordered conditional mutual information（broCMI）：A nonlinear input variable selection method for water resources modeling［J］．Water Resources Research，2016，52（3）：2299－2326.

[46]　于宁莉，易东云，涂先勤．时间序列中自相关与偏相关函数分析［J］．数学理论与应用，2007，(1)：56－57.

[47]　Shannon C E. A mathematical theory of communication［J］．Bell System Technical Journal，1948，27（4）：626－656.

[48]　Chen L，Singh V P，Guo S，et al. Copula entropy coupled with artificial neural network for rainfall－runoff simulation［J］．Stochastic Environmental Research & Risk Assessment，2014，28（7）：1756－1767.

[49]　Brown G，Pocock A，Zhao M－J，et al. Conditional likelihood maximisation：a unifying framework for information theoretic feature selection［J］．Journal of machine learning research，2012，13（Jan）：27－66.

[50]　Li S，Wang P，Goel L. A novel wavelet－based ensemble method for short－term load forecasting with hybrid neural networks and feature selection［J］．IEEE Transactions on power systems，2015，31（3）：1788－1798.

[51]　Mikhail. Kernel estimate for（Conditional）Mutual Information［M］．MATLAB Central File Exchange，2020.

[52]　Huang G－B，Zhu Q－Y，Siew C－K. Extreme learning machine：theory and applications［J］．Neurocomputing，2006，70（1－3）：489－501.

[53]　孙娜，周建中．基于正则极限学习机的非平稳径流组合预测［J］．水力发电学报，2018，37（8）：20－28.

[54]　Huang G－B，Chen L，Siew C K. Universal approximation using incremental constructive feedforward networks with random hidden nodes［J］．IEEE Trans Neural Networks，2006，17（4）：879－892.

[55]　Deo R C，Downs N，Parisi A V，et al. Very short－term reactive forecasting of the solar ultraviolet

index using an extreme learning machine integrated with the solar zenith angle [J]. Environmental research, 2017, 155: 141-166.

[56] Adamowski J, Fung Chan H, Prasher S O, et al. Comparison of multiple linear and nonlinear regression, autoregressive integrated moving average, artificial neural network, and wavelet artificial neural network methods for urban water demand forecasting in Montreal, Canada [J]. Water Resources Research, 2012, 48 (1): 273-279.

[57] Hong Y-S T. Dynamic nonlinear state-space model with a neural network via improved sequential learning algorithm for an online real-time hydrological modeling [J]. Journal of Hydrology, 2012, 468: 11-21.

[58] Liang N-Y, Huang G-B, Saratchandran P, et al. A fast and accurate online sequential learning algorithm for feedforward networks [J]. IEEE Transactions on neural networks, 2006, 17 (6): 1411-1423.

[59] Ventari A, Gelman A, Gabry J. Practical Bayesian model evaluation using leave-one-out cross-validation and WAIC [J]. Statistics and computing, 2017, 27 (5): 1416-1432.

[60] Sharma V, Yang D, Walsh W, et al. Short term solar irradiance forecasting using a mixed wavelet neural network [J]. Renewable Energy, 2016, 90: 481-492.

[61] Kiwi Ö, Partal T. Wavelet and neuro-fuzzy conjunction model for streamflow forecasting [J]. Journal of Hydrology, 2007, 342 (1): 199-212.

[62] Quilty J, Adamowski J. Addressing the incorrect usage of wavelet-based hydrological and water resources forecasting models for real-world applications with best practices and a new forecasting framework [J]. Journal of hydrology, 2018, 563: 336-353.

[63] Maheswaran R, Khosa R. Long term forecasting of groundwater levels with evidence of non-stationary and nonlinear characteristics [J]. Computers & Geosciences, 2013, 52 (1): 422-436.

[64] Du K, Zhao Y, Lei J. The incorrect usage of singular spectral analysis and discrete wavelet transform in hybrid models to predict hydrological time series [J]. Journal of Hydrology, 2017, 552: 46-51.

[65] Zhang X, Peng Y, Zhang C, et al. Are hybrid models integrated with data preprocessing techniques suitable for monthly streamflow forecasting? Some experiment evidences [J]. Journal of Hydrology, 2015, 530: 137-152.

[66] Maheswaran R, Khosa R. Comparative study of different wavelets for hydrologic forecasting [J]. Computers & Geosciences, 2012, 46: 286-295.

[67] Bašta M. Additive decomposition and boundary conditions in wavelet-based forecasting approaches [J]. Acta Oeconomica Pragensia, 2014, 22 (2): 48-70.

[68] Shafaei M, Kisi O. Lake Level Forecasting Using Wavelet-SVR, Wavelet-ANFIS and Wavelet-ARMA Conjunction Models [J]. Water Resources Management, 2016, 30 (1): 79-97.

[69] 高益辉，钟平安，徐斌，等. 河流系统实时洪水预报误差多点联合校正方法研究 [J]. 南水北调与水利科技，2018，16 (5): 26-30.

[70] Maheswaran R, Khosa R. Wavelet-Volterra coupled model for monthly stream flow forecasting [J]. Journal of Hydrology, 2012, 450: 320-335.

[71] Schaefli B, Gupta H V. Do Nash values have value? [J]. Hydrological Processes: An International Journal, 2007, 21 (15): 2076-2080.

[72] Knoben W J, Freer J E, Woods R A. Inherent benchmark or not? Comparing Nash-Sutcliffe and Kling-Gupta efficiency scores [J]. Hydrology and Earth System Sciences, 2019, 23 (10): 4326-4331.

[73] Belayneh A, Adamowski J, KHALIL B, et al. Long-term SPI drought forecasting in the Awash

River Basin in Ethiopia using wavelet neural network and wavelet support vector regression models [J]. Journal of Hydrology, 2014, 508: 418-429.

[74] Kasiviswanathan K S, He J, Sudheer K P, et al. Potential application of wavelet neural network ensemble to forecast streamflow for flood management [J]. Journal of Hydrology, 2016, 536: 161-173.

[75] Taylor K E. Summarizing multiple aspects of model performance in a single diagram [J]. Journal of Geophysical Research: Atmospheres, 2001, 106 (D7): 7186-7192.

第7章 结　论

本书结合国内外盐水入侵研究现状及其趋势，对珠江河口区盐水入侵现状与存在问题进行了较为系统的分析，综合运用水文学、水动力学、复杂性理论等，构建了珠江河口区盐水入侵物理模型和数值模拟模型，研究了径潮流交互作用下河道挖沙、上游水利工程建设、海平面上升、风向、潮汐等多重要素对河口区盐水入侵的驱动效应。取得的主要研究结果如下：

（1）近年来高强度人类活动和海平面持续上升，如河道挖沙、河口区清障等，导致珠江河口区盐水入侵持续时间逐年增长、平均盐度浓度升高、盐水入侵距离不断延伸，并呈现盐水入侵发生时间提前、危害不断加剧的趋势。其主要原因是上游来水量减小降低了河道内径流动力，海平面上升以及滩涂围垦等因素加剧了河口区的潮汐动力，北风频率的增加加强了河口重力环流输运。

（2）运用相似理论，构建了珠江河口区盐水入侵物理模型。该模型能有效反演盐水入侵盐水楔在静水中的前进规律，以及动水条件下潮差、径流、水深、盐度对盐水入侵的影响。研究结果表明：在静水条件下，若水深不变，盐水楔的密度弗劳德数不会随盐度的改变而改变，盐水楔前进速度随着盐度的增大而增大。若盐度不变，盐水楔的前进速度与其宽深比有密切的关系；潮差对盐水入侵强度的增减主要体现在其是否破坏盐水楔的形态，若破坏其盐水楔形态，上溯强度将迅速降低；径流对盐水入侵的抑制效果随着流量的增大而增大。水深的加大则能够有效增加盐水上溯的通道，并使得上游径流的抑咸效果减弱，使得上溯效果增强。

（3）结合近年来珠江口门拦门沙、径流、北风，以及海平面上升等边界条件的演变特征，利用 FVCOM 三维数值模型构建了珠江口门盐水入侵数值模拟模型。研究结果表明：拦门沙加深使河口区倒流现象增加，涨潮量增加，盐水入侵加剧；北风会加强河口环流，增加表面落潮时流速与潮量，增加底层涨潮时流速与流量，落潮时淡水更快入海，导致更多盐水倒灌入河道使得盐度增加；海平面上升使得河口地区涨潮量与落潮量同时增加，入侵河道咸水增加，呈现“大起大落”的潮流模式；上游来水量减少，对中潮—大潮过渡期盐度影响最大，不仅会让盐水入侵次数增加，且易造成更大概率极端盐水入侵事件。

（4）基于机器学习模型、小波分解方法与实时预报手段，构建了珠江河口区盐水入侵短期、中期、长期预报模型，并基于“嵌套式实时滚动修正预报”框架，实现了盐水入侵短期、中期、长期精准预报。研究结果表明：基于在线学习算法的在线序列极限学习机模型能有效利用实时数据更新模型参数，实现对盐水入侵规律的动态响应，相比于传统极限学习机模型有着更好的盐度预报效果；基于冗余算法的多孔小波分解方法，能在一定程度上增强模型泛化能力与非平稳性响应能力，有效提升传统极限学习机模型的短期盐度预报精度；小波在线序列极限学习机模型可耦合小波分解与在线学习算法在处理序列非平稳性与提升模型时效性方面的优势，充分提高模型短期盐度预报精度。